普通高等教育“十四五”规划教材

材料成型检测与控制

主　编　杨洪波
副主编　刘世锋　赵　旭

北　京
冶　金　工　业　出　版　社
2023

内 容 提 要

本书从基础理论出发，按照由浅入深、从理论到实践的原则，对材料成型过程检测与控制的理论、技术及应用加以总结，并论述了自动控制在钢铁材料轧制领域的关键技术及发展趋势。主要内容包括：检测系统的特性；电阻应变式传感器的工作原理；应变片的工作原理及常温工作特性；电桥电路的工作原理，电桥特性和温度补偿方法；单一变形和复杂变形时应力（应变）的测量方法；自动控制系统的基本组成，过渡过程的品质指标，被控对象特性，控制规律和算法；单回路控制系统、串级控制系统的工作原理及设计；前馈控制系统的工作原理；计算机控制系统的组成及基本类型；热连轧计算机控制系统的结构；厚度控制的基本形式及原理；板形控制理论与应用；张力控制原理与方法；温度控制的基本原理与方法。

本书可作为高等院校材料成型及控制工程专业师生的教材，也可供材料加工及成型领域的工程技术人员参考使用。

图书在版编目(CIP)数据

材料成型检测与控制/杨洪波主编.—北京：冶金工业出版社，2023.3
普通高等教育“十四五”规划教材
ISBN 978-7-5024-9416-2

Ⅰ.①材…　Ⅱ.①杨…　Ⅲ.①金属材料—成型—高等学校—教材
Ⅳ.①TG39

中国国家版本馆 CIP 数据核字(2023)第 030599 号

材料成型检测与控制

出版发行	冶金工业出版社	**电　话**	(010)64027926
地　址	北京市东城区嵩祝院北巷 39 号	**邮　编**	100009
网　址	www.mip1953.com	**电子信箱**	service@mip1953.com

责任编辑　卢　敏　张佳丽　美术编辑　吕欣童　版式设计　郑小利
责任校对　范天娇　责任印制　窦　唯
三河市双峰印刷装订有限公司印刷
2023 年 3 月第 1 版，2023 年 3 月第 1 次印刷
787mm×1092mm　1/16；15 印张；361 千字；226 页
定价 62.00 元

投稿电话　(010)64027932　投稿信箱　tougao@cnmip.com.cn
营销中心电话　(010)64044283
冶金工业出版社天猫旗舰店　yjgycbs.tmall.com
(本书如有印装质量问题，本社营销中心负责退换)

编 委 会

主　　编： 杨洪波

副 主 编： 刘世锋　赵　旭

编写人员： 亓伟伟　王青龙　郭　薇　孙　杰

刘明华　胡德威

前言

2021年3月，国家发改委提出“促进重点领域制造业数字化、网络化、智能化升级”的发展目标，智能制造是工业发展的必然趋势。而工业自动化技术是工业智能制造的基础。在当今激烈竞争的技术人才市场上，一个合格的工程师只有知晓工业自动化技术的知识，才能更好地适应快速变化的市场需求。为了顺应这一发展形势，各高校材料成型及控制工程专业更加重视检测与控制方面课程的设置，从而培养出具有专业面宽、适应性强、跨学科特点的人才。本书根据西安建筑科技大学2020版本科生培养方案中“材料成型检测与控制基础”课程教学大纲，由多家学校和企业共同编写。

“材料成型检测与控制基础”是高等院校材料成型及控制工程专业重要的专业基础课程之一，涵盖自动检测与自动控制两方面的基础理论与应用，是一门综合性较强的专业课。本书从基础理论出发，按照由浅入深、从理论到实践的原则，对材料成型过程检测与控制的理论、技术及应用加以总结，并论述了自动控制在钢铁材料轧制领域的关键技术及发展趋势。旨在让学生全面了解和掌握检测与控制的理论与方法，培养学生综合分析和解决问题的能力。

本书内容分三部分，即自动检测、自动控制原理、轧制过程自动化。自动检测包括第2章和第3章，主要讲述检测系统的特性、几种常用传感器的工作原理、应变片的工作原理及常温工作特性、电桥电路的工作原理、电桥特性和温度补偿方法、单一变形和复杂变形时应力应变的测量方法；第4章为自动控制原理，主要讲述自动控制系统的基本组成、过渡过程的品质指标、被控对象特性、过程控制系统的数学模型、控制规律和控制器、单回路控制系统、串级控制系统及前馈控制系统；第5章至第9章为轧制过程自动化部分，主要讲述过程计算机控制系统的原理及结构、厚度控制的基本形式及原理、板形控制理论与应用、张力控制原理与方法、温度控制的基本原理与方法。

本书共9章，其中第1章、第2章、第3章、第5章、第8章由杨洪波编写，第4章由赵旭编写，第6章由山东钢铁股份有限公司莱芜分公司亓伟伟编写，第7章由华北电力大学（保定）王青龙编写，第9章由郭薇编写。全书由西安建筑科技大学杨洪波副教授主编，西安建筑科技大学刘世锋教授主审。本书在编写过程中，东北大学孙杰教授、西安建筑科技大学刘明华副教授提出了许多宝贵建议，山东钢铁股份有限公司莱芜分公司亓伟伟高工、鞍钢集团本钢集团有限公司胡德威高工提供了珍贵的轧制过程自动化资料。另外，西安建筑科技大学研究生孙佳通、赵贺然、王豪、康佳、齐泽江、孙蒙做了很多文字录入工作。

本书在编写过程中，参阅了多种相关书籍和期刊资料。在此，编者向相关文献作者表示衷心的感谢！

由于编者水平有限，书中不妥之处，敬请广大读者批评指正！

作　者

2022年9月

目　　录

1 绪　　论

随着社会的进步与技术的不断革新，人们对材料的认知与加工成型能力也逐渐得到提高。金属材料成型方式主要包括铸造、锻造、轧制、挤压和拉拔、冲压、焊接等。材料成型是现代制造业的重要支柱，对社会经济的发展和综合国力的提升有着十分重要的作用。材料成型检测与控制是一门专门研究材料成型工程技术领域有关参量的检测原理与控制技术的学科。

1.1　检测与控制的关系

"检测"和"控制"是人类认识世界和改造世界的两项基本任务。检测是人们认识客观事物的重要手段，通过检测可以揭露事物的内在联系和变化规律，从而帮助人们认识和利用它；控制是实现某种目的的重要手段，通过控制可以实现某种运动规律，推动科学技术的不断进步。从科学技术发展的过程来看，很多新的发明和发现都和检测与控制技术分不开，同时科学技术的发展，又大大地促进了检测与控制技术的发展，为检测与控制技术提供更新的方法和设备。

1.1.1　检测

检测就是依靠一定的科学技术手段定量地获取某种研究对象中的原始信息的过程。这里所说的"信息"是指事物的状态或属性，如轧制力、轧制温度、轧制速度等即为轧制过程的基本信息。检测工作的基本任务是通过检测手段，对研究对象中的有关信息量作出比较客观、准确的描述，使人们对其有一个恰当的、全面的认识，以达到进一步改造和控制研究对象的目的。但是，研究对象中所包含的信息既包含着有用的信息，也有大量不需要的干扰信号。检测工作需要从复杂的信号中提取有用的信号，并排除干扰，是一件非常复杂的工作，需要多种学科知识的综合运用。

1.1.2　自动控制与自动化

自动控制是指在没有人直接参与的情况下，机器设备经过自动检测、信息处理、分析判断、操纵控制使被控对象的某一物理量准确地按照预期规律运行的理论和技术。自动控制系统是实现上述控制目的，由相互制约的各部分按一定规律组成的具有特定功能的整体，如交通控制系统、水位控制系统、经济控制系统、人体控制系统等。

自动化是指机器设备在无人干预情况下按指定的程序或指令自动地进行操作或运行。自动化技术包括两个方面：一是人手（脚）的延伸，动力方面的自动化技术，即工业化；二是人脑的延伸，信息处理方面的自动化技术，即信息化。自动化强调的是代替人完成任务，而自动控制强调的是控制，通过控制使某些变量（温度、速度、压力、位置、运动轨迹等）按要求变化。

随着生产和科学技术的发展，自动控制技术已渗透到各个学科领域，成为促进当代生产发展和科学技术进步的重要因素。事实上，任何仪器设备、工程机械或生产过程都必须按要求运行。例如：要使火炮能自动跟踪并命中飞行目标，炮身就必须按照指挥仪的命令而作方位角和俯仰角的变动；要把数吨重人造卫星送入数百公里高空的轨道，使其所携带的仪器能长期使用、准确地工作，就必须保持卫星的正确姿态，使它的太阳能电池一直朝向太阳，无线电发射天线一直指向地球；要使炼钢炉提供优质的产品，就必须严格控制炉温等等。所有这一切都是以高水平的自动控制技术为前提的。自动控制的作用越来越强大，主要包括以下几方面：

（1）比人干得更快、更好，极大地提高生产力。如自动化生产线上生产的产品，质量越来越好，价格越来越低。

（2）把人从繁重、危险的工作中解放出来。如矿井掘井、核电站检查、消防救火、无人侦察机、导弹（无人）等。

（3）完成人无法完成的工作。如管道机器人（各种油管、水管）、水下 6000m 机器人。

（4）扩展作用，社会问题的控制。如人口问题、环境问题、经济问题、能源问题等的智能化管理与控制过程。

1.2 轧制过程自动化

在轧制过程中，通过采用反映轧制过程变化规律的数学模型、自动控制装置、计算机及其控制程序等，使各种过程变量（如流量、温度、压力、张力和速度等）保持在所要求的给定值上，并合理地协调全部轧制过程以实现自动化操作的一种先进技术称为轧制过程自动化。

现代材料成型工业中的轧制过程自动化是一个典型的多学科综合融合技术，从基本的执行单元器件到一体化管控平台，涉及电气工程、控制科学与工程、信息与通信工程、计算机科学与技术、机械工程、材料科学与工程、管理科学与工程等。随着企业对产品质量要求和成本目标的不断提升，工艺装备与管理水平也不断进步，企业由粗放型经营向集约化经营转变，以自动化、信息化、智能化为特点的现代轧制技术为这种转变过程提供了强有力的支撑。

1.2.1 轧制过程自动化系统的层级结构

传统意义上的轧制过程自动化系统为典型的 4 级结构，由基础自动化系统（L_1 级）、过程自动化系统（L_2 级）、生产自动化系统（L_3 级）和管理自动化系统（L_4 级）组成，各级之间由高速通信网络连接，构成一个按功能和区域划分的分布式控制系统。随着轧制工艺进步和产品质量水平的不断提升，轧制过程自动化技术的内容和范围也得到扩展，目前钢铁企业自动化控制系统的主流形式为“四层五级”结构。L_1 级为基础自动化，L_2 级为过程自动化，（L_1+L_2）又称为控制层，L_3 级为制造执行层（MES），L_4 级为企业资源计划层（ERP），L_5 级为决策支持层（BI）。以上五级控制系统完成了控制、执行、运营和决策四层功能。

1.2.2 轧制过程自动化的关键技术

轧制过程中涉及的自动化设备和系统比较多，其技术水平对最终产品的质量影响很大，是冶金自动化技术应用最集中的地方。轧制过程自动化技术实施的主要目的是改善劳动条件、提高生产效率、改进产品质量、降低生产成本等，其中降低成本和改进产品质量日益成为关注的重点。降低成本包括对自动化系统一次性投资和运行成本的降低；改进产品质量包括形状、尺寸精度的提高，表面质量的控制，内部组织及使用性能的改善等主要方面。围绕这些重点关注的内容，轧制过程自动化的关键技术也得到快速发展。

1.2.2.1 板形控制

板形控制技术主要应用于板带材生产，主要包括平直度控制和断面轮廓控制。平直度对冷、热轧带材和中厚板都非常重要，是板形控制的重点。冷连轧过程由于张力较大，板形缺陷不易肉眼发现，常用分段测量辊测出轧件横向张力的分布后换算得到板形值。对测得的板形缺陷通过弯辊、轧辊横移或交叉、冷却水分段等调节进行实时控制。热连轧过程无法在线采用冷轧用的分段辊式板形仪，通常采用激光式板形仪或多功能仪在轧制过程中得到板形数据。板形控制的主要执行机构是轧机的弯辊和窜辊。中厚板轧制中轧件的厚度相对较大，金属横向流动自调节能力较强，平直度问题不突出。对板形的关注多集中于轧件平面形状的控制，以尽量减小切头、切尾、切边造成的金属损失，同时板形控制功能也兼顾中厚板轧机的断面形状与轧制稳定性控制。

1.2.2.2 产品尺寸精度控制

轧制产品的尺寸控制技术主要指轧制过程中按照产品尺寸设定值要求进行的动态调整技术。在板带材生产中主要指的是厚度自动控制（AGC)。板带冷连轧过程中速度快、轧制力大、产品精度要求高，不同的机架除了按控制功能的需要采用几种不同的 AGC 外，通常还需要加入轧辊偏心补偿、轧辊轴承油膜厚度补偿、加减速过程中惯性和摩擦因数补偿等功能，以获得理想的控制效果。

热连轧过程中温度作用要比冷轧中强烈，且成卷轧制轧件头尾与中部的状态变化大，因而厚度控制难度更大。通常采用弹跳方程计算轧件头部在咬入精轧机组时的厚度，并将它作为控制目标值，除不同机架需要按控制功能要求组合多种 AGC 外，绝对值 AGC 的引入可以进一步缩短指标超差长度。此外一些热轧机组借鉴冷连轧的经验，在精轧机组的机架间安装测速仪和测厚仪，进行前馈控制和自适应控制，大幅度提高了热轧产品的头部精度。目前现代化热连轧机的厚度控制精度在±0.025mm 之内的可达全长的 95% 以上，甚至更好。

棒线材的尺寸精度控制与板带材不同，在没有带料压下的调节装置前，尺寸精度主要由孔型设计和手动调整的水平决定。随着精轧机架带液压压下轧机及高精度减定径机组的出现，针对棒线材尺寸精度的自动外径控制（ADC）也应运而生。配置了 ADC 的棒线材轧机可以采用多种动态调整手段大幅度提高棒线材生产的尺寸控制精度。

1.2.2.3 组织及性能控制

在成分一定的条件下，最终产品性能由其微观组织决定，它是轧制过程中再结晶、相变、晶粒形核与长大、微合金元素析出等一系列物理冶金过程演变的结果。而轧制过程中对轧件组织及性能的控制主要通过控轧控冷来实现，包括轧件变形量控制、轧件温度控制和轧件冷却速度控制。轧件变形量控制主要取决于工艺参数和模型设定；轧件温度控制是通过机架间冷却和轧后冷却等方式完成，冷却速度控制除了冷却水阀门开关控制以外，还设有流量调节和辊速调节，以满足控制温度精度的要求。

根据物理冶金原理，利用轧制生产线的在线参数检测和计算机系统的数据处理功能，结合控轧控冷技术，能够实现生产过程中产品关键性能参数的在线预报以及产品组织性能的在线控制。

1.2.3 轧制过程自动化的发展趋势

钢铁工业是国民经济与国防建设的支柱产业，其技术水平代表了一个国家的工业化水平。轧制过程自动化技术的发展，除解决轧制本身强调的精度、质量与效率问题外，领域中相关技术与大数据、物联网等信息化技术的融合将是重要发展方向。

作为整个冶金生产工序中的主要环节，轧制过程每时每刻都在产生大量的过程数据，包括合同订单信息、产品规范、工艺参数、生产消耗、实绩曲线等，这些数据与过程质量控制、成本控制、精度控制等多种目标相关，具有多重耦合性、离散性、高速性、多样性等复杂特征，具有典型的现代大数据特征。这些特点所表征的生产流程的复杂性也使数据的分析挖掘和应用难度比较大。因此，将多层次、多尺度孤立的数据信息有效整合和提取后作为各个控制目标的输入，必定能够为轧制过程的多目标优化提供有价值的数据支持，对冶金企业智能控制与决策分析技术具有重要意义。

将轧制过程自动化技术作为一个平台和节点，建立基于物联网的信息化体系，实现生产、检测、控制、管理等众多环节精确、快速的无缝对接，不仅能够为冶金企业提供系统化的数据源，还能为企业管理、系统维护提供更好的服务，而且能在一定程度上改进并提升企业的生产和业务流程。

总之，以大数据、物联网、云计算、现代通信技术为基础，以信息检测、模型控制、系统优化为主要内容的新一代轧制过程自动化技术将沿着数字化、网络化、智能化方向快速发展。

2 检测系统及基本特性

2.1 检测及检测系统

2.1.1 检测的基本概念

检测是指使用专门的设备、仪器，通过适当的实验手段与必需的信号分析及数据处理，找到被测参数的量值或判定被测参数的有无，最后将结果显示或输出的过程。检测工作的基本任务是通过测试手段，对研究对象中的有关信息做出比较客观、准确的描述，使人们对其有一个恰当的、全面的认识，以达到进一步改造和控制研究对象的目的。检测工作的关键任务是从复杂的信号中提取有用的信号，并排除干扰。

检测将生产、科研、生活中的有关信息通过检查与测量的方法赋予定性或定量的结果，是人类认识自然的重要手段，在科学研究、国防建设、工业生产等诸多领域中，检测都是必不可少的过程，起着十分重要的作用。在自动化领域，检测的任务不仅是对成品或半成品的检测，还对某些生产过程进行检测，随时检测各种参量的大小和变化情况，以便能及时准确地了解工艺过程和生产过程的情况，进而检查、监督和控制某个生产过程或运动对象。

2.1.2 检测方法的分类

检测方法是指在进行检测过程中所涉及的理论运算方法和实际操作方法。检测方法对检测工作十分重要，它关系到检测任务能否顺利完成。因此，针对不同的检测任务，要找出相应的切实可行的检测方法。然后，再根据检测方法选择合适的检测工具（或仪器），组成检测系统，进行实际测定。反之，如果使用的检测方法不对，即使选择的检测仪器再好，也不会得到精确的检测结果。

目前所用的检测方法很多，难以确切分类。从不同角度出发，有不同的分类方法。

2.1.2.1 按是否直接测定被测参量的原则分类

A 直接测量

被测参量直接与测量单位（标准量）进行比较，或者用预先标定好的测量仪器（或装置）对被测参量直接进行测量，从而得出被测参量的数值，这种测量方法称为直接测量。例如，温度计测量温度，电流表测量电路中的电流，电压表测量电路两端的电压。

直接测量的优点是测量过程简单、迅速，缺点是测量精度不高。这种测量方法在工程上应用广泛。

B 间接测量

被测参量的数值不能直接由测量仪器（或装置）获得，而是对几个与被测参量有确切函数关系的参量进行直接测量，然后将所测得的数值代入已知函数关系式，经过运算才能得到测量结果，这种测量方法称为间接测量。例如，轧制力的测量是通过测量应变，然后通过计算获得轧制力的。

间接测量手续较多、时间较长，但可得到较高的测量精度，多用于实验室测量，工程测量也有应用。

C 联立测量

根据直接测量和间接测量得到的数据，必须通过求解一组联立方程组或回归才能得到测量结果，这种测量方法称为联立测量，也称组合测量。在进行联立测量时，一般需要改变测量条件，才能得到一组联立方程所需要的数据。例如，轧机刚度测量等。

联立测量的手续繁多、花费时间长，但测量精度高，多用于科学实验。

2.1.2.2 按检测方式分类

A 偏差式测量

在测量过程中，用仪表指针相对于刻度线的位移（即偏转角）或数字来直接表示被测参量的数值，这种测量方法称为偏差式测量。

这种测量方法比较简单、迅速，但测量精度不高，被广泛应用于工程测量中。

B 零位式测量

在测量过程中，将已知标准量直接与被测参量进行比较，调整标准量，直到被测参量与标准量相等，即仪表指针回零，这种测量方法称为零位式测量，又称补偿式或平衡式测量。例如，用电位差计测量电势等。

这种测量方法的优点是测量精度高，但测量过程比较复杂，要进行平衡操作，花费时间长。因此，这种测量方法不适用于测量变化迅速的信号，只适用于变化较慢的信号，在实验室应用较多。

C 微差式测量

这种测量法综合了偏差式测量和零位式测量的优点。它将被测的未知量与已知的标准量进行比较取得差值后，再用偏差法测量此差值。

设 N 为标准量，x 为被测参量，Δ 为二者之差，即 $\Delta=x-N$。则 $x=N+\Delta$，即被测参量是标准量和偏差值之和。由于 N 是标准量，其误差很小，且 $\Delta\leqslant N$，因此，可选用灵敏度高的偏差式仪表测量 Δ。即使测量 Δ 的精度较低，但因 $\Delta\ll x$，故总的测量精度仍较高。

微差式测量法的优点是反应快、测量精度较高，特别适用于在线控制参数的检测。

2.1.2.3 按传感器是否与被测物接触分类

A 接触式测量

顾名思义，测量仪表或仪器直接与被测物接触。轧制过程中连续测量带材的接触式测厚仪采用的就是接触式测量。

B 非接触式测量

此法可避免传感器对被测物的机械作用及对其特性的影响，也可避免传感器受到磨损。例如，非接触式板形测量仪。

2.1.2.4 按被测参量是否随时间变化分类

在检测过程中，若被测参量是随时间变化的，这种测量称为动态测量。反之，当被测参量不随时间变化或者变化很缓慢时，可认为是静态测量。值得注意的是，在进行动态和静态测量时，二者对测量装置特性的要求和对测得数值的处理是有很大差别的，检测时必须密切注意。

2.1.2.5 按检测条件分类

A 等精度测量

在整个检测过程中，若影响和决定误差大小的全部条件始终保持不变，由同一观测者使用同一台仪器，用同样方法在同样的环境条件下，对同一被测参量进行数次相同的重复测量，称之为等精度测量。

B 不等精度测量

在整个检测过程中，影响和决定误差大小的条件各异。如由不同的观测者使用不同的仪器，用不同的方法在不同的环境条件下，对被测参量进行不同次数的测量，称之为不等精度测量。

2.1.2.6 按检测原理分类

A 机械测量法

它是利用机械器具对被测参量直接进行测量的一种方法。例如，用杠杆应变计测量应变等。

B 光测法

它是利用光学的基本理论，用实验的方法去研究物体中的应力、应变和位移等力学问题的一种方法。例如，光弹法、云纹法等。

C 声测法

它是利用声波或超声波在被测介质中的传播速度和波形衰减情况来评估被测物质量的一种方法。例如，超声波探伤等。

D 非电量电测法

机械工程测试中的电测法，有电量电测法和非电量电测法之分。前者一般属于电工测量，而后者则指通过相应的物理效应，将各种非电量（如温度、压力、速度、位移、应变、流量、液位等）变换为电量，而后进行测量的方法。非电量电测法在现代检测技术中应用非常广泛，故本书将着重介绍有关非电量电测法的基本知识及采用的检测方法。

2.1.3 检测系统的基本组成

检测方法与检测工具构成了检测系统。由于被测对象复杂多样，检测系统的结构也不尽相同，一般检测系统是由检测环节、变换环节以及显示（输出）环节三部分组成的，如图 2.1 所示。

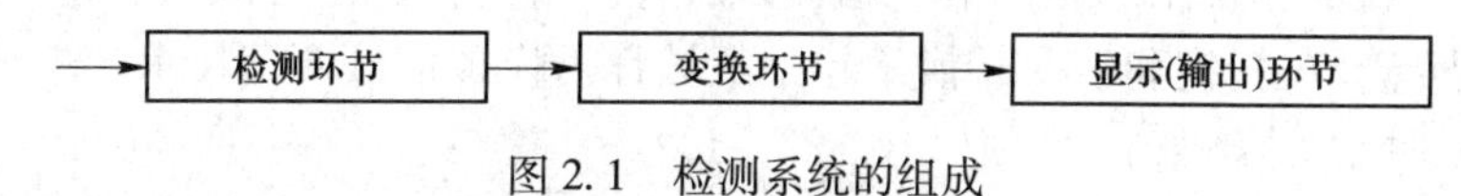

图 2.1 检测系统的组成

2.1.3.1 检测环节

检测环节处于被测对象与检测系统的接口处，它直接从被测对象中提取被测量的信息，感受其变化，并转换为与之有对应关系的、便于测量的物理量，完成信息的获取并实现被测量的初步转换。

检测环节的主要设备有传感器和变送器。

A 传感器

传感器是能够感受被测量的各种非电量（包括物理量、化学量、生物量等），并按一定规律转换成便于处理和传输的另一种物理量的元件、器件或装置的总称。传感器不但对被测参数的变化敏感，而且有把它对被测参数变化的响应传送出去的能力。传感器不只是一般的敏感元件，它的输出响应还必须是易于远传的物理量。所以，大多数的传感器的输出是电量形式，如电压、电流、电阻、电容等。也有的传感器输出气压信号和光强信号。

传感器的种类很多。从能量的角度出发，可将传感器划分为两种类型：一类是能量控制型传感器（也称有源传感器）；一类是能量转换型传感器（也称无源传感器）。

能量控制型传感器是指传感器将被测量的变化转换成电参数（如电阻、电容）的变化，传感器需外加激励电源，才可将电参数的变化转换成电压、电流的变化。如电阻应变式测力传感器，应变片阻值随被测力的变化而变化，需外加电桥电路，才可将阻值的变化转换成电压或电流的变化。而能量转换型传感器可直接将被测量的变化转换成电压、电流的变化，不需外加激励电源，如热电偶、光电池、压电传感器等。

B 变送器

变送器是自动检测和控制系统中不可缺少的基本单元，其作用是将检测元件的输出信号转换成标准统一信号。所谓标准信号是指信号的形式和数值范围都符合国际标准。目前通用的标准信号有：4 ~ 20mA 直流电流信号；0 ~ 10mA 直流电流信号；20 ~ 100kPa 空气压力信号。

2.1.3.2 变换环节

由于检测环节检测到的信号（一般为电信号）不能直接满足输出的要求，需要进一步的变换、处理、放大和分析，变换环节将检测环节检测到的信号转换为适合于显示、记录的可用的或标准电信号，输出给显示（输出）环节。

变换环节主要由信号调理电路构成。调理电路是由传感器的类型和对输出信号的要求决定的。不同的传感器具有不同的输出信号。能量控制型传感器输出的是电参数的变化，需采用电桥电路将其转换成电压的变化，而电桥电路输出的电压信号幅值较小，共模电压又很大，需采用仪表放大器进行放大。在能量转换型传感器输出的电压、电流信号中一般都含有较大的噪声信号，需加滤波电路将有用信号提取，而滤除无用的噪声信号。而且，一般能量型传感器输出的电压信号幅度都很低，也需采用电子放大器进行放大。

随着检测要求的提高和传感技术的发展，使得信号的变换和处理技术不断进步，内容也越来越丰富。目前，常用的硬件信号调理方法有测量电桥、信号放大、信号隔离、硬件滤波、U/f 转换、f/U 转换和 U/I 转换等，一般被称为模拟信号调理技术。

2.1.3.3 显示（输出）环节

显示（输出）环节是检测系统向观测者显示或输出被测量数值的装置。根据检测系统输出目的和形式的不同，输出环节主要有：显示与记录装置，数据通信接口和控制装置。其显示方式可分为指针式、数字式、屏幕式。

计算机技术与检测技术结合，就构成了现代检测系统，与一般检测系统的差别主要为智能化与自动化程度的提高。以计算机为中心的现代检测系统在软件导引下按预定的程序自动地进行信号的采集与存储、数据的运算分析与处理，并以适当的形式输出、显示或记录测量结果。计算机使得检测系统成为一个智能化的有机整体，极大地提高了检测水平；它使得检测系统精度更高、速度更快、能够实现多点综合测量，能够自动控制测量过程；依靠计算机的处理能力实现了检测的自动化。现代检测系统构成如图 2.2 所示。

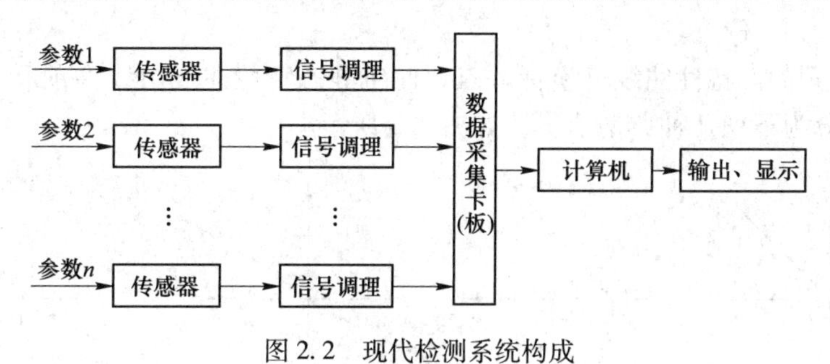

图 2.2　现代检测系统构成

2.2　检测系统的基本特性

检测系统的基本特性主要是指输出（量）与输入（量）之间的关系。理想的检测系统应该具有单值的、确定的输入—输出关系，即对于每一输入（量）都应只有单一的输出（量）与之对应。其中，以输出与输入呈线性关系为最佳。实际上，这种理想的检测系统的特性是不存在的。

检测系统的输入量可分为静态量和动态量两种，相应地，检测系统的基本特性也分为两种：静态特性与动态特性。静态量是指输入不随时间变化或随时间缓慢变化的量；静态特性指检测系统的输出量 y 与输入静态量 x 之间的关系。动态量是指输入随时间周期变化、瞬态变化或随机变化的量；动态特性指检测系统的输出量 y 与输入动态量 x 之间的关系。

检测系统的基本特性是影响检测系统工作质量的关键因素。一个检测系统的输出（量）能否精确地反映出被测参量，是由检测系统的特性决定的。因此，只有正确地选用检测系统才能使其输出（量）准确地反映出输入（量），为此，必须掌握检测系统的基本特性。

要提高检测系统的精度、改善检测系统的性能，先要了解检测系统的静态特性和动态特性，再设法改进检测系统的性能。下面仅介绍模拟检测系统（以下简称为检测系统）特性——静态特性和动态特性。

2.2.1　检测系统静态特性

对检测系统静态特性的基本要求是：输入为零时，输出也为零，输出与输入呈一一对应关系，且保持固定不变。此时，该系统处于稳定状态，输出量 y 与输入量 x 之间的函数关系可用一个代数方程多项式（称为检测系统的静态数学模型）表示如下：

$$y = a_0 + a_1x + a_2x^2 + \cdots + a_nx^n \tag{2.1}$$

式中　　y——输出量；

x——输入量；

a_0——输入量 x 为零时的输出值，即零位输出；

a_1——系统的线性灵敏度；

a_2，a_3，…，a_n——非线性项的待定常数，也称标定系数，它决定静态特性曲线的形状和位置。

设 $a_0=0$，则静态特性曲线过坐标原点，此时静态特性曲线由线性项和非线性项叠加而成。一般可分为下列几种典型情况，如图 2.3 所示。

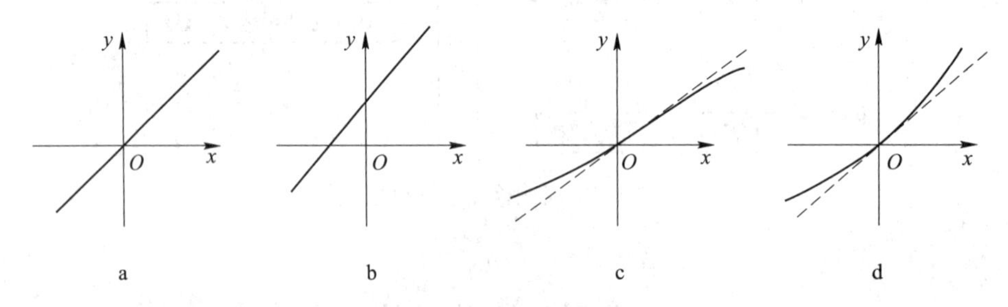

图 2.3　检测系统的静态特性

a—理想的线性特性；b—只有零位值和线性项的特性；c—非线性项中仅有奇次项的特性；d—非线性项中仅有偶次项的特性

（1）理想的线性特性。当 $a_2=a_3=\cdots=a_n=0$ 时，

$$y = a_1x \tag{2.2}$$

即输出与输入特性曲线是通过坐标原点的一条直线，如图 2.3a 所示，这是一种理想的检测系统。

（2）只有零位值和线性项的特性。当式（2.1）中，$a_2=a_3=\cdots=a_n=0$ 时，其方程式为：

$$y = a_0 + a_1x \tag{2.3}$$

则特性曲线是一条零点迁移的直线，如图 2.3b 所示。

（3）非线性项中仅有奇次项的特性。当 $a_2=a_4=\cdots=0$ 时，其方程式为：

$$y = a_1x + a_3x^3 + a_5x^5 + \cdots \tag{2.4}$$

则特性曲线在坐标原点附近有较宽的线性区，并具有 $y(x)=-y(-x)$，即特性曲线具有原点对称的性质，如图 2.3c 所示。

（4）非线性项中仅有偶次项的特性。当 $a_3=a_5=\cdots=0$ 时，其方程式为：

$$y = a_1x + a_2x^2 + a_4x^4 + \cdots \tag{2.5}$$

则特性曲线的线性范围窄，对称性差，即 $y(x)\neq -y(-x)$，如图 2.3d 所示。

综上所述，当 $a_0=0$ 时，检测系统的静态特性是由 a_1、a_2、a_3 等非线性项系数的大小来评价，a_1 大、$a_2=0$、a_3 小的特性是较理想的特性。通过理论分析建立的数学模型往往非常复杂，有时甚至难以实现。在实际应用时，多利用标定（校准）数据来绘制静态特性曲线或求得数学表达式的。

2.2.1.1 静态特性曲线的标定

静态特性曲线的标定通常是用实验方法进行的。标定是在规定的标准工作条件下（规定的温度范围、大气压力、湿度等），给出一系列已知的、准确的、不随时间变化的标准量作为输入量 $x_i(i=1, 2, \cdots, n)$，输入到检测装置。然后再由检测装置读出对应的输出量 $y_i(i=1, 2, \cdots, n)$，从而获得一系列由 y_i、x_i 数值列出的数据表，绘出标定曲线，即为静态特性曲线。根据此特性曲线和拟合直线便可确定出检测系统的各项静态特性参数（如灵敏度、线性度、滞后等）。

若检测装置本身存在某些随机因素时，对于某一确定的输入量，得到的输出量也是随机的话，这时可在相同条件下进行多次重复测量，求出同一输入量某一条件下输出量的平均值，并以此绘出静态特性曲线。若检测装置有滞后时，在相同条件下进行多次循环测量，求出平均值，便可得到静态特性曲线。

2.2.1.2 静态特性的基本参数

A 灵敏度

在静态或稳态的条件下，输出量的增量 Δy 与输入量的增量 Δx 的比值称为灵敏度 S，其数学表达式为：

$$S = \frac{\Delta y}{\Delta x}$$

灵敏度是表示检测系统对输入量变化的响应能力，是反映系统特性的基本参数。对于线性系统，其输出量与输入量之间的关系是一条直线，如图 2.4a 所示，该直线的斜率就是灵敏度，且为常数，其数学表达式见式（2.6）：

$$S = \frac{y}{x} \tag{2.6}$$

灵敏度可由静态特性曲线（直线）的斜率来求得，曲线的斜率越大，其灵敏度就越高。

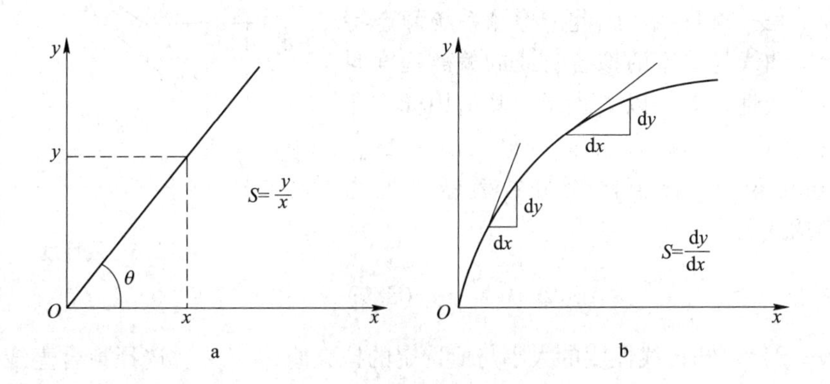

图 2.4 静态灵敏度的确定

a—线性系统；b—非线性系统

对于非线性系统，其输出量与输入量呈曲线关系（见图 2.4b），灵敏度随输入量的变化而变化，其数学表达式见式（2.7）：

$$S = \lim_{\Delta x \to 0}\left(\frac{\Delta y}{\Delta x}\right) = \frac{\mathrm{d}y}{\mathrm{d}x} \tag{2.7}$$

若检测系统是由灵敏度分别为 S_1、S_2、S_3 等多个相互独立的环节组成（见图 2.5）时，则系统的总灵敏度为：

$$S = \frac{\Delta y}{\Delta x} = \frac{\Delta v}{\Delta x} \cdot \frac{\Delta u}{\Delta v} \cdot \frac{\Delta y}{\Delta u} = S_1 S_2 S_3 \tag{2.8}$$

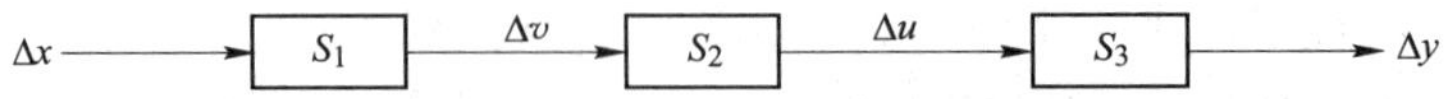

图 2.5　多级检测系统的灵敏度

由式（2.8）可知，总灵敏度等于各个环节灵敏度的乘积。

灵敏度的量纲取决于输入的量纲与输出的量纲。当输入的量纲与输出的量纲相同时，则灵敏度是一个无量纲的数，此时的灵敏度常称为“放大倍数”或“增益”。当输出的量纲与输入的量纲不相同时，则该灵敏度也应标出相应的量纲。对于传感器来说，绝大多数属于线性系统，灵敏度是一个常数，但表达灵敏度的方式及含义不完全一致。例如，电阻应变式传感器由于具有电桥电路，因此，输出量的大小不仅与输入量有关，还与电桥的输入电压有关，这类传感器灵敏度的量纲常表示为 mV/V。如某测力传感器的灵敏度为 1.5mV/V，其含义是指该传感器在额定压力作用下，当电桥输入电压为 1V 时，输出电压为 1.5mV。

在选择灵敏度时，要注意其合理性，一般说来，灵敏度以高为好。灵敏度高说明它能测出被测参量的极小变化，即被测参量稍有变化，检测系统就有较大的输出并能显示出来。但是，灵敏度越高，测量范围（量程）越小，稳定性越差。

B　线性度

理想检测系统的静态特性曲线是一条直线。但实际上，由于种种原因，检测系统的输出与输入之间的关系并不是一条直线。因此，检测系统静态特性的实际标定曲线与选定的拟合直线的偏离程度叫作线性度或非线性误差，以 L 表示。其值用标定曲线与拟合直线（$y = a_0 + a_1 x$）之间的最大偏差 Δy_{max} 与满量程输出值 y_{max} 比值的百分数表示（见图 2.6），其表达式为：

$$L = \frac{\pm \Delta y_{max}}{y_{max}} \times 100\% \tag{2.9}$$

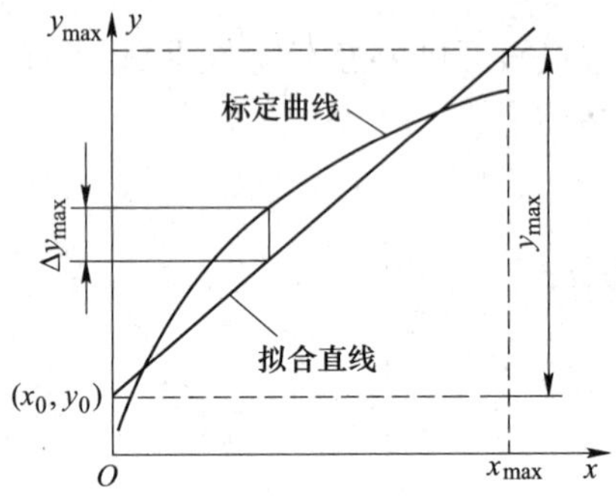

图 2.6　线性度

由式（2.9）可知，线性度的大小与所选定的拟合直线有关。选择拟合直线的原则是非线性误差应尽量小，且计算简单、使用方便。

C　滞后

在相同的检测条件下，当输入量由小增大（进程），而后又由大减小（回程）时，所得到的输出量不一致的程度称为滞后，如图 2.7 所示，又称迟滞或回程误差，以 H 表示。滞后是以同一输入量对应的两个不同输出值之间的最大差值 Δy_{max} 与满量程输出值 y_{max} 比值的百分数表示，其表达式见式（2.10）：

$$H = \frac{\Delta y_{max}}{y_{max}} \times 100\% \tag{2.10}$$

滞后大小通常由实验确定。产生滞后的主要原因是传感器的敏感元件、敏感材料的物理性质和机械零件存在缺陷所造成的。例如，零件之间的间隙，紧固件松动，弹性敏感元件受应力变形而产生位错移动，磁场中的强磁体内部应力分布发生变化等都是产生滞后现象的原因。

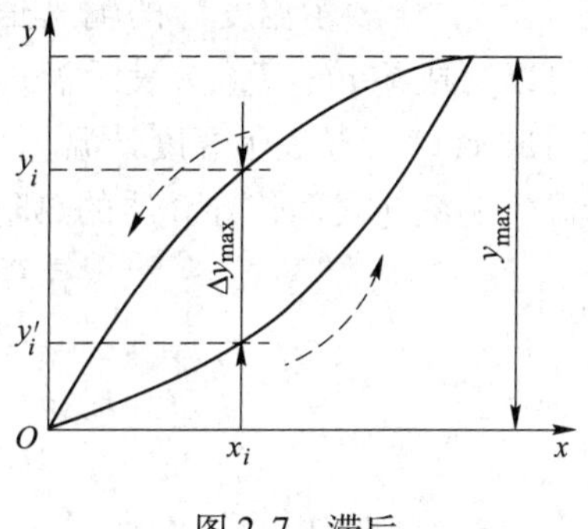

图 2.7　滞后

D　静态特性参数的其他术语

稳定性是指在一定工作条件和一定的时间内，保持输入信号不变时，其输出信号随时间或温度的变化而出现缓慢变化的程度。它是由于敏感元件和传感器零件的特性随时间增加而产生的时效等造成的。

漂移是指检测系统在输入不变的条件下，输出随时间变化的趋势。产生漂移的原因有两个：一是仪器自身结构参数的变化；二是外界环境的变化，如温度、湿度等。最常见的漂移是温度漂移，即由于外界工作温度的变化而引起输出的变化。

2.2.2　检测系统动态特性

在工程检测和科学试验中，经常要测量迅速变化的动态信号。检测系统能否准确地反映这些变化的动态信号，取决于该系统的动态特性——快速响应的能力，为此必须研究检测系统的动态特性。一个检测系统的输出量随时间变化的规律（变化曲线）不能同时再现输入量的时间变化规律（变化曲线）时，则会产生误差，这个误差称为动态误差。动态误差大小反映动态特性的好坏。因此，研究检测系统动态特性的目的，就是研究动态输出与输入之间的差异。研究方法是通过系统的阶跃响应和频率响应来表示检测系统的动态特性。研究工具是微分方程式和传递函数。

2.2.2.1　检测系统的传递函数

传递函数定义为输出信号对输入信号之比。传递函数就是检测系统的数学模型，它以反映输出与输入关系的微分方程式表示。由于检测系统一般都是线性系统，所以传递函数多是线性常微分方程式。

传递函数是一阶微分方程式的称为一阶检测系统；是二阶微分方程式的称为二阶检测系统。常用的检测系统一般为一阶和二阶检测系统。

A　一阶检测系统的传递函数

属于典型的一阶检测系统有液柱式温度计和简单的 RC 滤波电路等。现以液柱式温度计测量温度为例（见图 2.8），说明用微分方程建立数学模型的方法，进而导出一阶检测系统传递函数的一般形式。

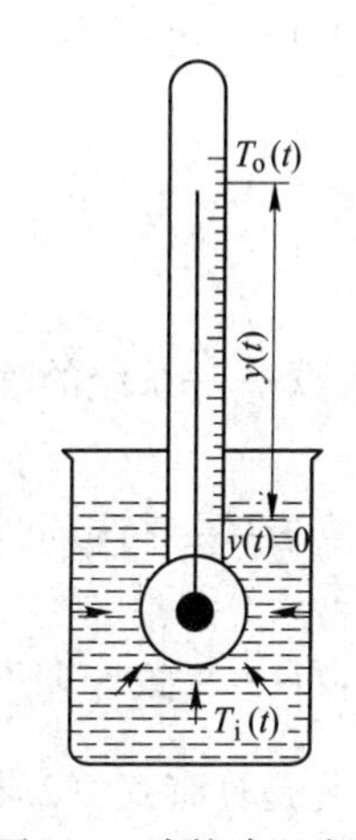

图 2.8　液柱式温度计

设 $T_i(t)$ 表示温度计的输入信号，即温度计温包周围被测流体的温度（被测温度），也可以写成 $x(t)$；$T_o(t)$ 表示温度计的输出信号，即温度计中液柱的位移（指示温度），或写成 $y(t)$；C 表示温度计温包（包括其内液柱介质）的热容量；R 表示温度从热源传给温包的液体之间传导介质的热阻。根据热力学平衡方程，可得

$$\frac{T_i(t) - T_o(t)}{R} = C\frac{\mathrm{d}}{\mathrm{d}t}T_o(t) \tag{2.11}$$

则
$$RC\frac{\mathrm{d}}{\mathrm{d}t}T_o(t) + T_o(t) = T_i(t) \tag{2.12}$$

令 $\tau=RC$，则得式（2.13）：

$$\tau\frac{\mathrm{d}}{\mathrm{d}t}T_o(t) + T_o(t) = T_i(t) \tag{2.13}$$

这就是液柱式温度计的数学模型，它是一阶线性微分方程。

引入微分算子 $D=\frac{\mathrm{d}}{\mathrm{d}t}$，则式（2.13）可改写为：

$$(\tau D + 1)T_o(t) = T_i(t)$$

所以
$$\frac{T_o(t)}{T_i(t)} = \frac{1}{\tau D + 1} \tag{2.14}$$

式（2.14）为输出信号对输入信号之比，这就是液柱式玻璃温度计的传递函数。式（2.13）可以写成一般形式：

$$a_1\frac{\mathrm{d}}{\mathrm{d}t}y(t) + a_0 y(t) = b_0 x(t) \tag{2.15}$$

式中 $y(t)$——检测系统的输出量；

$x(t)$——检测系统的输入量；

a_0，a_1，b_0——由检测系统参数所决定的常数。

将式（2.15）两端除以 a_0，则有

$$\frac{a_1}{a_0}\frac{\mathrm{d}}{\mathrm{d}t}y(t) + y(t) = \frac{b_0}{a_0}x(t) \tag{2.16}$$

式（2.16）可写成：

$$\tau\frac{\mathrm{d}}{\mathrm{d}t}y(t) + y(t) = Kx(t) \tag{2.17}$$

所以
$$(\tau D + 1)y(t) = Kx(t) \tag{2.18}$$

式中 K——系统的静态灵敏度，$K=\frac{b_0}{a_0}$，在线性系统中为常数；

τ——系统的时间常数，$\tau=\frac{a_1}{a_0}$；

D——微分算子，$D=\frac{\mathrm{d}}{\mathrm{d}t}$。

凡是具有式（2.18）形式的运动微分方程式的检测系统称为一阶检测系统。显然，任何形式的一阶检测系统的传递函数的一般形式为：

$$G(s)=\frac{y(t)}{x(t)}=\frac{K}{\tau D+1} \tag{2.19}$$

B　二阶检测系统的传递函数

典型的二阶检测系统有动圈式仪表、膜片式压力传感器、RLC 电路等。现以膜片式压力传感器为例，对二阶检测系统做进一步说明。膜片式压力传感器可看作一个有质量的简化机械系统（见图 2.9），质量 m 用弹簧和阻尼器支撑着。图 2.9 中 B 为阻尼器的阻尼系数；k 为弹簧的刚性系数；$f(t)$ 为外力（输入信号）；$y(t)$ 为位移（输出信号）。我们所要讨论的是外力 $f(t)$ 与质量 m 的位移 $y(t)$ 之间的关系。

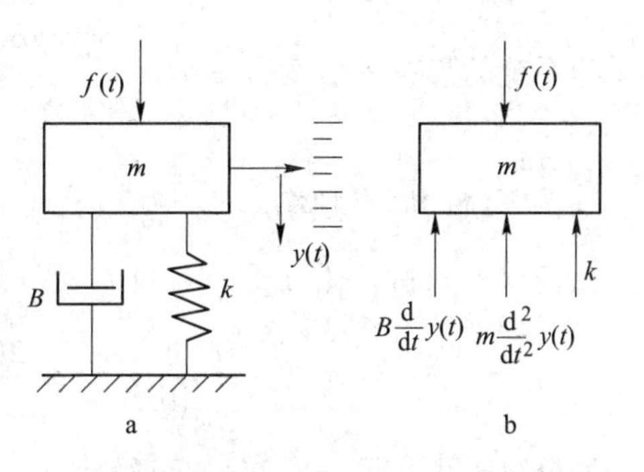

图 2.9　有质量的简化机械系统
a—膜片式压力传感器简图；b—受力分析

由图 2.9b 可以看出，质量 m 将受到四个力的作用：外力 $f(t)$，弹簧反力 k，阻尼器的阻力 $B\frac{\mathrm{d}}{\mathrm{d}t}y(t)$ 和重力。

当 $f(t)=0$ 时，可将传感器的输出位移调到 $y_0(t)=0$，于是在力的平衡方程式中，可以不计重力的影响，因此有

$$f(t)-B\frac{\mathrm{d}}{\mathrm{d}t}y(t)-ky(t)=m\frac{\mathrm{d}^2}{\mathrm{d}t^2}y(t)$$

或

$$m\frac{\mathrm{d}^2}{\mathrm{d}t^2}y(t)+B\frac{\mathrm{d}}{\mathrm{d}t}y(t)+ky(t)=f(t) \tag{2.20}$$

这就是膜片式压力传感器的数字模型，它是个二阶线性微分方程。
用微分算子表示，式（2.20）可改写成：

$$(mD^2+BD+k)y(t)=f(t)$$

所以

$$\frac{y(t)}{f(t)}=\frac{1}{mD^2+BD+k}=\frac{K}{\frac{D^2}{\omega_n^2}+\frac{2\beta D}{\omega_n}+1} \tag{2.21}$$

式中　β——系统的阻尼度，$\beta=\frac{B}{2\sqrt{mk}}$；

K——系统的灵敏度，$K=\frac{1}{k}$；

ω_n——系统的固有角频率，$\omega_n=\sqrt{\frac{k}{m}}$。

式（2.21）为输出信号对输入信号之比，这就是有质量的简化机械系统的传递函数。式（2.20）可以写成一般形式：

$$a_2\frac{\mathrm{d}^2}{\mathrm{d}t^2}y(t)+a_1\frac{\mathrm{d}}{\mathrm{d}t}y(t)+a_0y(t)=b_0x(t) \tag{2.22}$$

将式（2.22）两端同时除以 a_0，得

$$\frac{a_2}{a_0}\frac{\mathrm{d}^2}{\mathrm{d}t^2}y(t)+\frac{a_1}{a_0}\frac{\mathrm{d}}{\mathrm{d}t}y(t)+y(t)=\frac{b_0}{a_0}x(t) \tag{2.23}$$

式中，a_0、a_1、a_2、b_0 为由检测系统参数所决定的常数，它们可归纳成三个主要参数：$\frac{b_0}{a_0}$为系统的静态灵敏度，$\frac{b_0}{a_0}=K$；$\frac{a_1}{a_0}=\frac{2\beta}{\omega_n}$，得 $\beta=\frac{a_1}{2\sqrt{a_0a_2}}$为系统的阻尼度；$\frac{a_2}{a_0}=\frac{1}{\omega_n^2}$，得 $\omega_n=\sqrt{\frac{a_0}{a_2}}$为系统的固有频率。

利用这三个参数，式（2.23）可改写成：

$$\frac{1}{\omega_n^2}\frac{\mathrm{d}^2}{\mathrm{d}t^2}y(t)+\frac{2\beta}{\omega_n}\frac{\mathrm{d}}{\mathrm{d}t}y(t)+y(t)=Kx(t) \tag{2.24}$$

用微分算子表示式（2.24），可写成：

$$\left(\frac{1}{\omega_n^2}D^2+\frac{2\beta}{\omega_n}D+1\right)y(t)=Kx(t) \tag{2.25}$$

由式（2.25）可给出二阶检测系统传递函数的一般形式：

$$G(s)=\frac{y(t)}{x(t)}=\frac{K}{\frac{1}{\omega_n^2}D^2+\frac{2\beta}{\omega_n}D+1} \tag{2.26}$$

2.2.2.2 检测系统的瞬态响应

上述研究检测系统动态特性的理论方法在实践中往往是不现实的，这主要是由于对于复杂的检测系统而言，很难准确地列出它的运动微分方程式。因此，在实际工作中，往往不是根据传递函数来分析检测系统的动态特性，而是根据它对某些典型信号的响应来评价该系统的动态特性。这是因为用实验方法容易求得检测系统对典型输入的响应特性。下面就来分析两种典型输入情况下的动态响应。

A 阶跃响应

当输入为阶跃信号（例如，突然地加载和卸载）时，检测系统对应的输出称为阶跃响应。

阶跃信号的形状如图 2.10a 所示，用 $A_u(t)$ 表示高度为 A 的阶跃信号，其函数表达式为：

$$A_u(t)=\begin{cases}0 & t\leqslant 0\\ A & t>0\end{cases} \tag{2.27}$$

a 一阶检测系统的阶跃响应

假定检测系统的初始状态是平衡的，即当 $t=0$ 时，$x(t)=y(t)=0$；如果此时对检测系统施加一个阶跃输入 $x(t)=A_u(t)$，也就是说，在 $t=0$ 时，输入信号由零突然增大到 $A_u(t)$（见图 2.10b），将该输入代入式（2.19），得

$$(\tau D+1)y(t)=KA_u(t) \tag{2.28}$$

方程式（2.28）在阶跃输入下的解是

$$y(t)=KA(1-\mathrm{e}^{-\frac{t}{\tau}}) \tag{2.29}$$

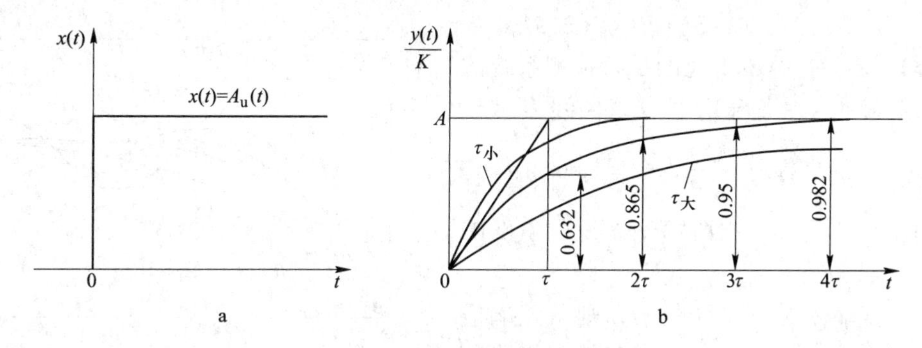

图 2.10　一阶检测系统的阶跃响应
a—阶跃信号；b—阶跃响应

为使输出 $y(t)$ 便于与输入 $x(t)$ 比较，取输出为：

$$\frac{y(t)}{K} = A(1 - e^{-\frac{t}{\tau}}) \tag{2.30}$$

式（2.30）为一阶检测系统的阶跃响应函数，这是时间的指数函数，其曲线如图 2.10b 所示，称为阶跃响应曲线。

由图 2.10 可见，一阶检测系统的阶跃响应有如下性质：

（1）一阶检测系统的阶跃响应函数是一条指数曲线，初始值为零。随着时间 t 的增加，输出不断增大，最终趋于输入值 A。由此可见，从零到最终值这段时间，输出与输入之间存在着明显的差异，这种差异叫作动态误差或过渡响应误差。

（2）指数曲线的变化率取决于时间常数 τ，τ 值越小，曲线上升越快，即输出趋于输入的时间越短，响应速度越快，动态误差越小；反之，则响应速度越慢，动态误差越大。可见，τ 值是决定响应快慢的重要因素，故称 τ 为时间常数。当 $t=\tau$ 时，输出仅达到输入值的 63%。当 $t=4\tau$ 时，输出已达到输入的 98%，此时误差小于 2%，一般就规定达到了稳态。为了减小动态误差，应尽量采用时间常数 τ 小的检测系统。

b　二阶检测系统的阶跃响应

对传递函数为式（2.26）的二阶检测系统，若代入阶跃输入信号 $x(t)=A_u(t)$，则

$$(D^2 + 2\beta\omega_n D + \omega_n^2)y(t) = K\omega_n^{\ 2}A_u(t) \tag{2.31}$$

方程式（2.31）在阶跃输入下依阻尼度 β 不同，其解有三种情况：

（1）过阻尼（$\beta>1$）。

$$\frac{y(t)}{KA} = 1 - \frac{\beta + \sqrt{\beta^2 - 1}}{2\sqrt{\beta^2 - 1}}e^{(-\beta+\sqrt{\beta^2-1})\omega_n t} + \frac{\beta - \sqrt{\beta^2 - 1}}{2\sqrt{\beta^2 - 1}}e^{(-\beta-\sqrt{\beta^2-1})\omega_n t} \tag{2.32}$$

（2）临界阻尼（$\beta=1$）。

$$\frac{y(t)}{KA} = 1 - (1 + \omega_n t)e^{-\omega_n t} \tag{2.33}$$

（3）欠阻尼（$0<\beta<1$）。

$$\frac{y(t)}{KA} = 1 - \frac{e^{-\beta\omega_n t}}{\sqrt{1 - \beta^2}}\sin\left(\sqrt{1 - \beta^2}\,\omega_n t + \arcsin\sqrt{1 - \beta^2}\right) \tag{2.34}$$

式（2.32）、式（2.33）、式（2.34）分别为$\beta>1$、$\beta=1$、$0<\beta<1$时的二阶检测系统的阶跃响应函数。为便于分析，以曲线表示于图2.11中，纵坐标取$\frac{y(t)}{KA}$，横坐标取$\omega_n t$。

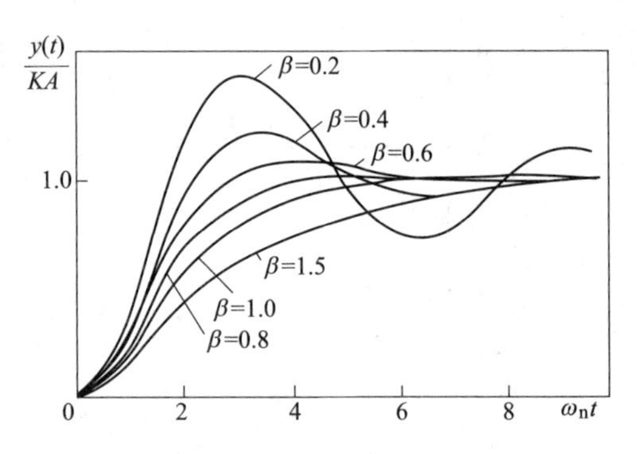

图2.11　二阶检测系统的阶跃响应曲线

由图2.11可见，二阶检测系统的阶跃响应有以下性质：

（1）若输入是一阶跃信号，则阶跃响应函数曲线有三种。当$\beta\geqslant1$时，其输出为指数曲线，随时间的增加，输出值逐渐趋于输入值，但不会超过它；当$\beta<1$时，其输出为正弦衰减振荡曲线，随时间的增加，输出逐渐稳定在最终值上。阻尼度β越小，振荡衰减越慢，输出达到最终值的时间越长。$\beta=0$时，输出曲线无衰减等幅振荡。由此可见，输入是一条阶跃曲线，而输出则是上述三种曲线。可见输出不能马上达到输入值，而是需要经过一段时间才能达到输入对应值，这种差异叫作过渡响应动误差。

（2）二阶检测系统的响应速度与阻尼度β有关。β值过大或过小，均使输出趋于最终值的时间过长。因此，为了提高响应速度，检测系统的阻尼度β通常设计在0.6~0.8之间。

（3）二阶检测系统的阶跃响应速度与其固有频率ω_n有关。在阻尼度β值一定时，固有频率ω_n越大，则阶跃响应速度越快。

综上所述，二阶检测系统的响应速度取决于该系统的固有频率ω_n和阻尼度β。为了减小二阶检测系统的过渡响应动误差，保证检测精度，检测系统必须满足两个条件：阻尼度$\beta=0.6\sim0.8$；固有频率ω_n应尽可能高。

B　频率响应

频率响应是检测系统对正弦输入的稳态响应。当检测系统的输入信号为正弦波$x(t)=A\sin\omega t$时，由于过渡响应的影响，开始瞬间输出信号$y(t)$并非为正弦波（见图2.12）。经过一定时间后，过渡响应部分逐渐衰减乃至消失，进入稳态响应阶段，此时系统的输出信号将是一个与输入信号同频率的正弦波$y(t)=B\sin(\omega t+\varphi)$。对比$x(t)$与$y(t)$可知，二者具有相同角频率$\omega$，而振幅与相位发生变化：幅值有衰减，相位滞后$\varphi$角，时间延迟$\varphi/\omega$秒。一般情况下，即使输入信号振幅$A$不变，只要频率发生变化，输出信号的振幅与相位也会发生变化。通常把输出量与输入量的振幅之比B/A和相位差φ随输入信号频率ω的变化规律称为频率响应。其中，把输出量与输入量的振幅之比B/A随输入信号角频率ω的变化关系称为检测系统的幅频特性，而相位差φ随输入信号角频率ω的变化关系称为检测系统的相频特性。幅频特性和相频特性共同表达了检测系统的频率响应特性。

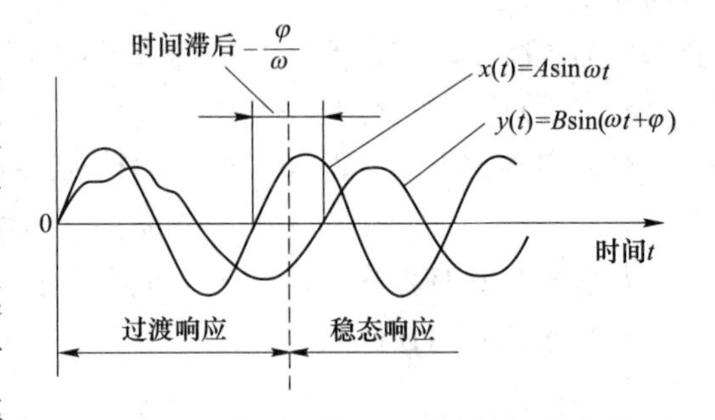

图2.12　检测系统对正弦波的频率响应

a 一阶检测系统的频率响应

将式（2.19）所表示的一阶检测系统传递函数 $G(s)$ 中的 D 用纯虚数 $\mathrm{j}\omega$ 代替，即可得到该系统的频率响应函数 $G(\mathrm{j}\omega)$（为分析简便，设 $K=1$），得

$$G(\mathrm{j}\omega)=\frac{1}{\mathrm{j}\omega\tau+1} \tag{2.35}$$

输出与输入的振幅之比 B/A 等于复数实部、虚部平方和的开方，即

$$\frac{B}{A}=|G(\mathrm{j}\omega)|=\frac{1}{\sqrt{\omega^2\tau^2+1}} \tag{2.36}$$

式（2.36）表示振幅比 B/A 与角频率 ω 的关系，这是一阶检测系统的幅频特性表达式。

由式（2.35）可知，复数的相位差为输出与输入的相位差 φ，它等于复数虚部与实部之比的反正切，即

$$\varphi=-\arctan\omega\tau \tag{2.37}$$

式中，负号表示输出滞后于输入。式（2.37）表示相位差 φ 与角频率 ω 的关系，这是一阶检测系统的相频特性表达式。

为便于分析，把幅频特性表达式（2.36）和相频特性表达式（2.37）用曲线表示如图 2.13 所示。

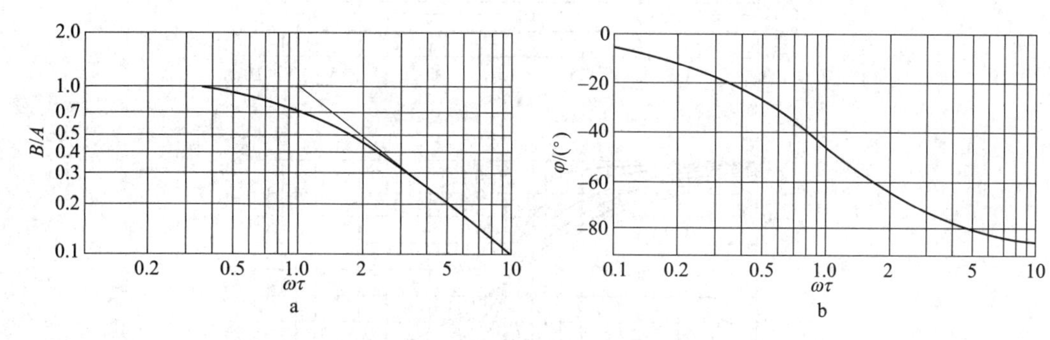

图 2.13 一阶检测系统的频率响应特性

a—一阶检测系统的幅频特性；b—一阶检测系统的相频特性

由图 2.13 可知，一阶检测系统的频率响应有以下特点：

（1）振幅比 B/A 随角频率 ω 增大而减小；而相位差 φ 随角频率 ω 增大而增大。B/A 和 φ 表示输出与输入的差异，称为稳态响应动误差。

（2）系统的频率响应与时间常数 τ 有关。当 $\omega\tau<0.3$ 时，频幅和相位失真都小。可见，τ 越小，频率响应越快，动态误差越小。因此，为了减小动态误差，尽量采用时间常数 τ 小的一阶检测系统。

b 二阶检测系统的频率响应

将式（2.26）所表示的二阶检测系统的传递函数 $G(s)$ 中的 D 用纯虚数 $\mathrm{j}\omega$ 代替，即可得到该系统的频率响应函数 $G(\mathrm{j}\omega)$（为了分析简便，设 $K=1$），得

$$G(\mathrm{j}\omega)=\frac{1}{1-\left(\dfrac{\omega}{\omega_{\mathrm{n}}}\right)^2+2\mathrm{j}\beta\dfrac{\omega}{\omega_{\mathrm{n}}}} \tag{2.38}$$

由上式得幅频特性表达式：

$$\frac{B}{A}=\frac{1}{\sqrt{\left[1-\left(\frac{\omega}{\omega_{\mathrm{n}}}\right)^{2}\right]^{2}+4\beta^{2}\left(\frac{\omega}{\omega_{\mathrm{n}}}\right)^{2}}} \tag{2.39}$$

相频特性表达式：

$$\varphi=-\arctan\frac{2\beta\frac{\omega}{\omega_{\mathrm{n}}}}{1-\left(\frac{\omega}{\omega_{\mathrm{n}}}\right)^{2}} \tag{2.40}$$

为直观起见，由式（2.39）和式（2.40）做出幅频特性曲线和相频特性曲线图 2.14。

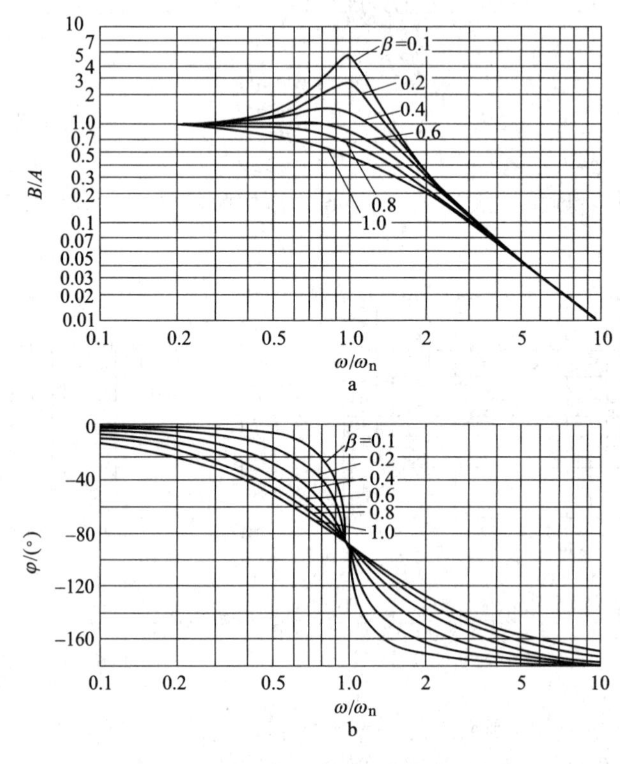

图 2.14　二阶检测系统的频率响应特性

a—二阶检测系统的幅频特性；b—二阶检测系统的相频特性

由图 2.14 可见，二阶检测系统频率响应的特点是：

（1）系统的频率响应随阻尼度 β 的变化而不同，由图 2.14a 可见，当 β 较小，且 $\frac{\omega}{\omega_{\mathrm{n}}}=1$ 时，$\frac{B}{A}>1$；β 较大时，$\frac{B}{A}<1$；只有在 $\beta=0.6\sim0.8$ 时，$\frac{B}{A}=1$ 的频率范围最大，且这时相频图 2.14b 上同一频率范围内，φ 与频率呈近似线性关系。在这种情况下，系统具有理想的频率特性。因此，为获得较宽的频率范围，且稳态响应动误差较小，二阶检测系统的阻尼度应设计为 0.6~0.8。

（2）系统的频率响应随固有角频率 ω_n 的大小而不同。ω_n 越高，稳态响应动误差小的工作频率范围越宽；反之，ω_n 越低，则此工作频率范围越窄。

综上所述，二阶检测系统的响应速度取决于该系统的固有角频率 ω_n 和阻尼度 β。为了减小系统的动误差，保证检测精度，检测系统必须满足两个条件：阻尼度 β 应取在 0.6~0.8 之间，固有角频率 ω_n 应尽可能高。

2.3 对检测系统的要求

由于检测任务不同，对检测系统的要求也不一样，但在设计、综合和配置检测系统时，应考虑以下要求。

（1）性能稳定。检测系统的各个环节要具有时间稳定性。

（2）精度要高。精度主要取决于传感器、信号调节等模拟转换部件。

（3）有足够的动态响应能力。在现代检测中，高频信号成分迅速增加，要求系统必须具有足够的动态响应能力。

（4）具有实时和事后数据处理能力。能在检测过程中处理数据，便于现场实时观察分析，及时判断被测对象的状态和性能。实时数据处理的目的是确保检测安全、加速检测进程和缩短检测周期。同时系统还必须有事后处理能力，待检测结束后能对全部数据做完整、详尽的分析。

（5）具有开放性和兼容性。主要表现在检测设备的标准化。计算机和操作系统应具有良好的开放性和兼容性，可以根据需要扩展系统的硬件和软件，便于使用和维护。

今后的检测系统将采用标准化的模块设计，大量采用光导纤维作为传输总线，并用多路复用技术同时传输检测数据、图像和语音。从而向着多功能、大信息量、高度综合化和自动化的方向发展。

3 传感器与测量电路

一般检测系统由检测环节、变换环节以及显示（输出）环节三部分组成。检测环节通过传感器实现，变换环节通过测量电路实现。本章主要讲述传感器和测量电路的工作原理，并以零件应力（应变）的应变片电测法为例介绍电阻应变片的应用。

3.1 传感器概述

3.1.1 传感器的定义与组成

传感器也称变换器、换能器、探测器和检测器。在非电量电测法中，传感器是将被测非电量信号转换为与之有确定对应关系电量输出的器件或装置。传感器一般是利用某种材料所具有的物理、化学和生物效应或原理按照一定的加工工艺制备出来的电器元件，由于传感器工作原理存在差异，故传感器的组成也不同。一般情况下，传感器可以抽象出由敏感元件、传感元件、信号转换和调节电路及辅助电路组成，如图 3.1 所示。

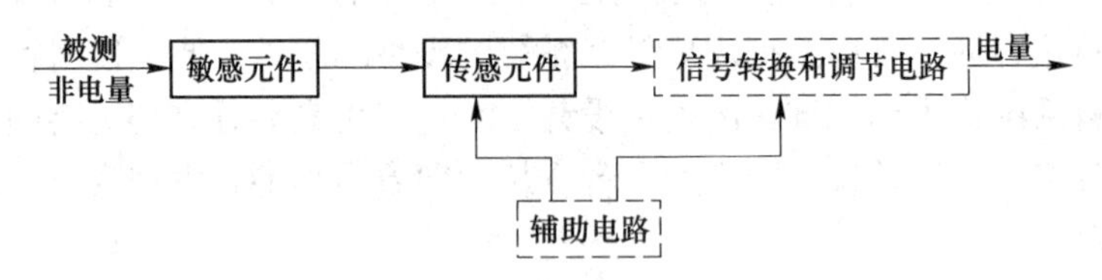

图 3.1 传感器组成

敏感元件又叫弹性元件，直接感受被测非电量，将被测量转换成与之有确定关系的其他量（一般也为非电量）的元件。如在电感式传感器中，当铁心和衔铁距离变化时，两者的磁阻也发生改变，位移和磁阻间建立了一定关系，因此衔铁是位移敏感元件。

传感元件，将敏感元件感受到的非电量直接转换成电信号的器件，这些电信号包括电压、电阻、电感、电容、频率等。在电感式传感器中，铁心上连接线圈后，当磁阻变化时，线圈感知了磁阻的变化并使自身的电感也随之发生相应的变化，因此，线圈起到传感元件的功能。

传感器都包含敏感元件与传感元件，分别完成感知被测量和将被测量转换成电量的过程。但在有些传感器中，敏感元件和传感元件区别不是很明显。如果敏感元件直接输出电量，它就同时兼为传感元件；如果传感元件能直接感受被测非电量而输出与之有确定关系的电量，它同时兼为敏感元件。可见，敏感元件和传感元件两者合二为一的例子在传感器中也很常见，例如压电晶体、热电偶、热敏电阻等。

信号转换和调节电路是位于传感器和终端之间的各种元件的总称，其作用是将传感器输出的信号转换为便于显示、记录、处理和控制的信号，常用的信号处理电路包括放大、滤波、调制、A/D 和 D/A 转换等。

辅助电路通常指电源，包括直流电源和交流电源，由传感器类型而定。由于交流电源不需要额外的转换电路，在传感器辅助电路中应用最广泛。此外，有些传感器也常用电池供电。

传感器技术包括传感器原理、传感器设计、传感器开发和应用等多项综合技术，正朝着高精度、智能化、微型化和集成化的方向发展，新材料的开发和加工工艺技术水平的提高是传感器技术发展的基础。

3.1.2 传感器的分类

各生产领域中所涉及的被测对象千差万别，采用的传感器也不同，可见被测量的差异性决定了传感器种类的多样性，一般传感器可分为如下几类。

3.1.2.1 按输入物理量分类

这种方法是根据输入量的性质进行分类，每一类物理量又可抽象为基本物理量和派生物理量两大类。例如，力可视为基本物理量，而压力、拉力、重力、应力、力矩、电磁力等为派生物理量，对上述物理量的测量，只要采用力传感器就可以完成。现将常见的基本物理量和派生物理量列于表 3.1 中。

表 3.1 基本物理量和派生物理量

基本物理量	派生物理量
位移（线、角位移）	长度、厚度、高度、应变、振动、磨损、不平度、旋转角、偏转角、角振动等
速度（线、角速度）	速度、振动、流量、动量、转速、角振动等
加速度（线、角加速度）	振动、冲击、质量、角振动、扭矩、转动惯量等
力（压力、拉力）	重力、应力、力矩、电磁力等
时间（频率）	周期、计数、统计分布等
温度	热容量、气体速度、涡流等
光	光通量与密度、光谱分布等

以输入量性质不同分类传感器，其优点是比较明确地表达了传感器的检测对象，便于使用者根据具体的使用用途选用传感器。但是，对于同一个物理量可以采用不同的传感器进行检测，故以输入量分类传感器的方法并不能体现传感器的工作原理，每种传感器在工作机理上的共性和差异难以被区分。

3.1.2.2 按工作原理分类

根据物理、化学等学科的各种原理、规律和效应，可将传感器分为压电式、热电式、光电式等传感器。这种分类法的优点是传感器的工作原理明确，有利于初学者掌握传感器的各种工作原理，本书将按这种分类法介绍几种常用传感器。

3.1.2.3 按测量时传感器与被测对象接触与否进行分类

测量时与被测对象接触的传感器称为接触式传感器；而与被测对象无直接接触的传感器，则称之为非接触式传感器，如超声波传感器、光传感器、热辐射传感器等均为非接触式传感器。由于非接触式传感器不接触被测对象，故传感器和被测对象间不会产生交互影响。

3.1.2.4 按输出信号的性质分类

按输出信号的性质分类，可将传感器分为模拟式和数字式传感器。数字式传感器便于与计算机联用，抗干扰性较强，近些年发展较为迅速。

传感器还有其他分类方法，这里不过多讨论。下面将介绍几种常用传感器的工作原理：电阻应变式传感器、电感式传感器、电容式传感器，并对传感器的信号处理方式进行了阐述。

3.2 电阻应变式传感器

3.2.1 电阻应变式传感器的工作原理

电阻应变式传感器可用于测量力、力矩、压力、加速度、重量等物理量，是材料成型和科学研究中广泛使用的传感器，主要由弹性元件、应变片、测量电路及外壳等组成。按照变形方式，电阻应变式传感器可分为：压缩式、剪切式和弯曲式三种，其中使用最多的是压缩式传感器，其弹性元件有柱形和环形（筒形）。

现以柱形弹性元件为例介绍电阻应变式传感器的工作原理。如图 3.2 所示，在一个钢质圆柱形的弹性元件的侧面上，用黏结剂牢牢地粘贴有轴向（垂直）和径向（水平）相间的电阻应变片 R_1、R_2、R_3、R_4 并组成电桥电路。在弹性元件受到外力作用时，产生弹性变形（轴向受压缩、径向受拉伸），而粘贴在弹性元件侧面上的应变片也随着变形而改变其电阻值（应变片 R_1 和 R_3 受压缩，阻值减小；R_2 和 R_4 受拉伸，阻值增加）。再利用电桥将电阻变化转换成电压变化，然后送入放大器放大，由记录器记录。最后利用标定曲

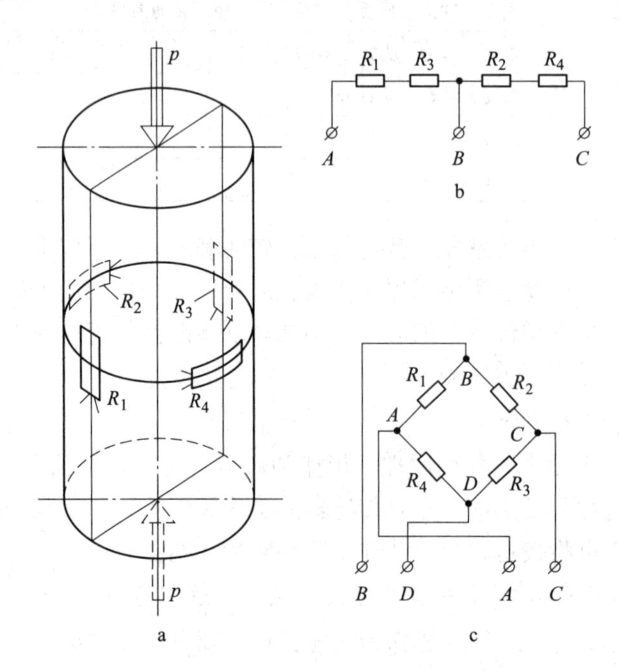

图 3.2 柱形弹性元件的贴片及接线图

a—布片图；b—半桥接线图；c—全桥接线图

线将测得的应变值推算出外力大小，或直接由测力计上的刻度盘读出力的大小。由于电阻应变技术的发展，这种传感器已成为主流。它特别适合于现场条件下的短期测量，故目前测量轧制力大多数采用电阻应变式传感器。

电阻应变式传感器的应用关键是应变的采集及电阻的转换过程，因此本章后续着重对电阻应变片及测量电路进行讲述。

3.2.2 应变片的结构及种类

电阻应变片简称为应变片或应变计。其作用是将被测试件的机械量（应变）转换成电量（电阻），以供电子仪器进行测量。因此，它是非电量电测法中最常用的一种转换元件。

3.2.2.1 应变片的结构

无论何种应变片，一般均由基底、黏结层、敏感栅、覆盖层以及引线等构成，典型的纸基金属丝应变片构造如图 3.3 所示。

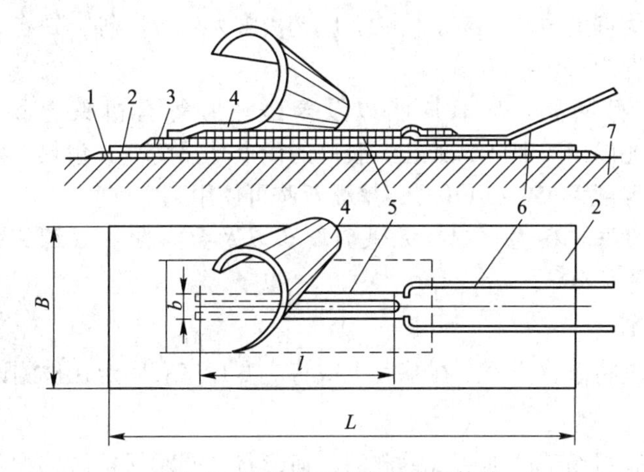

图 3.3 纸基金属丝应变片的构造

1，3—黏结层；2—基底；4—覆盖层；5—敏感栅；6—引线；7—被测试件；

l—应变片基长，mm；L—应变片总长度，mm

A 敏感栅

敏感栅是应变片的敏感元件，其作用是感受欲测试件的机械应变，并把它转换成电阻变化。敏感栅的材料有金属（高电阻合金丝或箔）和半导体（硅、锗等）两大类。它应满足下列要求：

（1）灵敏系数大，而且为常数，能在较大的应变范围内保持线性；

（2）电阻率高，以便制造小型应变片，供测量应力集中用；

（3）电阻温度系数小，具有足够的热稳定性；

（4）加工和焊接性能好，以利于制成细丝或箔片；

（5）具有足够的机械强度，以免制片时被拉断。

上述要求很难全部满足，只能根据使用条件挑选。目前使用最多的是铜镍合金，因为它的灵敏系数比较稳定，能在较大的应变范围内保持不变。此外，它还具有电阻率高、电阻温度系数低、易于加工、价廉等优点。镍铬合金的主要特点是电阻率高，约为康铜的两倍，但其电阻温度系数大，常用于不能使用铜镍合金的较高温度场合。镍铬铝合金是镍铬合金的改良型，它兼有以上两种合金的优点，既有较高的灵敏系数和电阻率，又有较低的电阻温度系数，因此也是一种较理想的敏感栅材料。然而，由于制造工艺复杂，焊接性能差，故目前主要用于制造中、高温应变片。

B 基底

基底的作用是固定和支撑敏感栅。在应变片的制造和储存过程中，保持其几何形状不变。当把它粘贴在试件上之后，与黏结层一起将试件的变形传递给敏感栅，同时又起到敏感栅与试件之间的电绝缘作用，避免短路。

对基底材料的要求是机械性能好、防潮性好、绝缘好、热稳定性好、线膨胀系数小、柔软便于粘贴等。由于使用场合不同，采用的基底材料也不相同，常温应变片的基底材料有纸基和胶基两种。

纸基一般用多孔性、不含油分的薄纸（厚度约为0.02~0.05mm），例如拷贝纸、高级香烟纸等。纸基的优点是柔软、易于粘贴、应变极限大、价廉等，缺点是防潮、绝缘和耐热性稍差。使用温度为-50~+80℃。

胶基一般用酚醛树脂、环氧树脂以及聚酰亚胺等有机聚合物薄膜（厚度约为0.03mm），其中，尤以聚酰亚胺为最佳。胶基的优点是强度高、耐热、防潮和绝缘等方面均优于纸基。使用温度为-50~+170℃，聚酰亚胺可使用到300℃。

高温应变片的基底材料为石棉、无碱玻璃布以及金属薄片（镍铬铝片或不锈钢片）等。使用温度可达到400℃。

C 黏结层（剂）

黏结层的作用是将敏感栅固定在基底上或将应变片基底固定在被测试件的表面上。

D 覆盖层

覆盖层的作用是帮助基底维持敏感栅的几何形状，同时保护敏感栅不与外界金属物接触，以免短路或受到机械损伤，覆盖层的材料一般与基底材料相同。

E 引线

引线的作用是把敏感栅接入测量电路，以便从敏感栅引出电信号。引线材料一般用低阻值的镀锡铜丝，高温应变片引线用镍铬铝丝。

3.2.2.2 应变片的种类

应变片的种类很多，分类方法也各异。通常是按敏感栅材料分为导体（金属）应变片和半导体应变片；此外，按敏感栅数目、形状和配置分，有单轴应变片、多轴应变片（应变花）和特殊型应变片；按基底材料分，有纸基应变片、胶基应变片和金属基应变片；按应变片的工作温度分，有常温、中温、高温、低温和超低温应变片；按粘贴方式分，有粘贴式、焊接式、喷涂式和埋入式应变片。下面介绍几种常见的应变片。

A 纸基金属丝应变片

纸基金属丝应变片简称为丝式应变片。按金属丝的缠绕形式分，有丝绕式（见图3.4a）和短接式（见图3.4b）应变片。其敏感栅由一根高电阻合金丝绕制成栅状，用黏结剂把它粘贴在绝缘的两层薄纸（基底和覆盖层）之间。

优点是制造简单、价格低廉、粘贴容易，因而目前国内还在使用。

缺点是防潮性和耐热性差，只适用于室内60℃以下的常温、干燥和短期测量场合，而且需采取防潮措施。此外，横向效应大，难以制成基长小于2mm的应变片。

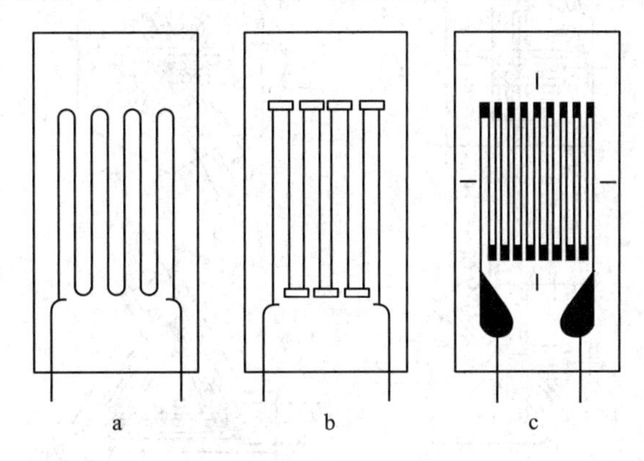

图3.4 金属应变片
a，b—金属丝应变片；c—箔式应变片

B 胶基金属箔应变片

胶基金属箔应变片简称箔式应变片。它是由非常薄（厚度为0.001~0.010mm）的高电阻合金箔制成栅状，如图3.4c所示。制片时，先在金属箔的一面涂上一层树脂，经聚合处理后形成胶膜作为基底。然后在箔的另一面涂上一层感光剂，采用光刻腐蚀技术制成所要求的敏感栅形状。与丝式应变片相比，箔式应变片具有以下优点：

（1）输出信号大。金属箔的表面积大、散热条件好，允许通过较大的电流，以致不必放大即可直接推动指示器或记录器，从而大大地简化了测量装置。

（2）可制成基长很小（达0.3mm）和各种特殊形状的应变片，以适应各种不同的测量对象和试验要求，这是丝式应变片无法比拟的。

（3）横向效应小（因敏感栅端部横向部分宽），从而提高了应变测量精度。

（4）绝缘和防潮性能好，因为它的基底是胶膜而不是纸。

缺点是在试件弯曲处粘贴应变片困难。

C 应变花

具有两组以上敏感栅，而各组敏感栅轴线彼此成一定角度的应变片叫作应变花，如图3.5所示。它用于测量两个以上方向的应变，例如压力容器和管道等。

D 温度自补偿应变片

当温度变化时，应变片中产生的电阻增量等于零或互相抵消，而不产生虚假应变的应变片叫作温度自补偿应变片。温度自补偿应变片主要有三种：选择式、联合式和组合式自补偿应变片。其中，以组合式自补偿应变片为佳。它是利用两种电阻材料的电阻温度系数不同（一个为正，一个为负）的特性，将两者串接制成一个应变片，如图3.6所示。这样，在温度变化时产生的电阻增量大小相等，符号相反，从而互相抵消，实现温度自补偿。

3.2.3 金属应变片的工作原理

金属应变片的工作原理是基于金属丝的“电阻应变效应”特性，即金属丝受到外力作

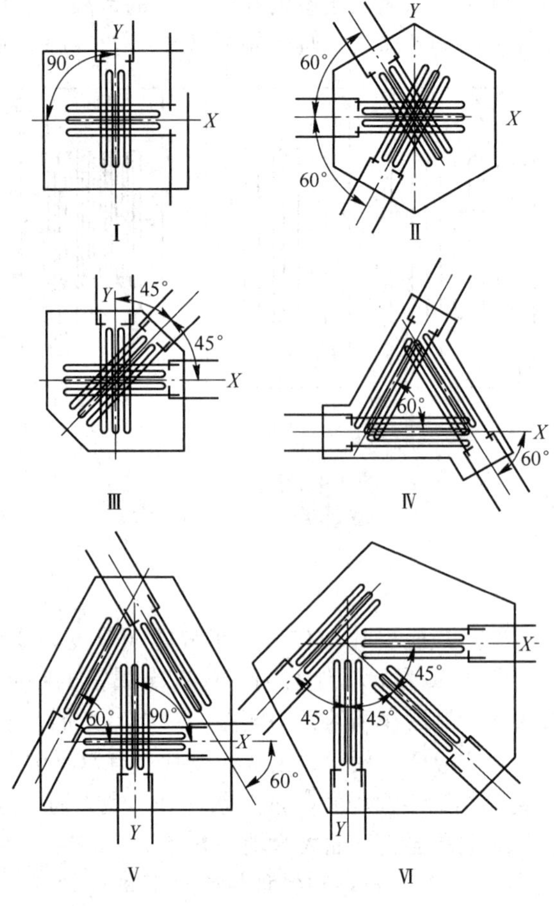

图 3.5　各种应变花

用发生机械变形（伸长或缩短）时，其电阻值也将随之发生变化的物理现象。现截取应变片敏感栅（金属丝）的一部分（见图 3.7），以求其电阻变化率与应变量之间的关系。

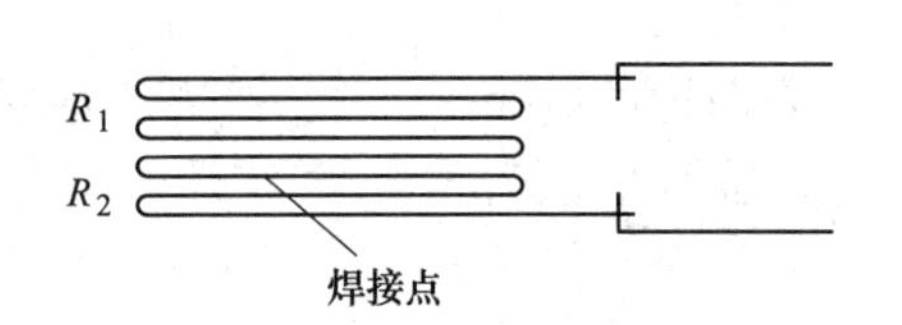

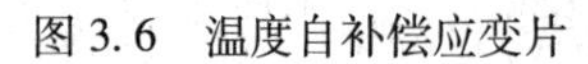

图 3.6　温度自补偿应变片

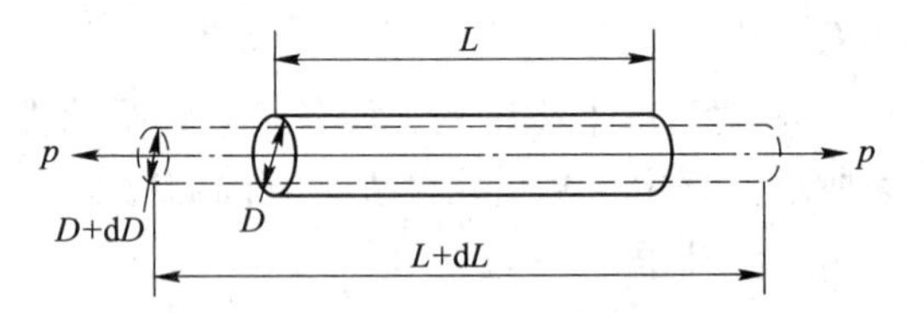

图 3.7　金属丝拉伸后几何尺寸的变化

由物理学可知，金属材料的电阻值与两个因素有关：一是几何尺寸，二是材料性质——电阻率。当金属丝未受外力作用时，其原始电阻值 R 为：

$$R = \rho \frac{L}{A} \tag{3.1}$$

式中　ρ——金属丝的电阻率，$\Omega \cdot mm^2/m$；

L——金属丝的长度，m；

A——金属丝的横截面积，mm^2。

当金属丝受到轴向力 p（或应变 ε）作用时，不仅它的几何尺寸（长度和横截面积），而且电阻率 ρ 都发生了变化，故其电阻值 R 也随之发生变化。为求得电阻变化率（电阻值的相对变化），将式（3.1）两端取对数后，再进行全微分，得电阻变化率 $\frac{dR}{R}$ 为：

$$\frac{dR}{R}=\frac{d\rho}{\rho}+\frac{dL}{L}-\frac{dA}{A} \tag{3.2}$$

当敏感栅为圆截面（金属丝），直径为 D 时，其横截面积变化率 $\frac{dA}{A}$ 为：

$$\frac{dA}{A}=2\frac{dD}{D}=-2\mu\frac{dL}{L}=-2\mu\varepsilon \tag{3.3}$$

当敏感栅为矩形截面（金属箔），宽度为 B，厚度为 H 时，其横截面积变化率为：

$$\frac{dA}{A}=\frac{dB}{B}+\frac{dH}{H}=-\mu\frac{dL}{L}-\mu\frac{dL}{L}=-2\mu\varepsilon \tag{3.4}$$

式中 $\frac{dD}{D}$，$\frac{dB}{B}$，$\frac{dH}{H}$——敏感栅材料的横向应变；

$\frac{dL}{L}$——敏感栅材料的纵向应变，$\frac{dL}{L}=\varepsilon$；

μ——敏感栅材料的泊松比，负号表示二者变化方向相反。

由式（3.3）和式（3.4）可见，不论敏感栅横截面形状如何，其结果是相同的。故将此二式之一代入式（3.2），整理后得

$$\frac{dR}{R}=(1+2\mu)\varepsilon+\frac{d\rho}{\rho} \tag{3.5}$$

或

$$\frac{dR}{R}/\varepsilon=(1+2\mu)+\frac{d\rho}{\rho}/\varepsilon \tag{3.6}$$

令

$$K_0=(1+2\mu)+\frac{d\rho}{\rho}/\varepsilon \tag{3.7}$$

将式（3.7）代入式（3.6），得

$$\frac{dR}{R}/\varepsilon=K_0$$

因此

$$\frac{dR}{R}=K_0\varepsilon \quad 或 \quad \frac{\Delta R}{R}=K_0\varepsilon \tag{3.8}$$

K_0 为一段敏感栅材料的应变灵敏系数或灵敏度，它仅与敏感栅材料性质有关。其物理意义是单位应变所引起敏感栅材料的电阻变化率，它表示敏感栅材料的电阻值随着机械应变而发生变化的“灵敏程度”。在同一应变 ε 的条件下，K_0 越大，单位应变引起的电阻变化越大。

式（3.8）是金属丝电阻变化率与应变的基本关系式。它表明，敏感栅材料的电阻变化率与应变成线性关系。如果已知 K_0，再测出 $\frac{dR}{R}$，就可求出应变 ε，这就是金属应变片的工作原理。

实测中，K_0 和 R 是已知的，只要将电阻变化量 ΔR 通过适当的变换后，在电阻应变仪上即可直接读出所对应的应变量 ε。

3.2.4　应变片的常温工作特性

3.2.4.1　应变极限

粘贴在试件表面上的应变片，在一定温度下所能测量的应变范围是有一定限度的，这个限度称为应变片的应变极限。因为试件的应变是通过黏结剂、基底和敏感栅传递到应变片的，所以应变片所能测量的应变大小也受到这些材料性质的限制，因此应变片所能测量的应变局限于一定的范围内。

应变片能测量的最大应变量取决于基底和黏结剂的材料性质。一般说来，当应变量 $\varepsilon>1.5\%$ 时，基底和敏感栅之间容易发生滑脱现象，使测量失去意义。而且也只有 $\varepsilon<1.5\%$ 时，$\frac{\Delta R}{R}$ 与 ε 才能保持线性关系。实际上，当 $\varepsilon=0.5\%$ 时，由于滞后引起的误差可达百分之几，这是不允许的。因此，为了保证测量精度，应变极限应小于 0.5%，通常取 0.2%~0.3%(2000~3000$\mu\varepsilon$)。

应变片能测量的最小应变量取决于应变片的灵敏系数、仪器灵敏度以及仪器抗干扰信号能力的大小。目前使用的电子仪器能测量的最小电阻变化率为 10^{-7}，因而能测量的最小应变量：

$$\varepsilon_{\min}=\frac{\Delta R}{R}\cdot\frac{1}{K}=10^{-7}\times\frac{1}{2}=5\times10^{-8}=0.05\mu\varepsilon$$

3.2.4.2　温度效应

粘贴在试件表面上的应变片，在不受外力作用的条件下，其电阻值随着环境温度变化而改变的现象称为应变片的温度效应。如果此时把应变片接入应变仪，将会有应变输出，这种由于温度变化引起的应变输出叫作热输出。因此，当应变片粘贴在试件上之后，实际上它受到两种应变：一种是由于外力作用产生的应变，叫作机械应变，这正是我们所要测量的；另一种是当试件处于自由伸缩状态时，由于环境温度变化产生的应变，叫作热应变。它是一种虚假应变，这是测量时我们所不需要的，但它是客观存在的，因此必须在测量中设法消除，否则将会大大降低测量精度。

环境温度变化对应变片电阻值的影响很大，其原因如下：

(1) 一枚未粘贴的应变片，当环境温度变化时，由于应变片敏感栅材料本身的温度效应使其电阻值将随着温度的变化而改变，其电阻变化率为：

$$\left(\frac{\Delta R}{R}\right)_{\alpha}=\alpha\cdot\Delta t \tag{3.9}$$

式中　α——应变片敏感栅材料的电阻温度系数，1/℃；

Δt——温度变化量，℃。

(2) 在应变片粘贴在试件上之后，当环境温度变化时，应变片和试件都要发生变形。首先看应变片和试件都处于自由状态下的情况。当环境温度变化 Δt 时，应变片敏感栅产生变形（伸长或缩短），其长度变化量 Δl_g 为：

$$\Delta l_g=l\beta_g\Delta t$$

式中 β_g——应变片敏感栅材料的线膨胀系数，1/℃。

当环境温度变化 Δt 时，试件产生变形（伸长或缩短），其长度变化量 Δl_m 为：

$$\Delta l_m = l\beta_m \Delta t$$

式中 β_m——试件的线膨胀系数，1/℃。

当应变片粘贴在试件上之后，由于应变片的刚度远远小于试件的刚度，因此，当环境温度变化 Δt 时，应变片的变形（伸长或缩短）就要受到试件的约束。当应变片敏感栅的线膨胀系数等于试件的线膨胀系数，即 $\beta_g=\beta_m$，则应变片的变形与粘贴前的自由状态一样，不产生附加变形；若 $\beta_g>\beta_m$，则应变片的变形受到试件的限制，小于自由状态下的伸长，故应变片产生附加压应变；若 $\beta_g<\beta_m$，则应变片的变形除自由状态下的热伸长之外，还要受到试件的拉长，故应变片产生附加拉应变。总之，在后两种情况下，当环境温度变化 Δt 时，由于两者的线膨胀系数不同，应变片就要产生附加变形（伸长或缩短），其应变值 ε_β 为：

$$\varepsilon_\beta = \frac{\Delta l}{l} = \frac{\Delta l_m - \Delta l_g}{l} = \frac{l\beta_m \Delta t - l\beta_g \Delta t}{l} = (\beta_m - \beta_g)\Delta t$$

由于应变片产生的附加应变使其电阻值发生改变，其电阻变化率$\left(\frac{\Delta R}{R}\right)_\beta$为：

$$\left(\frac{\Delta R}{R}\right)_\beta = K(\beta_m - \beta_g)\ \Delta t \tag{3.10}$$

式中 K——应变片灵敏系数；

β_m——试件的线膨胀系数，1/℃；

β_g——应变片敏感栅的线膨胀系数，1/℃。

因此，由于环境温度变化 Δt 引起应变片的总电阻变化率$\left(\frac{\Delta R}{R}\right)_t$为：

$$\left(\frac{\Delta R}{R}\right)_t = \left(\frac{\Delta R}{R}\right)_\alpha + \left(\frac{\Delta R}{R}\right)_\beta = [\alpha + K(\beta_m - \beta_g)]\ \Delta t \tag{3.11}$$

对应的热应变为：

$$(\varepsilon)_t = \left(\frac{\Delta R}{R}\right)_t \Big/ K = \left[\frac{1}{K}\alpha + (\beta_m - \beta_g)\right]\Delta t \tag{3.12}$$

此外，由于温度升高，黏结剂强度降低并软化产生蠕变，试件的变形将不能准确地传递给敏感栅，故使应变片的灵敏系数降低（相当于应变量减小）。

由以上原因产生的虚假应变是相当大的，有时甚至会超过被测量的机械应变值。因此，应变片粘贴在试件上之后，除了机械应变产生电阻变化外，温度变化引起的电阻变化也叠加上去了，形成虚假应变信号，从而造成测量误差。由此可见，温度的影响不容忽视。为了提高测量精度，必须采取温度补偿措施，以消除或降低温度的影响。

常用的温度补偿方法有两种：桥路补偿和温度自补偿，这两种补偿方法适用于常温情况。若温度较高时，必须采用冷却水套冷却。若温度再高时，则需采用高温应变片和高温黏结剂。桥路补偿在测量电路一节中会讲述，温度自补偿即为选用温度自补偿应变片。

3.2.4.3 绝缘电阻

所谓绝缘电阻是指已粘贴好的应变片敏感栅（包括引线在内）与粘贴该应变片的试件

之间的电阻值，一般以兆欧计。绝缘电阻是检查应变片的粘贴质量、黏结剂性能及其固化程度的重要标志。

影响绝缘电阻的主要因素是湿度，湿度首先使黏结剂绝缘电阻下降，从而改变了应变片的原始电阻值。因为绝缘电阻相当于和应变片并联组成桥臂，所以绝缘电阻的变化将会引起桥臂总阻值发生变化，其变化量甚至可以和应变引起的变化相比拟。轻者造成较大的测量误差，重者（当绝缘电阻降低到一定程度时）将会破坏电桥平衡，以至于使仪器无法正常工作。

绝缘电阻最终影响到测量的稳定性，表现为测试系统产生零点漂移。为保证测量精度，一般要求绝缘电阻在 50~100MΩ 以上。静态短期测量时，绝缘电阻不应低于 100MΩ；长期测量时，应大于 500MΩ。动态测量时，允许适当降低，一般应在 20MΩ 以上，低于此值就会严重影响测量的稳定性。

3.2.4.4 横向效应

粘贴在试件表面上的应变片，即使只承受单向载荷作用，其表面变形仍处于平面应变状态，即有纵向伸长和横向缩短。由于横向缩短引起应变片电阻值减小的量，抵消了一部分纵向伸长引起电阻值增加的量，因而使所测得的应变值减小，或者说使应变片灵敏系数减小，这种现象称为横向效应。

应变片的横向效应可用横向效应系数 C 表示：

$$C = \frac{n\pi r}{2l - n\pi r} \tag{3.13}$$

式中 l——应变片敏感栅的总长度；

r——应变片敏感栅的圆弧半径；

n——应变片敏感栅的半圆弧个数。

由式（3.13）可见，应变片的横向效应系数仅与其几何尺寸有关，而与其应变量的大小无关。对一般应变片，C 值为 0.1%~3%；对基长较短而敏感栅段数较多的应变片，C 值可达 5%。横向效应对测量精度有影响，在单向应变测量时，其影响较小，可忽略不计。但在平面应变测量时，则应考虑其影响，并对其测量结果进行修正。

为了减小横向效应，可采用基长大的应变片，例如，l=15~20mm，或者短接式应变片以及箔式应变片。

3.2.4.5 动态响应时间

机械应变由试件传递到应变片敏感栅所需要的时间称为应变片的动态响应时间。一般说来，金属应变片的动态响应时间为 10^{-7}s 数量级；半导体应变片为 10^{-11}s 数量级。可见，应变片在沿其厚度方向对试件应变的响应时间是非常迅速的，故可认为应变片本身是没有惯性的一种变形测量元件，因此可用示波器振子记录。

应变片在动态应变测量，尤其是冲击应力测量时，应变片基长对测量精度是有影响的。因为应变片再小，总是具有一定长度的。当被测应变波的波长较短（即频率较高），或应变片基长较长时，则在同一瞬间应变片基长上感受的应变量是不同的。实际上，应变片测得的应变乃是敏感栅覆盖的面积上各点应变的平均值，这和被测点的应变瞬时值相差较多，因此出现了测量误差。由此可知，应变片基长越短，越能正确地反映出被测点的真实应变。为保证测量精度，在测量动应变时，应变片基长 l 应满足下列关系：

$$l \leqslant \left(\frac{1}{20} \sim \frac{1}{10}\right)\frac{v}{f} \tag{3.14}$$

式中 v——声波在试件中的传播速度（在钢、铝和镁中声速为5000m/s），m/s；

f——应变波频率，Hz。

3.2.4.6 应变片的线性

应变片的电阻变化率与应变的比值为一常数，则称二者之间的关系为线性，否则为非线性。线性用非线性的百分比表示，即在规定的测量范围内，取测量值偏离理想直线的偏差与测量范围内最大值比值的百分比（见图3.8）。在工业上，要求应变片的非线性在0.5%~1%以内。在大应变条件下，非线性较为明显，其主要原因是黏结剂传递变形不良造成的。

3.2.4.7 机械滞后

对贴有应变片的试件进行反复加载和卸载时，加载和卸载曲线的不重合程度称为机械滞后（见图3.9）。它用滞后曲线斜率最大宽度与测量范围内的最大测量值比值的百分比表示。

$$H_{yx} = \pm \frac{\delta}{S}(\%)$$

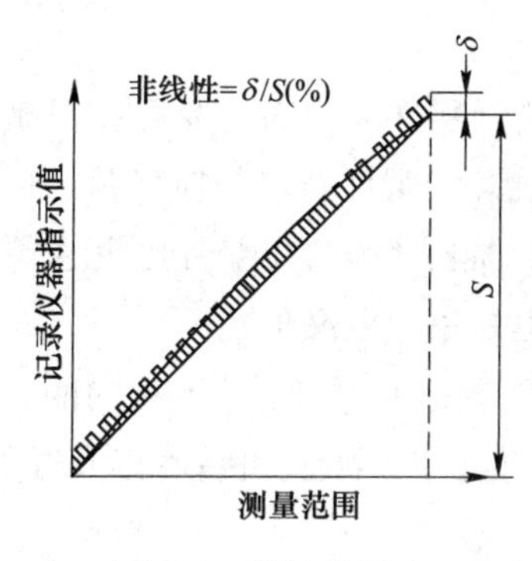

图3.8 线性表示法

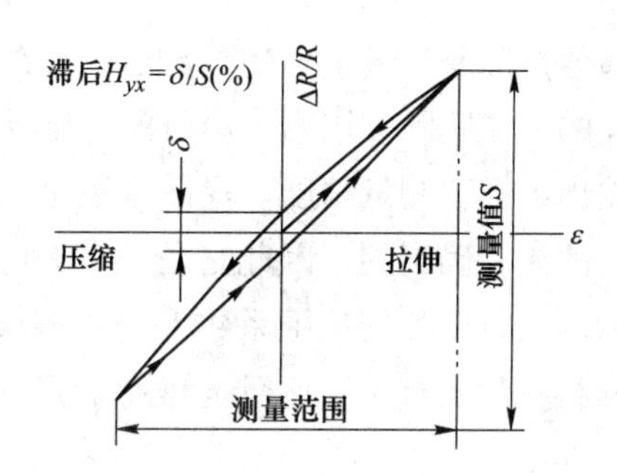

图3.9 机械滞后

应变片产生机械滞后的原因主要是敏感栅、基底和黏结剂在承受机械应变之后留下的残余变形所致。机械滞后的大小与应变片所承受的应变量有关，加载时的机械应变越大，卸载过程中的机械滞后也就越大。尤其是新粘贴的应变片，第一次承受应变载荷时，常常产生较大的机械滞后。

试验表明，从第二次加载开始，滞后将急剧减小。经过三至五次循环之后，只有 $(5\sim10)\times10^{-6}$左右的滞后。滞后和非线性都给测试带来一定误差，因此，将应变片贴到试件上之后，正式标定（或测试）之前，应对试件进行至少三到五次重复加载和卸载，以减小机械滞后，改善其线性。

3.2.5 应变片的规格

3.2.5.1 几何尺寸

应变片轴线：应变片敏感栅的纵向轴线。

基长 l：沿应变片敏感栅轴线方向上能承受应变的有效长度（见图3.3）。对于带有圆弧端的丝式应变片，则指圆弧内侧之间的长度。对于有横栅的箔式应变片和短接丝式应变片，则指两横栅内侧之间的长度。应变片的基长通常为5~30mm。

基宽b：在与应变片轴线垂直的方向上，应变片敏感栅外侧之间的距离（见图3.3）。一般为3~12mm。

应变片的几何尺寸通常用敏感栅的有效工作面积（$b \times l$）表示。目前，国内生产的规格有1mm×1mm、2mm×2mm、2mm×3mm、3mm×5mm 、4mm×8mm、5mm×10mm、2.8mm×15mm等。

3.2.5.2　电阻值

它是指应变片既没有粘贴，又不受外力作用的条件下，在室温中测量的原始电阻值。目前，应变片的电阻值已趋于标准化，我国生产的应变片的名义阻值一般为120Ω，此外，还有60Ω、80Ω、240Ω等。

3.2.5.3　灵敏系数

当应变片粘贴在试件上之后，在沿应变片轴线方向的单向载荷作用下，应变片的电阻变化率与被敏感栅覆盖下的试件表面上的轴向应变的比值称为应变片的灵敏系数$\boldsymbol{K}$：

$$K = \frac{\Delta R}{R} / \varepsilon \tag{3.15}$$

灵敏系数是应变片最重要的参数之一，在直接测量零件应力时，是根据灵敏系数进行测量和换算的。在实际使用中，尽可能选用灵敏系数大，而且稳定的应变片，以使传感器有较大的输出，提高测量精度。灵敏系数是由制造厂抽样5%的应变片粘贴在等强度梁或纯弯曲梁上的试验确定的，因此它是一个平均值，也是一个名义值。

应当指出，应变片的灵敏系数K与单根金属丝的灵敏系数K_0是不相同的。因为它不仅与敏感栅材料性质有关，而且与敏感栅形式、几何尺寸，甚至和基底以及黏结剂有关，所以K恒小于K_0。

3.2.5.4　许用电流

当应变片接入测量电路中，其敏感栅允许通过的最大工作电流叫作许用电流。当应变片通过电流时，由于焦耳热量，使应变片温度不断升高。当温度达到一定值时，由于热效应，一方面引起应变仪指针漂移；另一方面黏结剂开始软化，不能把试件变形全部传递给敏感栅，于是产生测量误差。严重时，将会把基底烧毁，因此必须对通过应变片的电流予以限制。

为防止应变片中通过的工作电流过大（超过许用电流）损坏应变片，故供桥电压就不是一个任意给定的数值，而是根据许用电流值和桥路电阻计算出供桥电压的最大许用值。为了保证测量精度，静态测量时，许用电流值一般规定为25mA。动态测量时，可达75mA甚至100mA。

另外，对于不同基底材料的应变片所通过的工作电流值应予以不同的限制。例如，纸基应变片的温度极限一般不超过60℃，胶基应变片散热条件好，许用电流可大一些，但最高使用温度不应超过100℃。

3.3 电感式传感器

磁电感应式传感器又称电磁感应式传感器，是利用电磁感应定律，将被测量转变成感应电动势而进行测量的。它不需要供电电源，电路简单，性能稳定，频率响应范围宽，适用于动态测量。这种传感器通常可用于振动、转速、扭矩等参数的测量。

根据电磁感应定律，对于一匝数为 N 的线圈，当穿过该线圈的磁通 Φ 发生变化时，其感应电动势可表示为：

$$e = -N\frac{\mathrm{d}\Phi}{\mathrm{d}t} \tag{3.16}$$

由式（3.16）可见，线圈中感应电动势 e 的大小，取决于匝数 N 和穿过线圈的磁通变化率$\frac{\mathrm{d}\Phi}{\mathrm{d}t}$。磁通变化率是由磁场强度、磁路磁阻及线圈的运动速度决定的。所以改变其中一个因素，就会改变线圈的感应电动势。因此，电磁变换器只要配备不同的结构就可以组成测量不同物理量的磁电感应式传感器。

3.4 电容式传感器

电容式传感器可以将某些物理量的变化转变为电容量的变化。它被广泛地用于位移、振动、角位移、加速度等机械量以及压力、差压、物位等生产过程参数的测量。其优点是：(1) 结构简单；(2) 由于检测元件的电容量很小，故容抗很高，且自身发热小、损耗小，因而仅需很小的输入力和很低的输入能量；(3) 具有较高的固有频率和良好的动态特性，可使用在几兆赫的频率下；(4) 工作适应性强，可进行非接触式测量。但电容起始值较小，且电容的变化量更小，负载能力差，容易受寄生式杂散电容以及外界各种干扰的影响，必须采取良好的屏蔽和绝缘措施。

电容式传感器实际上是各种类型的可变电容器，它能将被测量的改变量转换为电容量的变化，通过一定的测量线路，将电容的变化量进一步转换为电压、电流、频率等电信号。按极板形状，电容式检测元件通常有圆筒形和平板形两种，如图 3.10 所示。

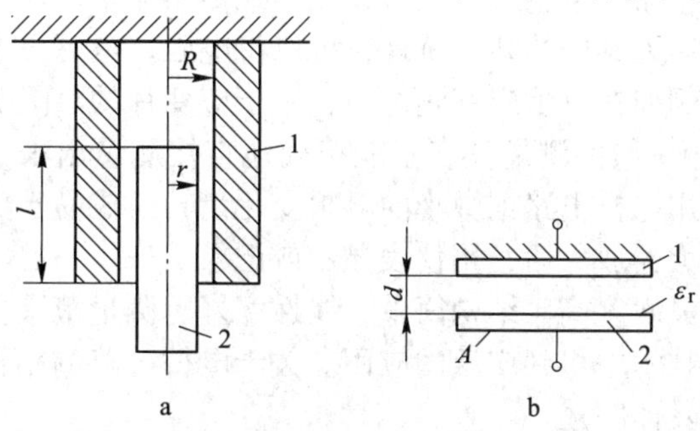

图 3.10 两种常见的电容器形式

a—圆筒形电容器；b—平板形电容器

1—定极板；2—动极板

对于圆筒形电容器，其电容量为：

$$C = \frac{z\pi\varepsilon l}{\ln\frac{R}{r}} = \frac{2\pi\varepsilon_0\varepsilon_r l}{\ln\frac{R}{r}} \tag{3.17}$$

式中 l——圆筒长度；

R——外圆筒内半径；

r——内圆筒外半径；

ε——极板间介质的介电常数；

ε_0——真空介电常数，$\varepsilon_0 = 8.85\times10^{-12}$F/m；

ε_r——介质相对真空的相对介电常数。

对于平板形电容器，当忽略该电容器的边缘效应时，其电容量 C 为：

$$C = \varepsilon\frac{A}{d} = \varepsilon_0\varepsilon_r\frac{A}{d} \tag{3.18}$$

式中 A——极板面积；

d——两极板间的距离；

其他符号与式（3.17）相同。

由式（3.17）及式（3.18）可知，当电容器参数 d，A（或 l）和 ε_r 中任何一个发生变化时，电容量 C 也就随之变化。所以，电容器根据其工作原理可分为三种类型：即变极距式，变面积式和变介电常数式。

变极距式和变面积式可以反映位移等机械量或压力等的变化；变介电常数式可以反映液位高度、材料温度和组分含量等的变化。当某个被测量变化时，会引起极板 2 的位移，从而改变极板间的距离 d，导致电容量 C 的变化。

3.5 传感器输出信号的处理

传感器输出的电信号较弱，不能直接输出，需要进一步变换、处理，转换成仪表显示、记录所能接受的信号形式。

3.5.1 电桥电路

电桥是在电阻式传感器、电感式传感器、电容式传感器中广泛应用的测量电路，它将某个传感器的敏感元件作为其中的某个桥臂，可以将电阻、电感、电容等参数的变化转换为电压或电流的变化。例如在电阻应变测量中，由于应变片的电阻变化量很小（一般在万分之几至百分之几），用一般的测量仪表不能精确地直接测量出来，因此必须采用一定形式的测量电路。通常采用电桥电路把微小的电阻变化量转换成易于放大或记录的电压或电流的变化量，经电子放大器放大后，用仪表显示或记录。

由于电桥电路具有灵敏度高、结构简单、线性度好、测量范围宽、易于实现温度补偿等优点，因此，在检测技术中得到广泛的应用。关于电桥电路的结构、工作原理及特性将在 3.6 电桥电路一节中具体阐述。

3.5.2 载波放大

电桥的输出信号一般都很微小，故必须采用放大器将信号进行放大，为记录器或指示仪表提供能够正常工作所需要的信号大小，可见，放大器是将微弱信号放大的测量元件。

放大器一般采用交流放大，其频率特性如图 3.11 所示。幅频和相频的特性表明，在 $\omega_H \sim \omega_B$ 范围内，放大器的放大倍数最大并保持恒定值 K_0，相差 $\phi(\omega)=\pi$ 为常数。可见，在信号检测时，对放大器的一个基本要求是使其在 $\omega_H \sim \omega_B$ 频带内工作，才不会产生幅频失真和相频失真，$\omega_H \sim \omega_B$ 称为放大器的工作频带。

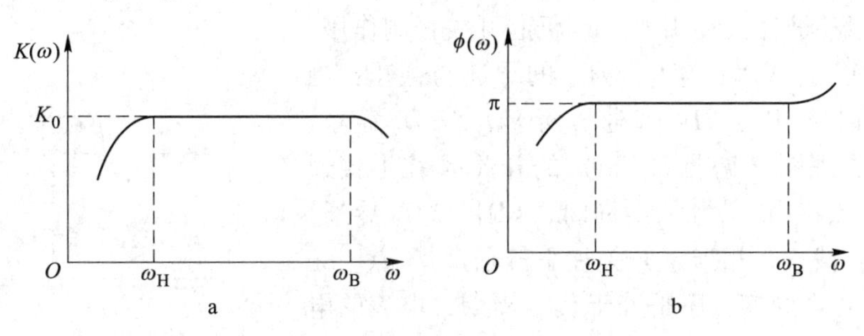

图 3.11 交流放大器的频率特性曲线
a—幅频特性曲线；b—相频特性曲线

有学者分析了被测动态变化的频谱，结果表明，被测信号的频率一般处于 $0 \sim n\Omega$ 范围内，此频率范围与放大器的频率范围并不一致，如何才能把物理量的频率范围提高到放大器的工作频带上去是进行信号放大必须解决的首要问题，其方法是采用载波调制或载波放大。

所谓载波调制，就是用音频载波电源［频率为 ω 且 $\omega \geqslant (7 \sim 10)n\Omega$］作为测量电桥的供桥电源，使被测量的频率范围提高到放大器的工作频带，其实质是将高频载波信号与调制信号相乘，其间载波的幅值发生了变化，但这种变化融合了调制信号的相关信息。

载波调制对电感、电容式传感信号也同样适用。传感器输出信号通过以音频为供桥电源的电桥调制后，输出的信号（已调波）便可通过交流放大器进行放大。但是，已调波用光线示波器难以记录（因其频率过高），同时它不是我们最终所需要的测量信号，我们需要的是它的已调波的包络线。因此，在放大信号输入到光线示波器前，必须对已调波进行“解调”，恢复被测信号的原形，完成这一功能的器件是相敏检波。

3.5.3 相敏检波

相敏检波器是一种只有相敏效果而没有放大能力的检波电路，它可用于恢复调制波信号。相敏检波器与一般的检波器不同，能鉴别信号的相位极性，常用的相敏检波器有：半波和全波相敏检波器。图 3.12a 为半波相敏检波器的电路图。VD_1、VD_2 为二极管，u_x 为被测的信号电压（经载波放大后的信号），u_2 为控制电压（也称参考电压）。要求 u_2 的幅值远远大于 u_x 的幅值，两者频率相同（都是载波频率）。由图可知，当 $u_x=0$ 时，电压表上的输出电压等于零。当 u_2 为正半周时，二极管 VD_1、VD_2 导通；当 u_2 为负半周时，VD_1、VD_2 截止，因为 u_2 的幅值远远大于 u_x 的幅值，故 u_x 的存在不影响 u_2 对二极管 VD_1、VD_2 导通或截止的控制作用。因此，u_2 对二极管起控制作用，它相当于一个控制开关。图 3.12b 为半波相敏检波的动作原理图。当 u_2 为正半周时，VD_1、VD_2 均处于导通状态，相当于开关 K 把电路接通；当 u_2 为负半周时，VD_1、VD_2 处于截止状态，相当于开关

K 把电路断开。电表的输出电压 u_0 除受 u_2 的开关控制外，其波形还与 u_x 的大小和相位有关。注意仅当 u_2 处于正半周时，u_0 才有输出。

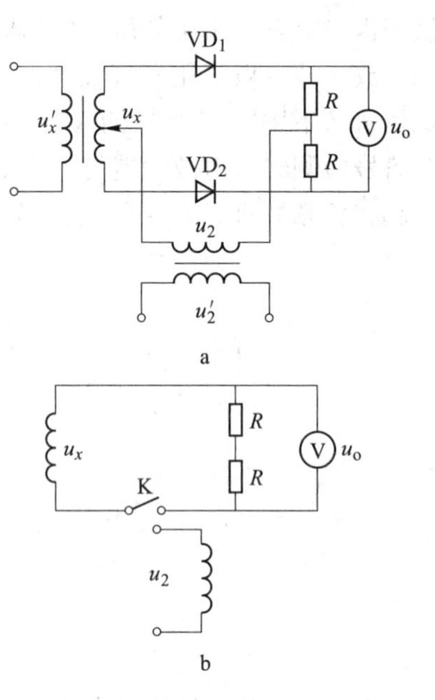

图 3. 12　半波相敏检波工作原理图
a—电路图；b—动作原理图

为使相敏检波结果更逼近真实值，可采用全波相敏检波器，如图 3. 13 所示。全波相敏检波器的工作原理与半波相敏检波器大致相似。u_2 仍起开关控制作用，控制二极管 VD_1、VD_2、VD_3、VD_4 的导通与截止：当 u_2 为正半周时，VD_1、VD_2 导通，而 VD_3、VD_4 截止，相当于动作原理图（见图 3. 13b）的开关 K 往上接通电路的 1，3 点；当 u_2 为负半周时，VD_3、VD_4 导通，而 VD_1、VD_2 截止，相当于开关往下接通 2，3 点。无论当 u_2 处于正半周期，还是处于负半周期，电表的电压 u_0 都有输出，其波形主要与 u_x 的大小及相对于 u_2 的相位有关。与半波相敏检波的不同之处在于，当全波相敏检测器的 u_x 与 u_2 同相位时，电表上电压输出 u_0 都是正值；当 u_x 与 u_2 有 180°相位差时，电表的输出 u_0 都是负值。由此可见，相敏检波的输出能鉴别被测信号的相位极性。根据电桥的分析，由电容不平衡而引起的输出电压与载波电压的相位差为 π/2，即与 u_2 的相位差为 π/2。所以相敏检波不能反映电容的不平衡状况。可见，全波相敏检波的输出电压 u_0 中包含的信息比半波相敏检波的多一倍。

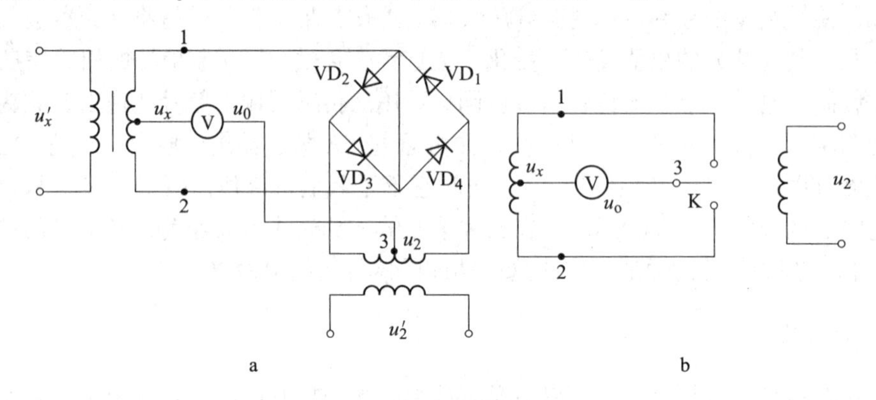

图 3. 13　全波相敏检波原理
a—电路图；b—动作原理图

无论是半波相敏检波，还是全波相敏检波，检波器的输出波形均为一系列的峰波，为使峰波的包络线能真实地反映出被测量的变化过程，希望峰波越密越好，即希望其载波频率要高，这是载波频率 ω 为调制信号最高频率 7~10 倍的原因。同时，经相敏检波后的峰波可认为是由被测物理量的低频谐波 $0\sim n\Omega$ 和更高次的谐波成分所组成，其低频成分（包络线）才是被测量的变化过程。所以，为了使示波器能记录下被测量的变化过程（波形），就必须在检波器与示波器间加一滤波器。一般是采用低通滤波器，使 $0\sim n\Omega$ 的谐波成分即工作信号通过，而把更高次的谐波成分滤掉。

3.5.4 滤波

经传感器转换、放大器放大和相敏检波后的电信号含有多种频率信号，为了只将其中的有用信号检测出来，滤波器是必须选用的电测装置，其作用是使信号中特定的频率成分通过，抑制或衰减其他频率成分。

3.6 电 桥 电 路

3.6.1 电桥电路的结构

最简单的电桥电路如图 3.14 所示，它是由四个电阻 R_1、R_2、R_3、R_4 作为桥臂，头尾相接而成。可取一、二或四个桥臂为应变片。当为前两种形式时，在其余桥臂中接入精密无感固定电阻。四个电阻的连接点 A、B、C、D 叫作电桥顶点，A、C 二顶点接电源 U_0 叫作供桥端或输入端，B、D 二顶点接测量仪表叫作测量端或输出端。电桥可有下述几种分类方法。

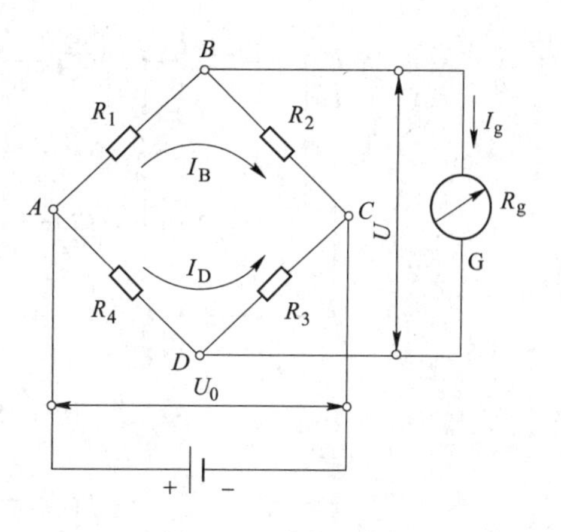

图 3.14 直流电桥

3.6.1.1 按供桥电源分类

（1）直流电桥。即采用直流电源供桥。当电桥输出信号功率足够大，而不采用放大环节时，或采用自激调制放大环节时，可采用直流电桥。

（2）交流电桥。一般采用频率较高（音频范围）的交流电源供桥。当采用载波调制放大环节时，可采用交流电桥。

3.6.1.2 按电桥工作方式分类

（1）平衡电桥。测量前将电桥调整为平衡状态。测量时因桥臂阻值发生变化使电桥失去平衡，此时调节电桥某桥臂的电阻值，使电桥恢复到平衡状态即电桥输出为零。再以该桥臂电阻的调整量读出被测信号的大小。这种方法也叫“零读法”。平衡电桥的优点是测量精度高，因为读数与电源电压无关。但此法读数前要经过平衡调节，故只用于静态测量。

（2）不平衡电桥。测量前将电桥调整为平衡状态。测量时因桥臂阻值发生变化使电桥失去平衡，此时可在其测量端接指示仪表直接读出输出的电压或电流值。若测量端接示波器记录，可用于动态测量。在传感器应用中主要使用不平衡电桥。

3.6.1.3 按电桥输出信号分类

（1）电压输出电桥。当电桥的输出端接放大器（如应变仪的放大器）时，因放大器的输入阻抗高，远大于电桥的输出阻抗，电桥的输出端可视为开路状态，即只有电压输出，则该类电桥称为电压输出电桥。

（2）功率输出电桥。当电桥的输出端接电流表（内阻极小）时，为使电流表得到最大功率，要求电流表内阻与电桥输出电阻相匹配，该类电桥称为功率输出电桥。

3.6.1.4 按电桥桥臂阻值分类

（1）全等臂电桥。即四个桥臂阻值均相等 $R_1=R_2=R_3=R_4=R_0$。

（2）半等臂电桥。$R_1=R_2=R_a$，$R_1=R_2=R_b$，$R_a\neq R_b$。

3.6.1.5 按外桥臂接线方式分类

（1）全桥接线。若电桥的四个桥臂均接入应变片在仪器外组成全桥，称为全桥接线（组全桥），如图 3.15a 所示。

（2）半桥接线。若电桥的两个桥臂接入应变片在仪器外组成外半桥，另外两个桥臂用应变仪内的精密无感电阻组成内半桥，这种接法称为半桥接线（组半桥），如图 3.15b 所示。

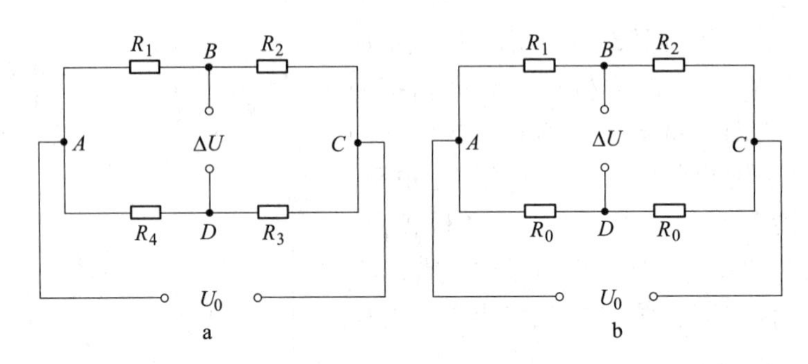

图 3.15 电桥的接线方式

a—全桥；b—半桥

$R_1\sim R_4$—应变片；R_0—固定电阻

3.6.2 电桥电路的工作原理

目前使用的电阻应变仪绝大多数采用交流电桥，交流电桥与直流电桥的根本区别在于供桥电源。二者的工作原理是一样的，基本公式也有相似的表达形式。为讨论方便起见，先以直流电桥为例来讨论电桥的工作原理与特性，然后再推广到交流电桥上去。

3.6.2.1 直流电桥

图 3.14 是采用直流电源 U_0 供桥的直流电桥，四个桥臂均为纯电阻形式。图中 U 为电桥的输出电压，而电桥的输入信号则是指各桥臂阻值的相对变化量，即$\frac{\Delta R}{R}$或$\frac{\mathrm{d}R}{R}$。

A 电桥的平衡条件

电桥的平衡是指电桥在供桥电压 U_0 的作用下，各桥臂阻值不发生变化（即输入信号为零）的条件下，电桥的输出电压也为零（即 $U=0$）。

当电桥输出端 BD 接入的负载（仪表或放大器）输入阻抗足够大（与桥臂阻抗相比，负载的阻抗可视为无穷大）时，输出端可视为开路状态（此时电桥只有电压输出，而电流输出为零），因此可以假设把整个电桥分为两个支路 ABC 和 ADC（见图 3.14）。

流经 ABC 支路中的电流 I_B 为：

$$I_B=\frac{U_0}{R_1+R_2}$$

B 点的电位 U_B 为：

$$U_B = I_B R_1 = \frac{R_1}{R_1 + R_2} U_0$$

同理，在 ADC 支路中，D 点的电位 U_D 为：

$$U_D = \frac{R_4}{R_3 + R_4} U_0$$

故电桥的输出电压 U 为 B，D 两点之间的电位差，计算方法如式（3.19）所示。

$$\begin{aligned} U = U_{BD} = U_B - U_D &= \left(\frac{R_1}{R_1 + R_2} - \frac{R_4}{R_3 + R_4}\right) U_0 \\ &= \frac{R_1 R_3 - R_2 R_4}{(R_1 + R_2)(R_3 + R_4)} U_0 \end{aligned} \tag{3.19}$$

式（3.19）说明，输出电压 U 是供桥电压 U_0 的线性函数，它与各桥臂阻值 R_i 和供桥电压 U_0 有关。由式（3.19）可见，要使电桥的输出电压 U 为零，即电桥处于平衡状态，必须使其分子等于零，即

$$R_1 R_3 - R_2 R_4 = 0$$

或

$$R_1 R_3 = R_2 R_4 \tag{3.20}$$

因此，把 $R_1R_3=R_2R_4$ 称为直流电桥的平衡条件。为了便于记忆，可理解为：当电桥相对臂的电阻乘积相等时，电桥处于平衡状态。这表明，电桥的平衡与供桥电压及电桥负载无关。如果电桥不满足平衡条件时，则电桥失去平衡，即使各桥臂的阻值未发生变化，电桥输出端也会有电压或电流输出。因此，为保证测量精度，在进行测试之前，应使电桥处于平衡状态，以使工作电桥的输出只与应变片感受应变引起的电阻变化有关。

B　输出电压

当电桥的输出端接入负载（例如放大器）电阻 R_g 足够大（$R_g \gg R$）时，输出端可视为开路状态，此时电桥输出的是电压信号，称为输出电压。

若各桥臂的应变片 R_i 感受应变产生电阻微小变化 dR_i 时，电桥失去平衡，输出电压 U 也有 dU 变化。由于 $dR_i \ll R_i$，故此时电桥的输出电压可通过微分式（3.21）求得

$$\begin{aligned} dU &= \frac{\partial U}{\partial R_1} dR_1 + \frac{\partial U}{\partial R_2} dR_2 + \frac{\partial U}{\partial R_3} dR_3 + \frac{\partial U}{\partial R_4} dR_4 \\ &= \left[\frac{R_2}{(R_1 + R_2)^2} dR_1 - \frac{R_1}{(R_1 + R_2)^2} dR_2 + \frac{R_4}{(R_3 + R_4)^2} dR_3 - \frac{R_3}{(R_3 + R_4)^2} dR_4\right] U_0 \\ &= \left[\frac{R_1 R_2}{(R_1 + R_2)^2}\left(\frac{dR_1}{R_1} - \frac{dR_2}{R_2}\right) + \frac{R_3 R_4}{(R_3 + R_4)^2}\left(\frac{dR_3}{R_3} - \frac{dR_4}{R_4}\right)\right] U_0 \end{aligned} \tag{3.21}$$

当 $\Delta R_i \ll R_i$ 时，$\Delta U \approx dU$，故上式可改用增量式表示为：

$$\Delta U = \left[\frac{R_1 R_2}{(R_1 + R_2)^2}\left(\frac{\Delta R_1}{R_1} - \frac{\Delta R_2}{R_2}\right) + \frac{R_3 R_4}{(R_3 + R_4)^2}\left(\frac{\Delta R_3}{R_3} - \frac{\Delta R_4}{R_4}\right)\right] U_0 \tag{3.22}$$

这是电桥的输出电压与各桥臂的电阻增量的一般关系式，称为电桥输出电压的表达式。

为了简化桥路设计，通常采用全等臂电桥，即四个桥臂阻值皆相等（$R_1=R_2=R_3=R_4$），式（3.22）可简化为：

$$\Delta U=\frac{1}{4}U_0\left(\frac{\Delta R_1}{R_1}-\frac{\Delta R_2}{R_2}+\frac{\Delta R_3}{R_3}-\frac{\Delta R_4}{R_4}\right) \tag{3.23}$$

根据应变片的阻值变化与应变的关系式：$\frac{\Delta R_i}{R_i}=K\varepsilon_i$，若各桥臂应变片的灵敏系数 K 值均相等，则输出电压 ΔU 与各桥臂应变 ε_i 的关系可表示为：

$$\Delta U=\frac{1}{4}U_0K(\varepsilon_1-\varepsilon_2+\varepsilon_3-\varepsilon_4) \tag{3.24}$$

在测试技术应用中，常将接入应变片的电桥称为应变电桥。由于被测试件的结构不同，再加上承受多种外力作用，为了测出其中某种外力引起的变形，而排除其他外力的影响，必须合理地选择应变片的数量、粘贴位置和组桥方式。根据电桥的工作桥臂数目，应变电桥可分为半桥单臂、半桥双臂和全桥三种工作方式，如图 3.16 所示。

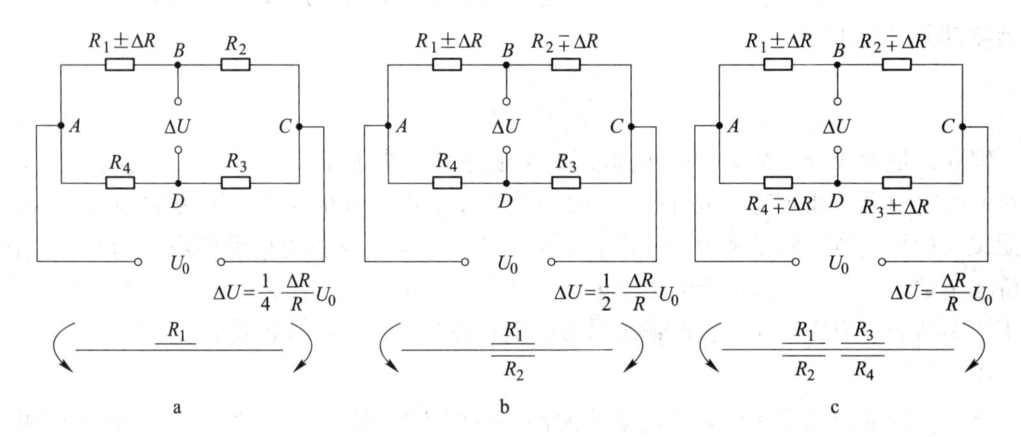

图 3.16 应变片在电桥中的接线方式

a—半桥单臂；b—半桥双臂；c—全桥

（1）半桥单臂。若电桥四臂中，只有一个桥臂 R_1，接入应变片 R，其余各桥臂皆为固定电阻 R_0，即 $\Delta R_2=\Delta R_3=\Delta R_4=0$，如图 3.16a 所示，这种电桥称为半桥单臂。在受到外力作用时，应变片阻值 R 有一微小增量 ΔR，此时电桥的输出电压为：

$$\Delta U=\frac{1}{4}U_0\frac{\Delta R}{R_1}=\frac{1}{4}U_0\frac{\Delta R}{R}=\frac{1}{4}U_0K\varepsilon \tag{3.25}$$

（2）半桥双臂。若相邻的两个桥臂 R_1 和 R_2 都接入应变片，其中一枚应变片受拉，另一枚受压；其余两个桥臂 R_3 和 R_4 皆为固定电阻 R_0，即 $\Delta R_3=\Delta R_4=0$，如图 3.16b 所示，这种电桥称为半桥双臂。在受到外力作用时，应变片阻值发生变化。设桥臂 $R_1=R_1\pm\Delta R_1$，$R_2=R_2\mp\Delta R_2$，且 $\Delta R_1=\Delta R_2=\Delta R$，此时半桥双臂时电桥的输出电压为：

$$\Delta U=\frac{1}{4}U_0\left(\frac{\Delta R_1}{R_1}-\frac{\Delta R_2}{R_2}\right)=2\left(\frac{1}{4}U_0\frac{\Delta R}{R}\right)=2\left(\frac{1}{4}U_0K\varepsilon\right) \tag{3.26}$$

（3）全桥。若电桥四个桥臂都接入应变片，则这种电桥称为全桥。其中，两枚应变片 R_1 和 R_3 受拉，其余两枚 R_2 和 R_4 受压，且使受力状态相同的两枚应变片接入电桥的相对桥臂上，如图3.16c所示。在受到外力作用时，各臂阻值都发生变化：$R_1=R\pm\Delta R_1$，$R_2=R\mp\Delta R_2$，$R_3=R\pm\Delta R_3$，$R_4=R\mp R_4$，且$\Delta R_1=\Delta R_2=\Delta R_3=\Delta R_4=\Delta R$，此时全桥的输出电压为：

$$U=\frac{1}{4}U_0\left(\frac{\Delta R_1}{R_1}-\frac{\Delta R_2}{R_2}+\frac{\Delta R_3}{R_3}-\frac{\Delta R_4}{R_4}\right)=4\left(\frac{1}{4}U_0\frac{\Delta R}{R}\right)=4\left(\frac{1}{4}U_0K\varepsilon\right) \tag{3.27}$$

比较式（3.25）和式（3.26）可知，半桥双臂时的电桥输出电压比半桥单臂接法时的大一倍；而全桥接法时的电桥输出电压又是半桥单臂接法时的四倍。

综上所述，电桥输出电压的大小取决于电桥的接线方式，全桥接法可获得最大的输出电压，故在实际测试中，多用全桥，少用半桥。

C　输出电流

当电桥的输出端接入的负载电阻R_g较小（如微安表或示波器振子等）时，电桥输出的是电流I_g（见图3.17）。

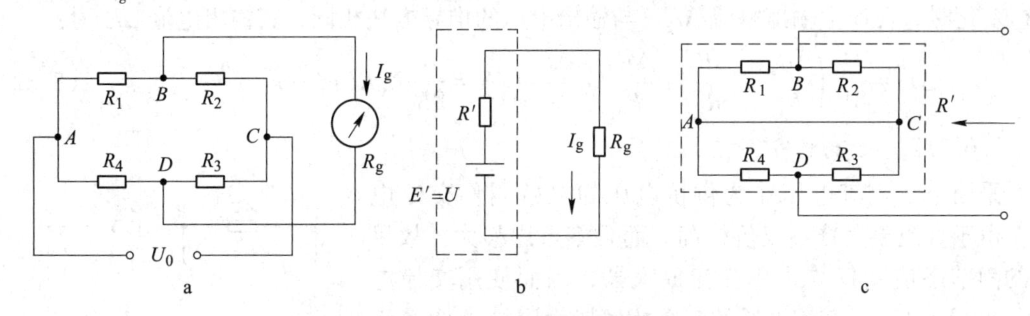

图3.17　电桥的等效电路
a—电桥；b—等效电路；c—R'的计算法

为了求解电桥输出电流I_g与电桥各参量之间的关系，可用电工学中的有源两端网络定理（也叫等效电源定理），把电桥电路（见图3.17a）简化成等效电路，如图3.17b所示。此时流经负载R_g的电流I_g（等效电路中的电流）为：

$$I_g=\frac{E'}{R'+R_g} \tag{3.28}$$

式中　E'——等效电源的电动势，其值等于假设把电桥输出端BD看成开路时的空载电压U，它和电桥的输出电压相同，即式（3.19）：

$$E'=U=\frac{R_1R_3-R_2R_4}{(R_1+R_2)(R_3+R_4)}U_0$$

R'——等效电源内阻，其值等于假设把电桥电路中电源短接时，除R_g之外，从BD看过去的电桥等效电阻（见图3.17c），即电桥的输出电阻：

$$R'=\frac{R_1R_2}{R_1+R_2}+\frac{R_3R_4}{R_3+R_4}=\frac{R_1R_2(R_3+R_4)+R_3R_4(R_1+R_2)}{(R_1+R_2)(R_3+R_4)} \tag{3.29}$$

由电工学可知，为了提高电桥灵敏度，使电桥有最大功率输出，必须使负载电阻R_g与电桥的输出电阻R'相匹配（检流计内阻R_g与电桥输出电阻R'相等），即

$$R_g=R'$$

此时电桥的输出电流I_g为：

$$I_g = \frac{U}{R_g + R'} = \frac{U}{2R'} = \frac{1}{2} \cdot \frac{R_1R_3 - R_2R_4}{R_1R_2(R_3 + R_4) + R_3R_4(R_1 + R_2)}U_0 \tag{3.30}$$

当 $R_1R_3 = R_2R_4$ 时，$I_g = 0$，电桥处于平衡状态，其平衡条件仍为：

$$R_1R_3 = R_2R_4$$

根据欧姆定律，$U_g = I_gR_g$，可求出此时电桥的输出电压：

$$U_g = \frac{1}{2} \cdot \frac{R_1R_3 - R_2R_4}{(R_1 + R_2)(R_3 + R_4)}U_0 \tag{3.31}$$

比较式（3.31）与式（3.19）可知，功率桥的负载即使有最佳匹配时，其输出电压也仅为电压桥输出电压的一半。

电桥经预调平衡后，各桥臂的应变片感受应变，其阻值分别有 ΔR_1、ΔR_2、ΔR_3 和 ΔR_4 变化时，便产生输出电流 ΔI_g。与输出电压的推导方法相同，其输出电流 ΔI_g 为：

$$\Delta I_g = \frac{1}{8R_g}\left(\frac{\Delta R_1}{R_1} - \frac{\Delta R_2}{R_2} + \frac{\Delta R_3}{R_3} - \frac{\Delta R_4}{R_4}\right)U_0 = \frac{1}{8R_g}U_0K(\varepsilon_1 - \varepsilon_2 + \varepsilon_3 - \varepsilon_4) \tag{3.32}$$

3.6.2.2 交流电桥

采用正弦交流电压作为供桥电压的电桥叫作交流电桥。由于直流放大器不仅价格高，而且零点漂移大，故目前的静动态应变仪均采用交流放大器，因而使用交流电桥（见图3.18）。交流电桥的四个桥臂皆由阻抗元件 Z 组成，即由电阻、分布电容或电感组合而成。在供桥端 AC 接入正弦交流电源 $u_0 = U_m\sin\omega t$，在输出端 BD 接交流放大器。因此，在分析交流电桥时，必须用阻抗的方法，不仅要考虑电桥输出信号的幅值，而且要考虑输出信号的相位。

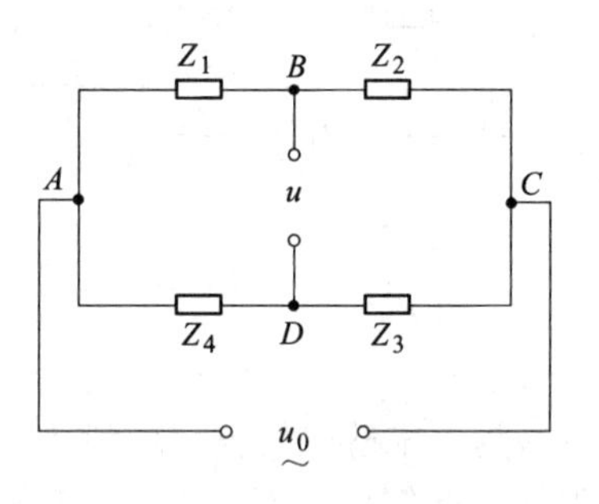

图3.18 交流电桥

A 交流电桥的特点

(1) 交流电桥的各桥臂（包括连接导线）不是纯电阻，而是由电阻、分布电容或电感构成。

(2) 直流电桥只有一个平衡条件，即 $R_1R_3 = R_2R_4$。而交流电桥则不然，它要求同时满足两个平衡条件——电阻平衡和电容平衡。因此，在交流电桥调节平衡过程中，需同时调节电阻平衡和电容平衡。

B 交流电桥的平衡条件

交流电桥与直流电桥的一般规律是相同的，它们的计算公式也相似，因此交流电桥的输出电压公式也与直流电桥相似，得

$$u = \frac{Z_1Z_3 - Z_2Z_4}{(Z_1 + Z_2)(Z_3 + Z_4)}u_0$$

故其平衡条件是

$$Z_1Z_3 = Z_2Z_4 \tag{3.33}$$

即当交流电桥的相对臂阻抗的乘积相等时，则电桥处于平衡状态。

若各桥臂阻抗以复数的指数形式 $Z=ze^{j\varphi}$ 表示，则平衡条件式（3.33）可表示为

$$z_1z_3e^{j(\varphi_1+\varphi_3)}=z_2z_4e^{j(\varphi_2+\varphi_4)}$$

根据复数相等的条件，欲使上式成立，必须使等式两端的幅值和幅角分别相等，故有

$$\left.\begin{aligned}z_1z_3&=z_2z_4\\ \varphi_1+\varphi_3&=\varphi_2+\varphi_4\end{aligned}\right\}\tag{3.34}$$

式中 z_1，z_2，z_3，z_4——各桥臂复数阻抗的模数（幅值）；

φ_1，φ_2，φ_3，φ_4——各桥臂复数阻抗的阻抗角（幅角），它是各桥臂电流与电压之间的相位差。对于纯电阻电桥而言，电流与电压同相位，$\varphi=0$；对于电感性电路，$\varphi<0$；对于电容性电路，$\varphi>0$。

由式（3.34）可见，交流电桥平衡必须同时满足两个条件，即相对桥臂阻抗模的乘积相等，且相对桥臂阻抗角之和也应相等。

用于应变测量的交流电桥中，桥臂上除有应变片的纯电阻之外，还存在电抗（容抗和感抗）。其中，感抗很小可忽略，而应变片的引线、敏感栅及导线之间存在的分布电容则相当于在桥臂上并联一个电容。

以半桥工作为例（见图3.19），图中 R_1、R_2 分别为 Z_1、Z_2 桥臂的应变片，C_1、C_2 分别为该两臂的分布电容，并认为 Z_1、Z_2 桥臂是由应变片 R_1、R_2 和分布电容 C_1、C_2 并联构成。另外两桥臂为精密无感电阻 R_3 和 R_4，其电抗部分可忽略不计。由图3.19可知，桥臂阻抗是电阻分量和电抗分量之和

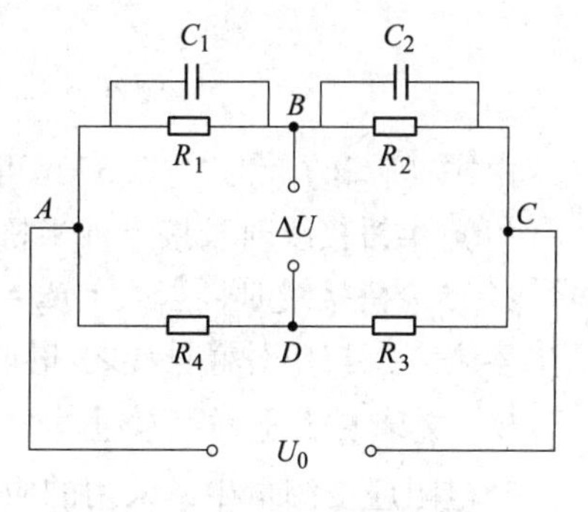

图3.19 存在分布电容的交流电桥

$$\frac{1}{Z_1}=\frac{1}{R_1}+\frac{1}{X_{C_1}}=\frac{1}{R_1}+\frac{1}{\dfrac{1}{\omega C_1}}=\frac{1}{R_1}+\omega C_1$$

得出
$$Z_1=\frac{R_1}{1+\omega C_1R_1}$$

同理
$$Z_2=\frac{R_2}{1+\omega C_2R_2}$$

因为电容与电阻的相位不同，电容相位超前于电阻相位，不能直接相加，所以上式必须写成下列形式：

$$Z_1=\frac{R_1}{1+j\omega C_1R_1};Z_2=\frac{R_2}{1+j\omega C_2R_2}$$

式中 ω——交流电源的角频率；

j——虚数符号，$j=\sqrt{-1}$。

其余两桥臂阻抗为：

$$Z_3=R_3;Z_4=R_4$$

将上列各式代入式（3.34），得

$$\frac{R_1R_3}{1+j\omega C_1R_1}=\frac{R_2R_4}{1+j\omega C_2R_2}$$

展开整理，得

$$R_1R_3 + \mathrm{j}\,\omega C_2R_1R_2R_3 = R_2R_4 + \mathrm{j}\omega C_1R_1R_2R_4$$

根据复数相等的条件，必须使等式两端的实部和虚部分别相等，得该电桥的平衡条件为：

$$\left.\begin{aligned} R_1R_3 = R_2R_4 \quad &\text{或} \quad \frac{R_1}{R_2} = \frac{R_4}{R_3} \\ C_1R_4 = C_2R_3 \quad &\text{或} \quad \frac{C_1}{C_2} = \frac{R_3}{R_4} \end{aligned}\right\} \tag{3.35}$$

式（3.35）表明，交流电桥首先应满足与直流电桥相同的电阻平衡条件，其次要考虑电容的平衡条件，即桥臂电容之比与固定电阻之比相等。通常取 $R_3=R_4$，为了使 $C_1=C_2$，在电阻应变仪的电桥上，除设有电阻平衡装置之外，还应设有电容平衡装置。

由于电阻应变仪的内半桥电阻 $R_3=R_4$，故得半桥的平衡条件为：

$$\left.\begin{aligned} R_1 = R_2 \\ C_1 = C_2 \end{aligned}\right\} \tag{3.36}$$

同理可证，全桥的平衡条件为：

$$\left.\begin{aligned} R_1 = R_2 = R_3 = R_4 \\ C_1C_3 = C_2C_4,\text{且 } C_1 + C_3 = C_2 + C_4 \end{aligned}\right\} \tag{3.37}$$

由式（3.36）和式（3.37）可见，交流电桥平衡的必要条件是：

（1）半桥接线时，接入外半桥的电阻和电容必须分别相等；

（2）全桥接线时，当 $R_1=R_2=R_3=R_4$ 时，各桥臂的分布电容必须同时满足：电桥相对臂电容之乘积与相对臂电容之和同时相等。

C　交流应变电桥的输出电压

在电阻应变测量中，采用的应变电桥是通过桥臂电阻变化测量应变值的。在正常测量情况下，电桥原始状态处于平衡，分布电容比较小，且在测量过程中不允许变化。此时，用应变片构成的交流应变电桥可看作是纯电阻电桥，这样，直流电桥输出电压的基本关系式也适用于交流应变电桥。于是，式（3.23）和式（3.24）可写为：

$$\left.\begin{aligned} \Delta u &= \frac{1}{4}\left(\frac{\Delta R_1}{R_1} - \frac{\Delta R_2}{R_2} + \frac{\Delta R_3}{R_3} - \frac{\Delta R_4}{R_4}\right) u_0 \\ \Delta u &= \frac{1}{4}u_0K(\varepsilon_1 - \varepsilon_2 + \varepsilon_3 - \varepsilon_4) \end{aligned}\right\} \tag{3.38}$$

式中　Δu——交流电桥的输出电压；

u_0——交流电桥供桥电压的瞬时值：

$$u_0 = U_\mathrm{m}\sin\omega t$$

U_m——交流电桥供桥电压的最大值；

ω——供桥电压的角频率；

t——时间。

如果电桥中只有一个工作臂的应变片受到静态拉应变 ε，其他三个臂 $\Delta R_2=\Delta R_3=\Delta R_4=0$，此为单臂工作电桥，根据式（3.38），则交流电桥的输出电压为：

$$\Delta u = \frac{1}{4}\frac{\Delta R}{R}U_{\mathrm{m}}\sin\omega t$$

$$\Delta u = \frac{1}{4}K\varepsilon U_{\mathrm{m}}\sin\omega t$$

由此可见，虽然桥臂输入的静态拉应变 ε 是一段静态的直线波形，而电桥输出电压却为一正弦波，此为交流电桥的调幅作用，即电桥输出电压是由应变信号通过电桥调制成调幅波形。

D　交流应变电桥中电容的影响

在交流电桥测试中，测量导线之间和应变片与试件之间均存在着分布电容。这种分布电容的存在及变化会严重影响电桥的平衡和输出，导致输出信号失真。

如图 3.19 所示，分布电容与应变片电阻并联。以半桥工作为例，设 $R_1=R_2=R_3=R_4=R$，根据式（3.19）可得交流电桥的输出端电压为：

$$u = \left(\frac{Z_1}{Z_1+Z_2} - \frac{Z_4}{Z_3+Z_4}\right)u_0$$

电桥的 3、4 臂无容抗，仅有电阻值，且 $R_3=R_4=R$，所以上式可写为：

$$u = \frac{Z_1}{Z_1+Z_2}u_0 - \frac{u_0}{2} \tag{3.39}$$

因为
$$Z_1 = \frac{R_1}{1+\mathrm{j}\omega C_1R_1} \qquad Z_2 = \frac{R_2}{1+\mathrm{j}\omega C_2R_2}$$

将上式代入式（3.39）得

$$u = \frac{\dfrac{R_1}{1+R_1\mathrm{j}\omega C_1}}{\dfrac{R_1}{1+R_1\mathrm{j}\omega C_1}+\dfrac{R_2}{1+R_2\mathrm{j}\omega C_2}}u_0 - \frac{u_0}{2} \tag{3.40}$$

$$= \frac{u_0}{2}\frac{(R_1-R_2)+R_1R_2\mathrm{j}\omega(C_1-C_2)}{(R_1+R_2)+R_1R_2\mathrm{j}\omega(C_1+C_2)}$$

当 R_1 有一个增量 ΔR，即 $R_1\to R_1+\Delta R$，且分布电容在桥臂上也有一个增量 ΔC，如$C\to C+\Delta C$，$C_1=C$ 代入式（3.40）可得到交流电桥的输出电压的变化量 Δu 为：

$$\Delta u = \frac{u_0}{2}\cdot\frac{\Delta R+\mathrm{j}\omega R(R+\Delta R)\cdot\Delta C}{(2R+\Delta R)+\mathrm{j}\omega R(R+\Delta R)(2C+\Delta C)} \tag{3.41}$$

为简化分析，略去高阶小量，得

$$\Delta u = \frac{u_0}{4}\cdot\frac{\dfrac{\Delta R}{R}+\mathrm{j}\omega R\cdot\Delta C}{1+\mathrm{j}\omega RC}$$

分子、分母同乘以（$1-\mathrm{j}\omega RC$），得

$$\Delta u = \frac{u_0}{4}\left(\frac{\Delta R}{R} - \mathrm{j}\omega C\cdot\Delta R + \omega^2R^2C\cdot\Delta C + \mathrm{j}\omega R\cdot\Delta C\right)\cdot\frac{1}{1+\omega^2R^2C^2} \tag{3.42}$$

由式（3.42）可见，由于分布电容 C 及相邻两桥臂电容差值 ΔC 的存在，电桥的输出电压公式由纯电阻桥的仅是阻值变化的一项变为四项。式（3.42）括号内的第一项是由于工作

应变片的应变所引起的，是我们需要测量的；第二项是由电桥桥臂上存在的分布电容 C 引起的；第三、第四项则是由于两工作桥臂的分布电容不平衡（$C_1 \neq C_2$）产生 ΔC 所引起的。实际上分布电容是难以避免的。下面分析电容引起测量误差的情况和减小误差的措施。

（1）当 $C \neq 0$，$\Delta C = 0$，即桥臂上虽然存在分布电容，但是已由电容平衡装置调至平衡，因此两桥臂的电容是平衡的。此时电桥输出电压仅反映了式（3.42）括号中的第一、第二项，而第三、第四项不存在。在电桥输出电压中虽然还包括第二项，但由于此项与第一项有 90°相位差，在应变仪相敏检波器输出端并不显示。因此，在电桥桥臂电容调平衡（$\Delta C = 0$）时，测量结果仅反映第一项$\dfrac{\Delta R}{R}$。

（2）当 $C \neq 0$，$\Delta C \neq 0$，即桥臂存在不平衡电容时，式（3.42）括号中的各项均存在。第一项与第三项同相位，由于 ΔC 的影响，会使测量结果产生一定的误差，但在 ω 不大时误差较小。第二项及第四项形成与第一项有 90°的相位差的成分，电桥虽然有此输出，但被应变仪相敏检波器所截止，因此，应变仪输出并不显示第二、第四项内容。

（3）式（3.42）括号中的第二、第四项，虽然由相敏检波器所截止，但它们都通过放大器而放大，占去放大器相当一部分的工作范围。随着 C、ΔC 的增大，可能使后级放大器饱和，甚至过载，影响应变仪的正常工作，造成非线性和灵敏度的下降。

根据以上分析可知，应尽量减小桥臂上的分布电容，对交流桥应设有电容平衡调节装置。在测试过程中，应避免由于导线间互相运动等原因产生的桥臂电容变化。

3.6.3 电桥的加减特性

为分析方便起见，以全等臂电桥为例。分析四个桥臂的电阻变化，从而说明电桥的加减特性。设电桥的四个桥臂都由应变片组成，且 $R_1 = R_2 = R_3 = R_4 = R$。当工作时，各桥臂的电阻均发生变化，分别为 ΔR_1、ΔR_2、ΔR_3 和 ΔR_4。根据式（3.23）、式（3.24），则电桥输出电压为：

$$\begin{aligned}\Delta U &= \frac{1}{4}U_0\left(\frac{\Delta R_1}{R_1} - \frac{\Delta R_2}{R_2} + \frac{\Delta R_3}{R_3} - \frac{\Delta R_4}{R_4}\right)\\ &= \frac{1}{4}U_0 K(\varepsilon_1 - \varepsilon_2 + \varepsilon_3 - \varepsilon_4)\end{aligned}$$

上式为电桥转换原理的通用公式。从式中可见，电桥的输出电压与电阻变化或应变变化的符号有关，即可得到电桥的一个重要特性——加减特性（见图 3.20）。

3.6.3.1 单臂工作

当电桥只有工作臂 R_1 接应变片 R，且工作时电阻 R 变为 $R+\Delta R$，其余各臂均为固定电阻 $R_0(\Delta R_2 = \Delta R_3 = \Delta R_4 = 0)$，如图 3.20a 所示，则电桥输出电压式为：

$$\Delta U = \frac{1}{4}U_0\frac{\Delta R}{R} = \frac{1}{4}U_0 K\varepsilon \tag{3.43}$$

3.6.3.2 双臂工作

A 相邻两臂工作

（1）若桥臂 R_1、R_2 接应变片，其电阻变化量为等值异号（$\Delta R_1 = +\Delta R$，$\Delta R_2 = -\Delta R$），

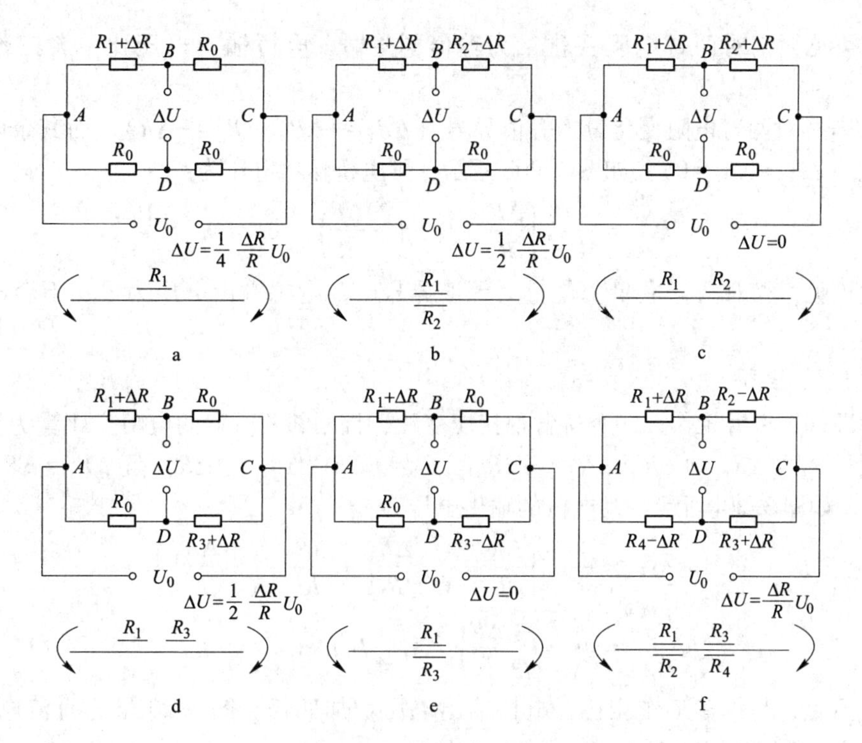

图 3.20 电桥的加减特性

而其余两臂皆为固定电阻 $R_0(\Delta R_3=\Delta R_4=0)$，如图 3.20b 所示，则电桥输出电压为：

$$\begin{aligned}\Delta U &= \frac{1}{4}U_0\left[\frac{\Delta R}{R}-\left(-\frac{\Delta R}{R}\right)\right] \\ &= 2\left(\frac{1}{4}U_0\frac{\Delta R}{R}\right)=2\left(\frac{1}{4}U_0K\varepsilon\right)\end{aligned} \tag{3.44}$$

由此可见，相邻两臂电阻变化量为等值异号时，电桥输出电压比单臂工作时增加一倍，电桥灵敏度提高一倍。但需注意，此时试件的真实应变为仪器读数之半。

（2）若相邻两臂电阻变化量为等值同号（$\Delta R_1=+\Delta R$，$\Delta R_2=+\Delta R$），而其余两臂为固定电阻 $R_0(\Delta R_3=\Delta R_4=0)$，如图 3.20c 所示，则电桥输出电压为：

$$\Delta U = \frac{1}{4}U_0\left[\frac{\Delta R}{R}-\left(+\frac{\Delta R}{R}\right)\right]=0 \tag{3.45}$$

由此可见，相邻两臂电阻变化量为等值同号时，电桥输出电压为零，不破坏电桥平衡。

B　相对两臂工作

（1）若桥臂 R_1、R_3 接应变片，其电阻变化量为等值同号（$\Delta R_1=+\Delta R$，$\Delta R_3=+\Delta R$），而其余两臂为固定电阻 $R_0(\Delta R_2=\Delta R_4=0)$，如图 3.20d 所示，则电桥输出电压为：

$$\begin{aligned}\Delta U &= \frac{1}{4}U_0\left(\frac{\Delta R}{R}-0+\frac{\Delta R}{R}-0\right) \\ &= 2\left(\frac{1}{4}U_0\frac{\Delta R}{R}\right)=2\left(\frac{1}{4}U_0K\varepsilon\right)\end{aligned} \tag{3.46}$$

由此可见，相对两臂电阻变化量为等值同号时，电桥输出电压比单臂工作时增加一倍。

（2）若相对两臂电阻变化量为等值异号（$\Delta R_1=+\Delta R$，$\Delta R_3=-\Delta R$），而其余两臂为固定电阻 R_0（$\Delta R_2=\Delta R_4=0$），如图 3.20e 所示，则电桥输出电压为：

$$\Delta U=\frac{1}{4}U_0\left[\frac{\Delta R}{R}-0+\left(-\frac{\Delta R}{R}\right)-0\right]=0 \tag{3.47}$$

由此可见，相对两臂电阻变化量为等值异号时，电桥输出电压为零，不会破坏电桥平衡。

3.6.3.3　全桥

全桥即四个桥臂工作，四个桥臂都接应变片，且相邻两桥臂的电阻变化量为异号，相对臂为同号，即 $\Delta R_1=+\Delta R$，$\Delta R_2=-\Delta R$，$\Delta R_3=+\Delta R$，$\Delta R_4=-\Delta R$，且 $\Delta R_1=\Delta R_2=\Delta R_3=\Delta R_4=\Delta R$，如图 3.20f 所示，则电桥的输出电压为：

$$\begin{aligned}\Delta U&=\frac{1}{4}U_0\left[\frac{\Delta R}{R}-\left(-\frac{\Delta R}{R}\right)+\frac{\Delta R}{R}-\left(-\frac{\Delta R}{R}\right)\right]\\&=4\left(\frac{1}{4}U_0\frac{\Delta R}{R}\right)=4\left(\frac{1}{4}U_0K\varepsilon\right)\end{aligned} \tag{3.48}$$

由此可见，与单臂工作相比，电桥输出电压增加四倍。图 3.20 虽为直流电桥形式，但对交流电桥形式也完全适用。

由以上讨论可得出电桥的加减特性：相邻臂电阻（或应变）变化，同号相减，异号相加；而相对臂则相反，同号相加，异号相减。

可利用电桥的加减特性来提高电桥灵敏度、补偿温度影响、从复杂应力状态中测取某一应力、消除非测量应力的影响。可见加减特性在应变测量中极为有用。

3.6.4　电桥的温度补偿

由于温度的变化会引起应变片电阻值的改变，给测试结果带来很大的误差，因此，必须采取措施消除温度的影响。消除的方法是采用温度补偿，补偿的方法有很多，常用的桥路温度补偿法是一种既简单又方便的补偿方法。

桥路温度补偿法的原理是利用电桥的加减特性，通过不同的布片和组桥方式来消除温度的影响。当电桥工作臂的相邻臂上设有补偿片后，由于温度的变化引起的电阻变化量 $(\Delta R_1)_t$ 和 $(\Delta R_2)_t$ 数值相等，符号相同，电桥保持平衡，无输出信号。因此，应变片的温度效应在桥路中得到了补偿，电桥的输出电压仅反映被测试件外载荷所引起的真实信号。

桥路温度补偿法可分为两种形式。

3.6.4.1　补偿片补偿法

取两枚技术参数（原始电阻值、灵敏系数、几何尺寸、应变片材料等）完全相同的应变片 R_1 和 R_2，把应变片 R_1 粘贴在被测试件的测点上，使之承受外载荷 p 的作用，并与试件一起变形，所以应变片 R_1 叫作工作片或测量片（见图 3.21）。把应变片 R_2 粘贴在与被测试件材料完全相同、温度场也一样的另一块不承受外力作用的材料（叫作补偿块）上，应变片 R_2 叫作温度补偿片。R_1 和 R_2 接在电桥的两个相邻臂上（见图 3.21），两个 R_0 为应变仪内部精密无感电阻。这样，当试件承受外力 p 作用并有温度变化时，应变片 R_1 的电阻变化率为：

$$\frac{\Delta R_1}{R_1}=\left(\frac{\Delta R_1}{R_1}\right)_p+\left(\frac{\Delta R_1}{R_1}\right)_t=K\varepsilon_p+\left(\frac{\Delta R_1}{R_1}\right)_t \tag{3.49}$$

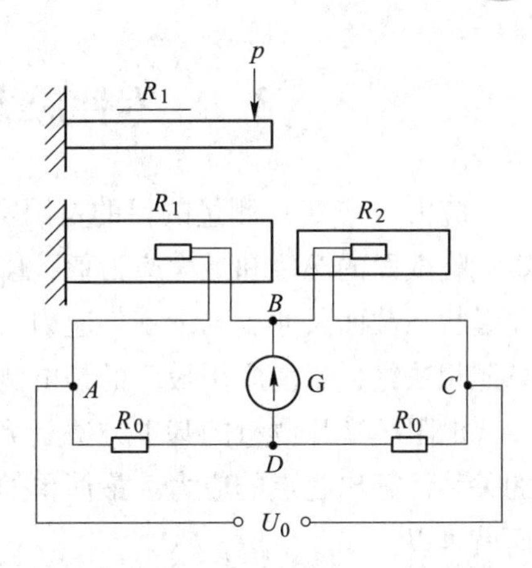

图 3.21　补偿片补偿法

式中 $\left(\frac{\Delta R_1}{R_1}\right)_p$ ——由应变引起的电阻变化率；

$\left(\frac{\Delta R_1}{R_1}\right)_t$ ——由温度变化引起的电阻变化率。

而应变片 R_2 只有温度变化引起的电阻变化率：

$$\frac{\Delta R_2}{R_2}=\left(\frac{\Delta R_2}{R_2}\right)_t \tag{3.50}$$

由于应变片 R_1 和 R_2 分别接入电桥的相邻两个桥臂上，因此，由于温度变化引起的电阻变化量 ΔR_1 和 ΔR_2 互相抵消，即

$$\left(\frac{\Delta R_1}{R_1}\right)_t=\left(\frac{\Delta R_2}{R_2}\right)_t$$

所以按式（3.23）得出的输出电压：

$$\Delta U=\frac{1}{4}U_0\left(\frac{\Delta R_1}{R_1}-\frac{\Delta R_2}{R_2}\right)=\frac{1}{4}U_0\left[K\varepsilon_p+\left(\frac{\Delta R_1}{R_1}\right)_t-\left(\frac{\Delta R_2}{R_2}\right)_t\right]=\frac{1}{4}U_0K\varepsilon_p \tag{3.51}$$

由式（3.51）可见，消除了温度影响，减少了测量误差。

3.6.4.2 工作片补偿法

取两枚技术参数完全相同的应变片 R_1 和 R_2 分别粘贴在试件的上下表面上（见图 3.22）。当试件承受外力 p 作用并有温度变化时，各桥臂的电阻变化率为：

$$\frac{\Delta R_1}{R_1}=\left(\frac{\Delta R_1}{R_1}\right)_p+\left(\frac{\Delta R_1}{R_1}\right)_t=K\varepsilon_p+\left(\frac{\Delta R_1}{R_1}\right)_t \tag{3.52}$$

$$\frac{\Delta R_2}{R_2}=-\left(\frac{\Delta R_2}{R_2}\right)_p+\left(\frac{\Delta R_2}{R_2}\right)_t=K\varepsilon_p+\left(\frac{\Delta R_2}{R_2}\right)_t \tag{3.53}$$

所以 $$\Delta U=\frac{1}{4}U_0\left(\frac{\Delta R_1}{R_1}-\frac{\Delta R_2}{R_2}\right)=2\left(\frac{1}{4}U_0K\varepsilon_p\right) \tag{3.54}$$

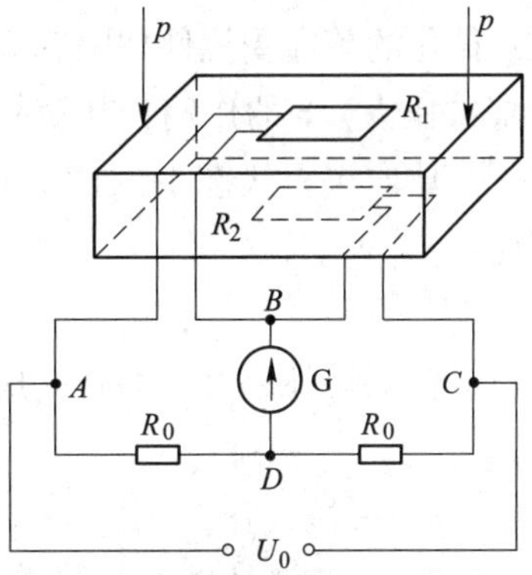

图 3.22　工作片补偿法

由此可看出，应变片 R_1 和 R_2 既是工作片，又是补偿片，因此，不仅消除了温度的影响，而且使电桥输出电压比单臂工作时增加一倍。

同理可证明，全桥测量时，不仅消除了温度的影响，而且使电桥输出电压比单臂工作时增加四倍，从而大大地提高了电桥的灵敏度。

桥路温度补偿法的优点是方法简单、方便，在常温下补偿效果较好。缺点是在温度变化梯度较大的条件下，很难做到工作片与补偿片处于完全一致的温度场，因而影响补偿效果。

3.7 零件应力（应变）的应变片电测法

应力（应变）测量的目的是用实验手段测出零件或结构的应力大小及其分布情况，确定危险截面的部位和最大应力值，以校核危险截面的强度，从而探讨合理的结构形式、截面形状和截面尺寸。测量零件应力（应变）的方法很多，如电测法、光弹法、涂漆法、全息照相法等，目前应用最广的是电测法。

电阻应变片测量的基本方法是测量构件受力后表面各点应变，然后再根据应力和应变的关系计算出各点的应力。最简单的应变传感器就是电阻应变片，直接贴装在被测物体表面就可以。

在采用电阻应变测量法时，关键是解决下面三个问题：

（1）如何布片，即应变片按什么方向粘贴在被测零件上？

（2）如何组桥，即应变片如何组桥连线？

（3）最佳方案的选择，在不同的布片与组桥方案中，如何选择最优方案？

本节重点介绍不同受力状态下应变测量的布片与组桥方案、应力与载荷的计算方法。

3.7.1 简单应力状态下的应力（应变）测量

当主应力方向已知时，只要沿主应力方向粘贴应变片，测出应变值，代入应力-应变公式，即可求出主应力。

3.7.1.1 单向拉伸（或压缩）的应力（应变）测量

A 应力（应变）分析

简化的单向受拉件如图 3.23 所示。由材料力学可知，在弹性变形范围内，受轴向拉力（或压力）p 的作用，其横截面上是均匀分布的正应力，外表面是沿轴向的单向应力状态。由单向应力状态下的虎克定律可知，杆件横截面上的正应力 σ 与其轴向应变 ε_p 成正比：

$$\sigma = E\varepsilon_p \tag{3.55}$$

只要测得外表面上的轴向应变 ε_p，便可以由下式求得拉力 p：

$$p = \sigma F = EF\varepsilon_p \tag{3.56}$$

式中 p——拉（压）力，N；

E——被测杆件材料的弹性模量，Pa；对于碳钢，$E=(2.0\sim2.2)\times10^5$MPa；

F——被测杆件的横截面面积，m^2；

ε_p——由拉（压）力 p 产生的真实应变，无量纲；

σ——由拉（压）力 p 产生的正应力，Pa。

B 拉（或压）应变测量的布片与组桥方案

a 单臂测量

选取两枚阻值 R 和灵敏系数 K 皆相等的应变片 R_1 和 R_2，其中一枚 R_1（工作片）沿受力方向粘贴在被测杆件上（见图 3.23a）；另一枚 R_2（补偿片）粘贴在另一块不受力的补偿块上，该补偿块的材质与被测杆件相同，并置于同一温度场中，组成半桥（见图3.23b）。杆件受到载荷 P 作用后，工作片 R_1 产生由载荷 p 引起的机械应变 ε_p 和由温度变化引起的热应变 ε_{t1}，即

$$\varepsilon_1 = \varepsilon_p + \varepsilon_{t1}$$

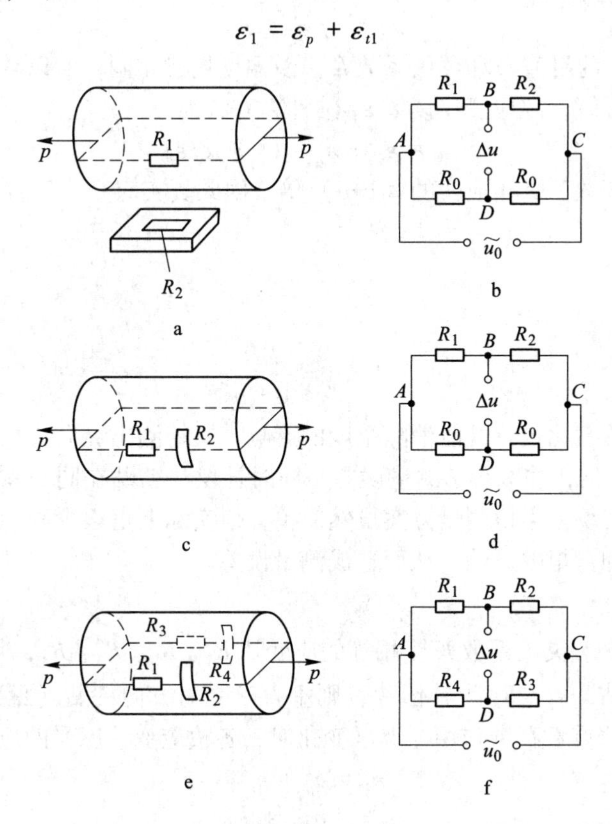

图 3.23　拉应变测量的布片与组桥方案

补偿片 R_2 不受载荷 p 作用，只产生由温度变化引起的热应变 ε_{t2}，即

$$\varepsilon_2 = \varepsilon_{t2}$$

因为应变片 R_1 与 R_2 的阻值 R 和灵敏系数 K 以及温度场皆相同，所以

$$\varepsilon_{t1} = \varepsilon_{t2}$$

应变片 R_1 和 R_2 接成相邻臂，根据电桥加减特性可知，相邻臂应变片有等值、同号应变时，不破坏电桥平衡，故应变仪读数 $\varepsilon_{仪}$ 的计算方法为：

$$\varepsilon_{仪} = \varepsilon_1 - \varepsilon_2 = \varepsilon_p \tag{3.57}$$

$$p = EF\varepsilon_p = EF\varepsilon_{仪} \tag{3.58}$$

这就消除了温度的影响，应变仪读数只是由载荷 p 引起的机械应变 ε_p。

此方案不能消除偏心载荷产生的附加弯矩的影响，故很少采用。

b　半桥测量

选取两枚阻值 R 和灵敏系数 K 皆相等的应变片 R_1 和 R_2，均粘贴在同一被测杆件上，其中一枚 R_1 沿受力方向粘贴，而另一枚 R_2 则垂直于受力方向粘贴（见图3.23c），组成半桥（见图3.23d）。当杆件受到载荷 p 作用时，工作片 R_1 产生由载荷 p 引起的机械应变 ε_p（拉应变）和由温度变化引起的热应变 ε_{t1}，即

$$\varepsilon_1 = \varepsilon_p + \varepsilon_{t1}$$

补偿片 R_2 产生由载荷 p 引起的横向机械应变（压应变）为 $-\mu\varepsilon_p$（μ 为材料的泊松比）和温度变化引起的热应变 ε_{t2}，即

$$\varepsilon_2 = -\mu\varepsilon_p + \varepsilon_{t2}$$

因为应变片 R_1 与 R_2 的阻值 R 和灵敏系数 K 以及温度场皆相同，所以 $\varepsilon_{t1}=\varepsilon_{t2}$。又因为应变片 R_1 和 R_2 接成相邻臂，故应变仪读数 $\varepsilon_{仪}$ 的计算方法为：

$$\varepsilon_{仪} = \varepsilon_1 - \varepsilon_2 = (1+\mu)\varepsilon_p \tag{3.59}$$

可见，应变仪读数为真实应变的（$1+\mu$）倍，因此真实应变等于应变仪读数除以（$1+\mu$），即

$$\varepsilon_p = \frac{\varepsilon_{仪}}{1+\mu} \tag{3.60}$$

$$p = EF\varepsilon_p = \frac{EF}{1+\mu}\varepsilon_{仪} \tag{3.61}$$

此方案与前一方案比较，既能消除温度的影响，又能测出纵向机械应变，而且使电桥灵敏度提高（$1+\mu$）倍，并减小了测量误差。同时补偿片粘贴在同一零件上，温度完全一样，故不必另备补偿块。半桥测量方案虽然简单，但实际上也很少采用。因为它不能消除偏心载荷产生的附加弯矩的影响，从而造成测量误差。

C 全桥测量

选取四枚阻值 R 和灵敏系数 K 皆相等的应变片 R_1、R_2、R_3、R_4，其中 R_1、R_3 为工作片，沿受力方向粘贴，R_2、R_4 为补偿片，则垂直于受力方向粘贴（见图 3.23e），组成全桥（见图 3.23f）。当受载荷 p 作用与温度变化时，各枚应变片感受的应变分别为：

$$\varepsilon_1 = \varepsilon_p + \varepsilon_{t1}$$

$$\varepsilon_2 = -\mu\varepsilon_p + \varepsilon_{t2}$$

$$\varepsilon_3 = \varepsilon_p + \varepsilon_{t3}$$

$$\varepsilon_4 = -\mu\varepsilon_p + \varepsilon_{t4}$$

因为各枚应变片的阻值 R 和灵敏系数 K 以及温度场皆相同，所以 $\varepsilon_{t1}=\varepsilon_{t2}=\varepsilon_{t3}=\varepsilon_{t4}$。各枚应变片组成全桥，应变仪读数 $\varepsilon_{仪}$ 的计算方法为：

$$\begin{aligned}\varepsilon_{仪} &= \varepsilon_1 - \varepsilon_2 + \varepsilon_3 - \varepsilon_4 \\ &= \varepsilon_p + \mu\varepsilon_p + \varepsilon_p + \mu\varepsilon_p = 2(1+\mu)\varepsilon_p\end{aligned} \tag{3.62}$$

可见，应变仪读数为真实应变 ε_p 的 $2(1+\mu)$ 倍，因此真实应变为：

$$\varepsilon_p = \frac{\varepsilon_{仪}}{2(1+\mu)} \tag{3.63}$$

$$P = EF\varepsilon_p = \frac{EF}{2(1+\mu)}\varepsilon_{仪} \tag{3.64}$$

此方案既消除了温度和附加弯矩的影响，电桥灵敏度又提高了 $2(1+\mu)$ 倍，比半桥测量大一倍，因此通常多被采用。

3.7.1.2 弯矩的测量

A 应力（应变）分析

图 3.24 为一在弯矩 N 的作用下，受纯弯曲载荷的梁，在其上下表面轴线方向上产生

最大正应力 σ_N，其值为 $\sigma_N=\pm N/W_N$，表面弯曲应变为 $\varepsilon_N=\sigma_N/E$，只要测得真实应变 ε_N，梁上弯矩可由以下公式求出。

$$N = W_N \cdot \sigma_N = W_N \cdot E\varepsilon_N \tag{3.65}$$

式中　N——弯矩，N·m；

E——被测梁材料的弹性模量，Pa；对于碳钢，$E=(2.0\sim2.2)\times10^5$MPa；

W_N——被测梁材料的抗弯截面模量，m³；对于矩形截面，$W_N=\dfrac{bh^2}{6}$；对于圆形截面，$W_N=\dfrac{\pi d^3}{32}$；

ε_N——由弯矩产生的表面弯曲应变，无量纲。

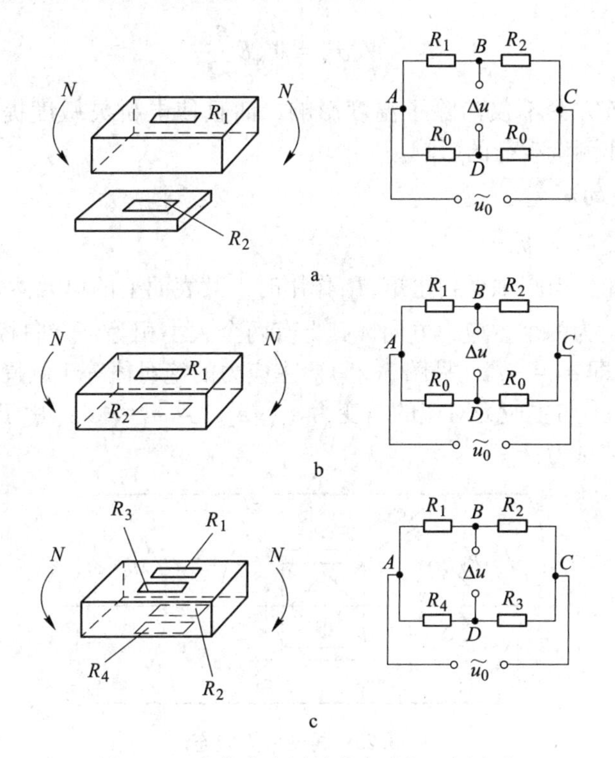

图 3.24　弯曲应变测量的布片与组桥方案

B　弯曲应变测量的布片与组桥方案

从前面的讨论中可知，测量方案有三种：

（1）单臂测量，即一片工作，外加补偿块（见图 3.24a）；

（2）半桥测量，两片工作组半桥（见图 3.24b）；

（3）四片工作组成全桥（见图 3.24c）。下面仅介绍全桥测量方案。

选取四枚阻值 R 和灵敏系数 K 皆相等的应变片 R_1、R_2、R_3、R_4，R_1 和 R_3 粘贴在受弯梁的上表面，R_2 和 R_4 粘贴在受弯梁的下表面，并组成全桥（见图 3.24c）。当梁受到弯曲力矩 N 作用和温度变化时，四枚应变片感受的应变分别为：

$$\varepsilon_1 = \varepsilon_3 = \varepsilon_{\mathrm{N}} + \varepsilon_{t1}$$

$$\varepsilon_2 = \varepsilon_4 = -\varepsilon_{\mathrm{N}} + \varepsilon_{t2}$$

因为各枚应变片的阻值 R 和灵敏系数 K 以及温度场皆相同，所以 $\varepsilon_{t1}=\varepsilon_{t2}$。应变仪读数 $\varepsilon_{仪}$ 为：

$$\varepsilon_{仪}=\varepsilon_1-\varepsilon_2+\varepsilon_3-\varepsilon_4=4\varepsilon_N \tag{3.66}$$

可见，应变仪读数为真实应变的四倍，因此真实应变值 ε_N：

$$\varepsilon_N=\frac{\varepsilon_{仪}}{4} \tag{3.67}$$

$$N=W_N\sigma_N=W_N E\frac{\varepsilon_{仪}}{4} \tag{3.68}$$

同理可求得

单臂测量：
$$N=W_N\sigma_N=W_N E\varepsilon_{仪} \tag{3.69}$$

半桥测量：
$$N=W_N\sigma_N=W_N E\frac{\varepsilon_{仪}}{2} \tag{3.70}$$

由此可见，全桥方案不仅消除了温度影响，而且使电桥灵敏度提高为单臂接线的 4 倍，同时还能排除非测量载荷的影响。

3.7.1.3 扭矩的测量

A 应力（应变）分析

由材料力学可知，当圆轴受到扭矩 M_K 作用时，其表面上的单元体处于纯剪应力状态。在与轴线成±45°方向为两个主应力方向，其上有两个大小相等，方向相反的主应力 σ_1（最大）与 σ_2（最小），即 $\sigma_1=-\sigma_2$（见图 3.25）。主应力的绝对值等于圆周横截面上的剪应力 τ，即 $\sigma_1=|\sigma_2|=\tau$。与主应力对应的应变为 ε_1、ε_2，且 $\varepsilon_1=-\varepsilon_2$。由于轴表面为平面应力状态，其应力应变关系为：

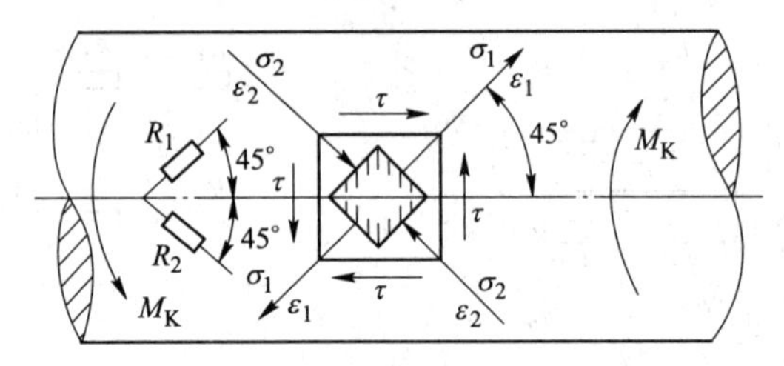

图 3.25 扭转应力状态

$$\varepsilon_1=\frac{\sigma_1}{E}-\mu\frac{\sigma_2}{E}=\frac{\sigma_1}{E}(1+\mu)=\frac{\tau}{E}(1+\mu) \tag{3.71}$$

所以，若测出与轴线成 45°方向上真实应变 ε_M，则实测轴的最大剪应力 τ 和扭矩 M_K 可由下式求得

$$\tau=\frac{E}{1+\mu}\varepsilon_M \tag{3.72}$$

$$M_K=W_K\tau=W_K\cdot\frac{E}{1+\mu}\varepsilon_M \tag{3.73}$$

式中 W_K——抗扭截面模量，m^3；对于实心圆轴，$W_K=\frac{1}{16}\pi D^3\approx0.2D^3$；

E——材料的弹性模量；

ε_M——与轴线成±45°方向上表面真实应变，无量纲；

μ——材料的泊松比；

M_K——扭矩，N·m。

B 扭矩测量的贴片与组桥方案

由上述分析可知，要想测量受扭圆轴的剪应力 τ（实际上是测量主应力），须在与轴线成±45°方向上粘贴应变片，组成电桥（见图 3.25），即可直接测出主应变 ε_M，再按式（3.72）和式（3.73）算出剪应力和扭矩。测量方案有三种：

（1）单臂测量，即一枚工作片 R_1，另设温度补偿片 R_2（见图 3.26a）；

（2）半桥测量，即两枚应变片 R_1 和 R_2 参加工作，不另设温度补偿片（见图 3.26b）；

（3）全桥测量（见图 3.26c）。其中第三种方案较理想，故只介绍此方案。

选取四枚阻值 R 和灵敏系数 K 皆相等的应变片，分别沿与轴线成±45°方向粘贴。使应变片 R_1 与 R_2、R_3 与 R_4 彼此互相垂直，并使应变片 R_1 与 R_2 的轴线交点和应变片 R_3 与 R_4 的轴线交点对称于圆轴的轴线（相距 180°），且在同一横截面上，这四枚应变片组成全桥（见图 3.26c）。当受扭矩 M_K 作用和温度变化时，各枚应变片感受的应变分别为：

$$\varepsilon_1 = \varepsilon_M + \varepsilon_{t1}$$
$$\varepsilon_2 = -\varepsilon_M + \varepsilon_{t2}$$
$$\varepsilon_3 = \varepsilon_M + \varepsilon_{t3}$$
$$\varepsilon_4 = -\varepsilon_M + \varepsilon_{t4}$$

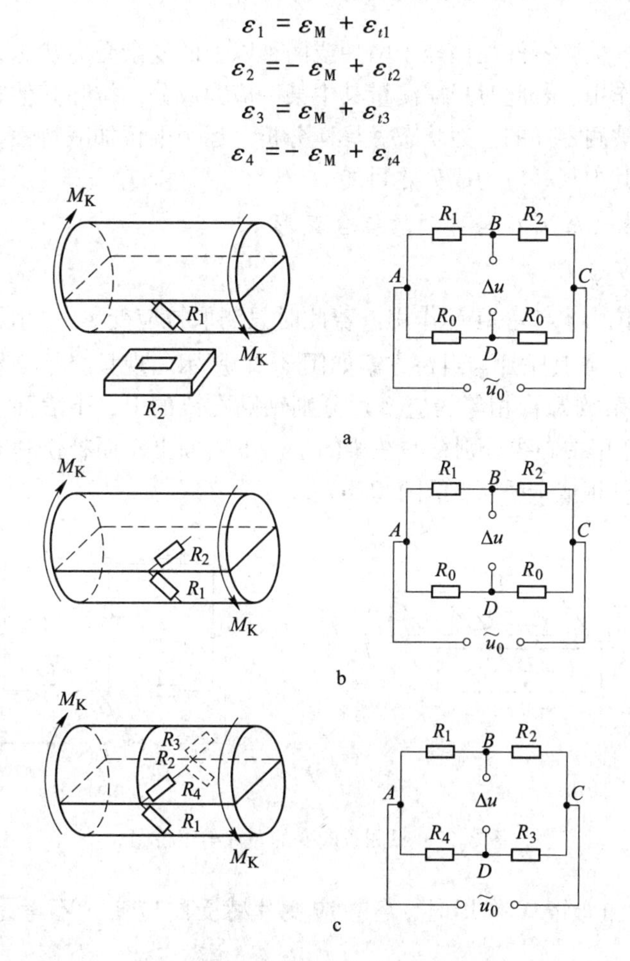

图 3.26 扭矩测量的布片和组桥方案

因为各枚应变片的阻值 R 和灵敏系数 K 以及温度场皆相同，所以 $\varepsilon_{t1}=\varepsilon_{t2}=\varepsilon_{t3}=\varepsilon_{t4}$。各枚应变片组成全桥，应变仪读数 $\varepsilon_{仪}$ 的计算方法为：

$$\varepsilon_{仪}=\varepsilon_1-\varepsilon_2+\varepsilon_3-\varepsilon_4=4\varepsilon_M \tag{3.74}$$

可见，应变仪读数为真实应变的四倍，因此真实应变值：

$$\varepsilon_{\mathrm{M}}=\frac{\varepsilon_{仪}}{4} \tag{3.75}$$

$$M_{\mathrm{K}}=\frac{0.2ED^3}{1+\mu}\cdot\frac{\varepsilon_{仪}}{4} \tag{3.76}$$

同理，可求得单臂测量和半桥测量时，M_{K} 分别为式（3.77）和式（3.78）。

$$M_{\mathrm{K}}=\frac{0.2D^3E}{1+\mu}\varepsilon_{\mathrm{M}}=\frac{0.2ED^3}{1+\mu}\varepsilon_{仪} \tag{3.77}$$

$$M_{\mathrm{K}}=\frac{0.2ED^3}{1+\mu}\cdot\frac{\varepsilon_{仪}}{2} \tag{3.78}$$

3.7.2　复杂应力状态下应力（应变）的测量

在实际测量中，被测零件往往处于两种或两种以上的复杂受力状态，如转轴同时承受扭转、弯曲与拉伸作用。若此时只需测量其中某一应力成分，排除其他非测量应力成分的影响，这就需要对被测零件的受力状态做具体分析，运用电桥加减特性，正确地布片与组桥，以达到只测取其中某一应力成分之目的。

3.7.2.1　拉伸（压缩）与弯曲的组合变形

A　只测拉应变 ε_{p}

设一梁同时受拉力 p 与弯矩 N 作用。若此时只测取拉应变 ε_{p}，消除由于弯矩 N 作用产生的弯曲应变 ε_{N}，则其贴片与组桥方案如图 3.27 所示。现只介绍全桥测量方案：选取四枚阻值 R 和灵敏系数 K 皆相等的应变片分别粘贴在梁的上、下表面上，其中，工作片 R_1 和 R_3 沿拉力 p 作用中心线分别粘贴在梁的上、下表面上，而补偿片 R_2 和 R_4 则分别垂直于 R_1 和 R_3 粘贴，组成全桥（见图 3.27b）。

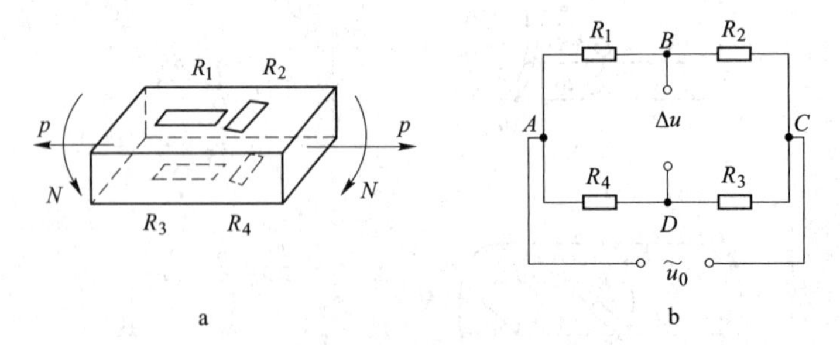

图 3.27　只测拉应变的布片与组桥图

当梁受拉力 p 和弯矩 N 作用时，各枚应变片感受的应变（不考虑温度的影响）分别为：

$$\varepsilon_1=\varepsilon_p+\varepsilon_N$$

$$\varepsilon_2 = -\mu\varepsilon_p - \mu\varepsilon_N$$
$$\varepsilon_3 = \varepsilon_p - \varepsilon_N$$
$$\varepsilon_4 = -\mu\varepsilon_p + \mu\varepsilon_N$$

因此应变仪的读数 $\varepsilon_{仪}$ 为：

$$\begin{aligned}\varepsilon_{仪} &= \varepsilon_1 - \varepsilon_2 + \varepsilon_3 - \varepsilon_4 \\ &= 2(1+\mu)\varepsilon_p\end{aligned}$$

上式表明，应变仪读数只是拉力 p 产生的拉应变值，为真实拉应变的 $2(1+\mu)$ 倍。所以真实拉应变值为：

$$\varepsilon_p = \frac{\varepsilon_{仪}}{2(1+\mu)} \tag{3.79}$$

B　只测弯曲应变 ε_N

此时要消除拉力 p 的影响（测弯排拉），其布片与组桥方案有两种：一是半桥测量（见图 3.28a），二是全桥测量（见图 3.28b）。现只介绍半桥测量方案。选取两枚阻值 R 和灵敏系数 K 皆相等的应变片 R_1、R_2，按图 3.28a 所示方位贴片，组半桥。当梁受拉力 p 和弯矩 N 作用时，两枚应变片感受的应变分别为：

$$\varepsilon_1 = \varepsilon_p + \varepsilon_N$$
$$\varepsilon_2 = \varepsilon_p - \varepsilon_N$$

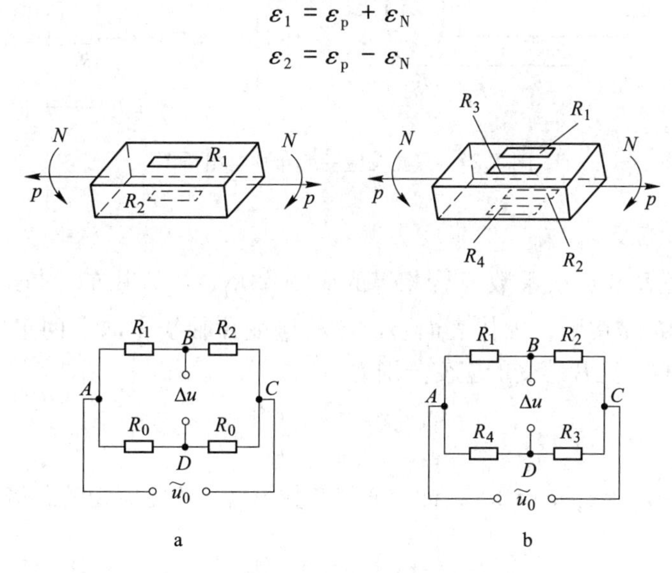

图 3.28　只测弯曲应变的布片与组桥图

a—半桥方案；b—全桥方案

因此，应变仪的读数 $\varepsilon_{仪}$ 为：

$$\varepsilon_{仪} = \varepsilon_1 - \varepsilon_2 = 2\varepsilon_N。$$

可见应变仪的读数为真实弯曲应变的二倍，故真实弯曲应变为：

$$\varepsilon_N = \frac{\varepsilon_{仪}}{2} \tag{3.80}$$

3.7.2.2　拉伸（压缩）、弯曲与扭转的组合变形

A　只测拉应变 ε_p

设一圆轴承受拉力 p、弯矩 N 和扭矩 M_K 联合作用，为测取拉应变 ε_p，选取四枚阻值

R 和灵敏系数 K 皆相等的应变片 R_1、R_2、R_3、R_4，其布片与组桥如图 3.29 所示。在扭矩 M_K 作用下，轴体表面上的各枚应变片轴线方向上的正应力皆为零（只有剪应力 τ），即 $\varepsilon_M=0$。受载时各枚应变片感受的应变分别为：

$$\varepsilon_1=\varepsilon_p+\varepsilon_N+0$$
$$\varepsilon_2=-\mu\varepsilon_p-\mu\varepsilon_N+0$$
$$\varepsilon_3=\varepsilon_p-\varepsilon_N+0$$
$$\varepsilon_4=-\mu\varepsilon_p+\mu\varepsilon_N+0$$

因此，应变仪读数 $\varepsilon_{仪}$ 为：

$$\begin{aligned}\varepsilon_{仪}&=\varepsilon_1-\varepsilon_2+\varepsilon_3-\varepsilon_4\\&=2(1+\mu)\varepsilon_p\end{aligned}$$

应变仪读数为真实拉应变的 $2(1+\mu)$ 倍，故真实拉应变为：

$$\varepsilon_p=\frac{\varepsilon_{仪}}{2(1+\mu)} \tag{3.81}$$

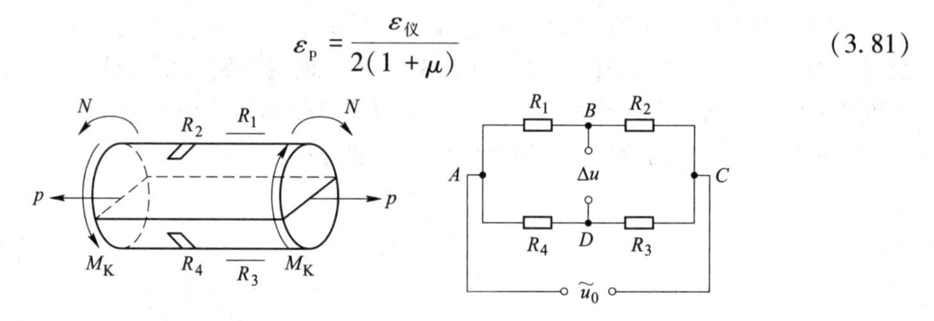

图 3.29　只测拉应变的布片与组桥图

B　只测弯曲应变 ε_N

选取两枚阻值 R 和灵敏系数 K 皆相等的应变片 R_1、R_2，其布片与组桥如图 3.30 所示。同样在扭矩 M_K 作用下，轴体表面上的各枚应变片轴线主向上的正应力均为零，即 $\varepsilon_M=0$。受载时两枚应变片感受的应变分别为：

$$\varepsilon_1=\varepsilon_p+\varepsilon_N+0$$
$$\varepsilon_2=\varepsilon_p-\varepsilon_N+0$$

因此，应变仪读数 $\varepsilon_{仪}=\varepsilon_1-\varepsilon_2=2\varepsilon_N$，即应变仪读数为真实弯曲应变的二倍，故真实弯曲应变为：

$$\varepsilon_N=\frac{\varepsilon_{仪}}{2} \tag{3.82}$$

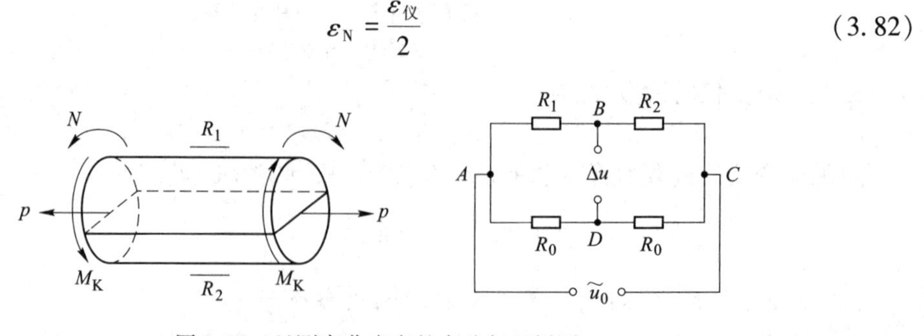

图 3.30　只测弯曲应变的布片与组桥图

C　只测扭转应变 ε_M

选取四枚阻值 R 和灵敏系数 K 皆相等的应变片 R_1、R_2、R_3、R_4，分别沿与轴线成 ±45°方向粘贴。要求各枚应变片均在同一横截面上，且 R_1、R_2 与 R_3、R_4 对称于轴线相距 180°，并组全桥（见图 3.31）。当同时受三种载荷作用时，各枚应变片感受的应变分别为：

$$\varepsilon_1 = \varepsilon_p - \varepsilon_N - \varepsilon_M$$
$$\varepsilon_2 = \varepsilon_p + \varepsilon_N + \varepsilon_M$$
$$\varepsilon_3 = \varepsilon_p + \varepsilon_N - \varepsilon_M$$
$$\varepsilon_4 = \varepsilon_p - \varepsilon_N + \varepsilon_M$$

因此，应变仪读数 $\varepsilon_{仪}$ 为：$\varepsilon_{仪} = \varepsilon_1 - \varepsilon_2 + \varepsilon_3 - \varepsilon_4 = 4\varepsilon_M$，即应变仪读数为真实扭转应变的四倍，故真实扭转应变为：

$$\varepsilon_M = \frac{\varepsilon_{仪}}{4} \tag{3.83}$$

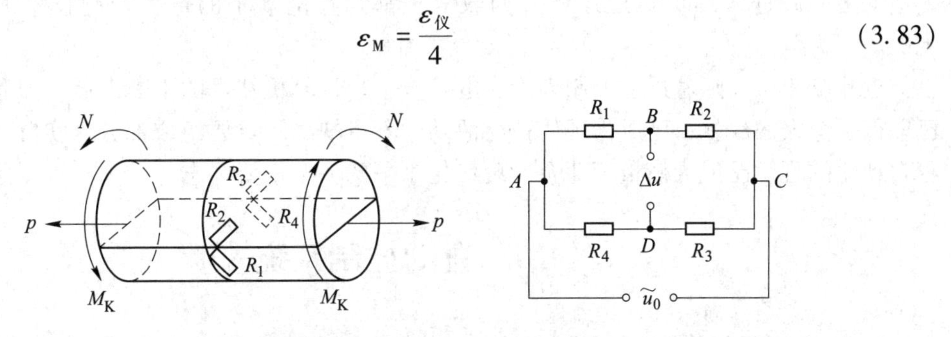

图 3.31　只测扭转应变的布片与组桥图

采用电阻应变片电测法进行应力应变测量是对工程结构件设计、制造、装配的可靠性和安全性进行测试、分析和评价的常用手段，广泛应用在航空、机械、车辆、土木等工程领域。但是，随着近代工业的发展，在许多高新技术领域，如汽车、航空航天和船舶等领域，产品的结构、负载状态越来越复杂，对应力应变测试技术和测试方法也提出了更高和更新的要求，如 3D 应变场测试问题、测试系统的抗电磁干扰问题以及接触测量所导致的被测对象动态特性的变化问题等。

除了应变片电测法，目前发展最快的应力应变测试技术是光学测试。与应变片电测法不同的是，光学测试方法能够运用光学手段研究和解决结构内部或表面的应力、应变、位移和振动等力学信号的测试问题，它的发展与现代光学技术或计算机图像处理技术的发展息息相关，是力学测试中一个非常重要的分支。

4 自动控制理论基础

自动控制是指在没有人直接参与的情况下，利用控制装置（控制器）使被控对象（生产过程）的某一物理量（如温度、压力、pH 值等）准确地按照预期规律运行的过程。如在工业领域中，数控机床按照预定程序自动完成加工过程，炼铁高炉和炼钢转炉炉内温度及气氛自动稳定在设定值，轧钢加热炉温度自动维持恒定，加热装置内燃料和空气量根据温度自动调整；在航空航天领域中，无人驾驶飞机按照预定航迹自动下降和飞行，人造卫星准确进入预定轨道运行并回收等，都是在高水平的过程控制技术的辅助下实现的。

近几十年来，随着过程控制理论、电子技术、计算机技术的不断发展，过程控制技术已取得了惊人的成就，已成为现代社会活动中不可缺少的重要组成部分。实际上，生产过程自动化的程度已成为衡量工业企业现代化水平的一个重要标志。

4.1 自动控制系统

4.1.1 自动控制与人工控制的区别

在生产过程中，要维持正常的生产，实现高产优质，就必须控制好一些影响过程顺利进行的相关参数，使这些参数稳定在某一范围，或按预定的规律变化。控制过程可以采用人工控制和自动控制两种方式。人工控制是通过人工对机器进行操作，操作人员根据观察到的工作状态或物理参数，调整相关的控制装置，从而实现状态或参数的稳定。而自动控制则是将被控对象和控制装置按照一定的方式连接起来，根据被控参数自动调整装置，实现各种复杂的控制任务。

下面以锅炉汽包水位控制为例，说明人工控制和自动控制在执行过程中的区别，如图 4.1 所示。锅炉是工业生产过程中常见的动力设备，为保证锅炉的正常运行，需要保证锅炉的汽包水位维持在一定的高度。如果水位过低，由于汽包内的水量较少而蒸汽的需求量很大，此时，水的汽化速度很快，使得汽包内的水量迅速减少，如果控制不及时，就会使汽包内的水全部汽化，导致锅炉烧坏甚至爆炸；当水位过高时，则会影响汽包内的汽水分离，使蒸汽中夹带水分，对后续生产设备造成影响和破坏。因此，在锅炉的运行过程中，必须保证给水量与蒸汽的排出量相等，维持汽包水位在规定的数值上。

对于人工控制系统，操作人员首先观察安装在锅炉汽包上的玻璃管液位计上的水位的数值，然后根据偏差的大小及变化趋势来判断给水量的多少。给水量不合适时，手动调整给水阀门的开度，通过改变给水量，使汽包水位稳定在规定的数值，这个过程如图 4.1a 所示。人工控制需要操作人员实时监测控制，不仅劳动强度大，而且控制质量不稳定。同时对于某些变化迅速，条件又要求严格的生产过程，人工控制很难满足要求。

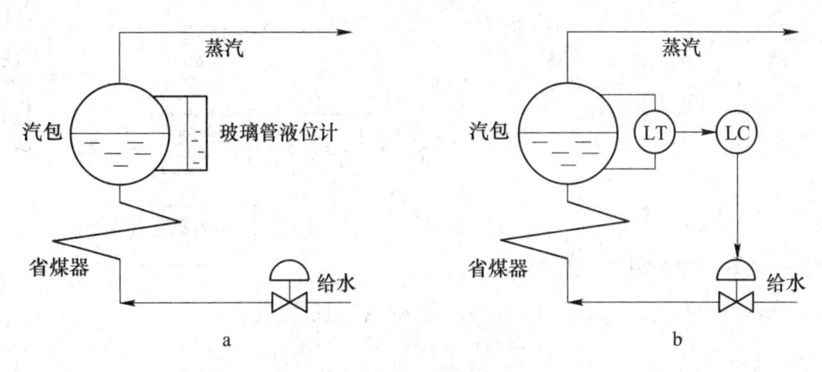

图 4.1　锅炉汽包水位控制
a—手动控制；b—自动控制

而在自动控制系统中，水位数据的采集不通过操作人员观察得到，而是采用监测仪表来实现（LT 表示液位变送器），并通过信号转换及传输装置将该数据传送到过程控制仪表（LC 表示液位控制器），如图 4.1b 所示。控制仪表将变送器送来的信号与预先设定的水位信号进行比较，得到两者的偏差，并根据一定的控制算法对该偏差进行计算得到相应的控制信号。而执行器则根据控制信号的大小调节给水阀，改变给水量，使水位回复到规定的高度，从而完成水位的过程控制。由图 4.1 可以看出，自动控制系统与人工控制的区别在于，用变送器测量代替操作人员的眼睛观察，用控制器的算法控制代替人脑的经验判断，用执行机构代替人手的作用，从而使被控量（即汽包水位）自动稳定在预先规定的数值。显然，安装了自动控制装置之后，操作人员的劳动强度大为减轻，汽包液位控制的质量更为可靠。

4.1.2　自动控制系统的表示方法

为了阐明自动控制系统的运行过程，需要将其用简单易懂的方式表示出来，常用的有两种表示方法，即方框图与工艺控制流程图（或称仪表流程图）。工艺控制流程图是采用图形符号与文字代号等方式，标出主要的生产设备、工艺流程、检测控制环节等信息。如图 4.2a 所示，锅炉及给水阀均采用图形符号表示，控制仪表采用文字代号表示，通过箭头将自动控制的工艺流程完整地表示出来。工艺控制流程图形象直观，但对于控制系统各环节的组成和联系不是很明确。为了更清楚地表示控制系统各环节的组成、特性和相互间的信号联系，通常采用方框图，如图 4.2b 所示。图中每一个方框表示组成控制系统的一个环节，两个方框之间用带箭头的线段来表示信号之间的联系，箭头表示信号传递方向。方框图能够更好地说明控制系统各环节的信号联系以及如何实现自动控制。

4.1.3　自动控制系统的组成

从如上所述的锅炉汽包水位控制系统的组成可以看出，一个完整的控制系统包括控制对象、检测元件及变送器、控制器和执行器四个基本单元，以及一些辅助装置，简单的闭环控制系统如图 4.3 所示。

对象是指需要控制的装置或设备，例如轧钢加热炉、热处理炉、高炉、沸腾炉、回转窑以及贮藏物料的槽罐或输送物料的管段等。工业生产中，如果对影响生产过程的参数进

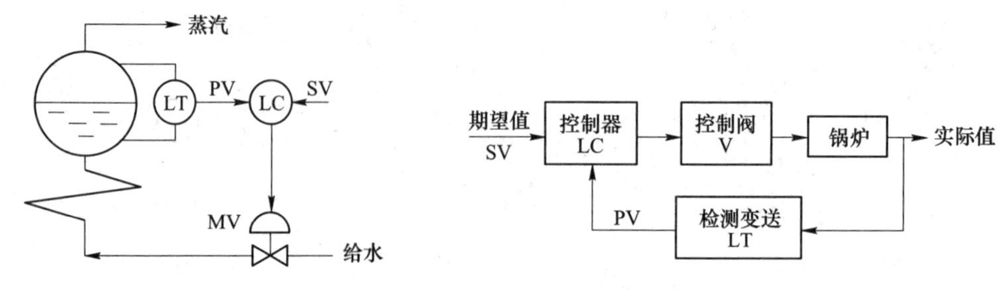

图 4.2 锅炉汽包水位控制系统表示

a—工艺流程图；b—方框图

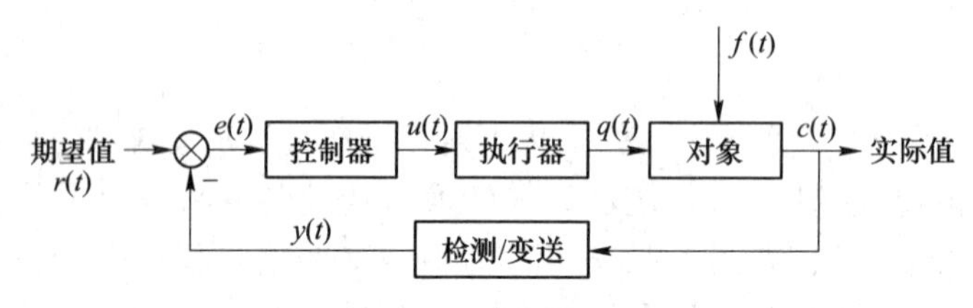

图 4.3 自动控制系统方框图

行自动控制，则参数对应的这些设备或装置就是被控制的对象。

检测元件及变送器。检测元件的功能是监控并测量被控量的数值，如用来测量温度、压力和应变等物理参数的热电偶、压力表和应变片等。而变送器则将被控量的数值变换成控制器所需要的信号形式，例如将热电偶检测出的温度数据转变为电信号，以便控制器能够识别并进行调整。变送器必须与检测元件结合，两者综合起来才能够工作。

控制器首先将检测元件或变送器传送来的被控变量信号与设定值信号进行比较，得出偏差信号。然后根据这个偏差信号的大小，按照运算规律计算出控制信号，并将控制信号传送给执行器。

执行器的作用是接受控制器发出的控制信号，并进行相应的操作。如果被控变量偏离设定值，则调整操纵量，使被控量回复至设定值。常用的执行器是控制阀，用以调整电流、电压的大小，或重油、煤气等燃料的消耗量。

在自动控制系统中，上述四个核心部分是必不可少的。除此之外，还包括给定装置、转换装置和显示仪表等辅助装置。

图 4.3 自动控制系统方框图中出现的术语和参数说明如下。

（1）被控变量 c。它是自动控制系统中需要控制的工业参数，如锅炉汽包的水位、反应器的温度、燃料流量等。它是被控对象的输出信号，也是自动控制系统的输出信号。该信号是理论上的真实值，需要检测器进行测量，测量后由变送器输出的信号是被控变量的测量值。

（2）给定值（或设定值）r。对应于生产过程中被控变量的期望值。当其值由工业控制器内部给出时称为内给定值。最常见的内给定值是一个常数，它对应于被控变量所需要保持的工艺参数值；当其值产生于外界另一装置，并输入至控制器时称为外给定值。

（3）测量值 y。由检测元件得到的被控变量的实际值，是被控变量 c 的可观测值。

（4）操纵变量（或控制变量）q。受控于控制阀，实现控制作用的变量。通过对控制阀的调整，改变操纵变量的大小，从而使被控变量稳定在设定值。在锅炉水位控制系统中，操纵变量就是锅炉给水流量，通过调整给水流量的大小，保证水位在设定值。化工、炼油等工厂中流过控制阀的各种物料或能量，或是由触发器控制的电流都可以作为操纵变量。

（5）干扰量或扰动量 f。能够引起被控变量偏离给定值的，除操纵变量以外的各种因素。最常见的干扰因素是负荷改变，电压、电流的波动，环境变化等。锅炉水位控制中，蒸汽用量的变化就是一种干扰。

（6）偏差信号 e。理论上是指被控变量的实际值与给定值之差，而被控变量的实际值无法获得，只能获取到被控变量的测量值。因此，一般把给定值与测量值的差作为偏差，即 $e=r-y$。在反馈控制系统中，控制器根据偏差信号的大小去调整操纵变量。

（7）控制量 u。控制器将偏差按一定规律计算得到的量，用于控制执行器的操作。

在自动控制系统方框图中，方框与方框之间的连接线，是代表方框之间的连接信号，并不代表方框之间的物料联系；方框之间连接线的箭头，也只是代表信号作用的方向，与工艺流程图上的线不同（工艺流程图上的线条是代表物料从一个设备流动到另一个设备）。方框图上的线，只代表施加到对象的控制作用，而不是具体通过执行器的操纵量；如果工艺流程图上操纵量确实是流入对象的，那么操纵量的流动方向和信号的作用方向就是一致的。

4.1.4 自动控制系统的基本控制方式

自动控制系统的基本控制方式有开环控制和闭环控制。闭环控制是自动控制系统最基本的控制方式，闭环控制通常采用反馈控制机制。近几十年来，以现代数学为基础，引入电子计算机的新的控制方式也有了很大发展，如最优控制、自适应控制、模糊控制等。

（1）开环控制。开环控制是指控制装置与被控对象之间只有顺向作用而没有反向联系的控制过程，其特点是系统的输出量对系统的控制作用不产生影响。开环控制系统可以采用给定量控制方式，也可以采用扰动控制方式。

（2）闭环控制。在闭环控制系统中，输出量对控制系统产生反馈作用。信号沿着箭头的方向前进，输出的信号回到起点输入端，形成一个闭合的回路。

把系统的输出信号又引回到输入端的过程称为反馈。反馈信号送到输入端后，其作用方向与输出相位相反时，以负值来表示的，称负反馈，反之叫正反馈。正负，是指相对于设定值而言。在控制系统中，大多是采用负反馈。当被控量受到扰动的影响而升高时，反馈信号与设定值比较后，输入控制器的偏差信号为负值，此时控制器发出的使控制阀动作的信号，其作用方向是改变操纵量，使被控量下降以达到控制的目的。负反馈的“负”就是减小偏差信号，改善动态品质，稳定控制过程。因此，工业中的自动控制系统多是具有负反馈的闭环系统。

4.1.5 自动控制系统的分类

自动控制系统的分类有多种方式。如按控制方式可分为开环控制、闭环控制及复合控制；按系统功用和被控量可分为温度控制系统、压力控制系统、位置控制系统等；按系统特性可分为线性系统和非线性系统、连续系统和离散系统、定常系统和时变系统、确定性系统和不确定性系统等；按控制器的控制作用可分为比例控制系统、比例积分控制系统等。为了便于分析自动控制系统的性质，可将控制系统按设定值形式的不同分为恒值控制系统、程序控制系统和随动控制系统。

4.1.5.1 恒值控制系统

恒值控制系统的设定值不随时间变化，同时要求被控量保持在一个定值。但由于扰动的影响，被控量会偏离设定值而出现偏差，控制系统便根据偏差产生控制作用，以克服扰动的影响，使被控量恢复到给定的常值。恒值控制系统分析、设计的重点是研究各种扰动对被控对象的影响以及抗扰动的措施。在恒值控制系统中，设定值随生产条件的变化而改变，但一经调整后，被控量就应与调整好的设定值保持一致。上述锅炉汽包水位的过程控制，就是一种恒值控制系统。在恒值控制系统中，有简单的控制系统，也有复杂的控制系统。

4.1.5.2 程序控制系统

程序控制系统中，设定值不是恒定值，而是按一定程序随时间变化，被控量在时间上也按一定程序变化，要求被控量迅速准确地加以复现。如某些热处理炉温度的过程控制，需要采用程序控制系统，因为工艺要求有一定的升温、保温、降温过程，如图 4.4 所示。通过系统中的程序设定装置，可使温度设定值按工艺要求的预定程序变化，从而使炉温也跟随设定值的程序变化。

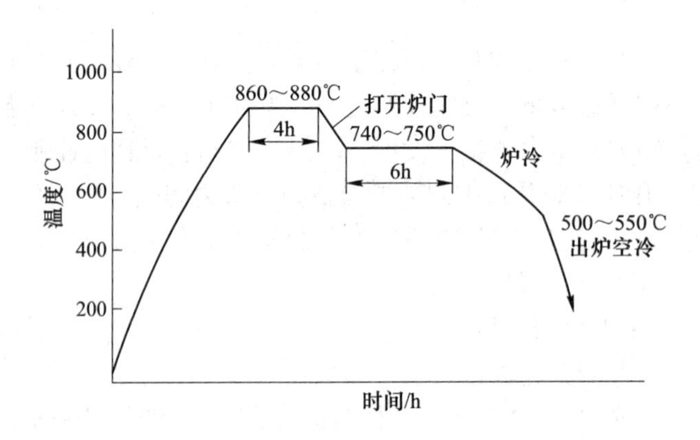

图 4.4 热处理工艺路线

4.1.5.3 随动控制系统

在随动控制系统中，设定值随时间不断地变化，而且预先不知道它的变化规律，但要求系统的输出即被控量跟着变化，而且希望被控量与设定值的误差尽可能小，又称为跟踪系统。例如在燃料燃烧过程中，空气与燃料量之间的比值是有一定要求的，但是燃料量需要多少，则随生产情况而定，而且预先不知道它的变化规律。在这里燃料需要量相当于设定值，它随温度的变化而变化，故这样的系统称为随动控制系统。在这样的随动控制系统中，由于空气量的变化必须随着燃料量按一定比值而变，因此又称为比值控制系统，比值控制系统是工业中较常见的随动系统形式。在随动系统中，扰动的影响是次要的，系统分析、设计的重点是研究被控量跟随的快速性和准确性。

4.1.6　自动控制系统的发展历史

最早的自动控制技术的应用，可以追溯到公元前我国古代的自动计时器和漏壶指南车，而过程控制技术的广泛应用则开始于欧洲工业革命时期。英国人瓦特在发明蒸汽机的同时，运用反馈原理，于1788年发明了离心式调速器。当负载或蒸汽供给量发生变化时，离心式调速器能够自动调节进汽阀门的开度，从而控制蒸汽机的转速。1868年，以离心式调速器为背景，物理学家麦克斯韦尔研究了反馈系统的稳定性问题，发表了“论调速器”论文。随后，源于物理学和数学的过程控制原理开始逐步形成。

20世纪初，PID控制器出现，并获得广泛应用。20世纪20年代，反馈放大器正式诞生，确立了反馈机制在自动控制技术中的核心地位。20世纪40年代，系统和控制思想空前活跃，1945年贝塔朗菲提出了《系统论》，1948年维纳提出了著名的《控制论》，从而形成了完整的控制理论体系——以传递函数为基础的经典控制理论。

20世纪60年代，现代控制理论问世。一系列方法被提了出来，其中包括以状态为基础的状态空间法，贝尔曼的动态规划法和庞特里亚金的极小值原理，以及卡尔曼滤波器。计算机开始在工业生产过程中应用，实现了直接数字控制（DDC，Directly Digital Control）。

20世纪70年代，随着计算机技术的不断发展，出现了许多以计算机控制为代表的自动化技术，自动化技术发生了根本性的变化。微处理器为核心的集散控制系统（DCS，Distributed Control System）的出现，取代原有DDC系统，在工业生产过程中开创了计算机控制的新时代。可编程控制器（PLC）也在生产过程中得到广泛应用。

从20世纪80年代开始，DCS在工业生产过程中广泛应用。同时，自动化、仪表数字化、智能化不断创新，网络、通信技术引入到过程控制系统中，友好的人机界面，以及工业电视等成为工业自动化的重要手段之一。

进入20世纪90年代以后，以现场总线为标准，现场仪表与控制系统之间进行全数字化、双向和多站通信的现场总线的计算机控制系统（FCS）被开发并逐步走向实用化。

后来，随着计算机在企业管理和控制过程中的应用，逐渐实现了过程自动化（PA）、工厂自动化（FA）、计算机集成生产控制（CIPS）、计算机集成制造系统（CIMS）和企业资源综合规划（ERP）等，从而形成工厂计算机综合优化控制系统。

4.2　过程控制系统的品质指标

过程控制是指以温度、压力、流量、液位等工艺参数作为被控变量的自动控制。过程控制也称为实时控制，是计算机及时地采集检测数据，按最佳值迅速地对控制对象进行自动控制和自动调节，如材料成型领域生产流水线的控制。本书主要讲述材料成型过程的自动控制，因此后续均以过程控制表述。

4.2.1　过程控制的静态与动态

过程控制中，被控量不随时间变化的平衡状态称为系统的静态。由于扰动作用，被控量随时间变化，这种变动的不平衡状态称为系统的动态。当一个过程控制系统的输入（设定值和扰动）及输出均恒定不变时，整个系统就处于一种相对的平衡状态，系统的各个组成环节如变送器、控制器、控制阀都不改变其原先的状态，它们的输出信号都处于相对静止状态，这种状态就是上述的静态。必须注意的是，这里所指的静态不是指静止不动，而是指各参数（或信号）的变化率为零，即参数保持不变。因为系统处于静态时，生产还在进行，物料和能量仍有进出，进出的量相等，处于平衡状态。如锅炉汽包水位控制系统，当给水量与蒸汽的排出量相等时，锅炉汽包水位就不会改变，此时系统平衡，也就是系统处于静态。

当系统出现扰动作用时，就会破坏这种静态的平衡，被控量就会随之变化，从而使控制器等自动装置改变操纵量以克服扰动的影响，并力图使系统恢复平衡。从扰动的发生，经过过程控制装置的作用，调节物料或能量大小，直到系统重新建立平衡。在这一段时间中，整个系统的各个环节和参数都处于变动状态之中，这种状态称为动态。

生产过程中扰动是客观存在的（生产过程中前后工序的互相影响，负荷的改变，电压、气压的波动等）。在一个过程控制系统投入运行时，时时刻刻都有扰动作用于被控对象，破坏正常的生产状态，需要通过过程控制装置不断地施加调节作用去对抗或抵消扰动作用的影响，从而使被控量保持在生产所要达到的技术指标上。

4.2.2 过程控制的过渡过程

当控制系统的输入发生变化后，被控变量随时间不断变化的过程称为系统的过渡过程。也就是系统从一个平衡状态到达另一个平衡状态的过程。

系统的过渡过程是衡量一个过程控制系统工作质量的依据，通常以阶跃信号输入时被控变量的过渡过程进行评价。因为阶跃信号是典型的扰动形式，实际工程中也经常遇到，而且它是一种突变作用，一经施加就持续不变，因此被视为影响对象最不利的扰动形式。如果一个系统能够很好地克服阶跃形式扰动的影响，那么其他形式的扰动影响也就容易克服了。

在阶跃扰动作用下，控制系统的过渡过程有如图 4.5 所示的几种基本形式。其中，图 4.5a 所示的曲线是发散振荡过程，说明被控量不仅不能稳定到设定值，而且波动振幅越来越大，距设定值的偏差也越来越大。这种情况不能很好地实现过程控制，应尽力予以避免。图 4.5b 曲线是等幅振荡过程，被控量不能趋于平衡态，而是始终在某一幅值上下波动；在某些生产过程允许的情况下，才可出现此种过渡形式，例如采用双位控制器组成的控制系统，其过渡过程就是这样。图 4.5c 曲线是一个衰减振荡过程，它经过一段时间的振荡后，幅值越来越小，最终趋向于一个新的平衡状态，能够实现较好的扰动控制。在实际控制中，大多数情况都希望能得到衰减振荡过渡过程。图 4.5d 曲线是非振荡的单调过程，在生产上当被控量不允许有波动时，可以采用这种形式的过渡过程。其中，图 4.5c 所示的衰减振荡过程不仅在生产上经常遇到，而且多用作衡量系统工作质量的依据。

4.2.3 过程控制的品质指标

一个性能优良的过程控制系统，在受到外来干扰或设定值发生变化时，要求被控量能够平稳、快速和准确地趋近或恢复到设定值。在衡量和比较不同的控制方案时，需要先确定出评价过程控制系统优劣的品质指标。控制系统品质指标是根据系统在零初始条件下的

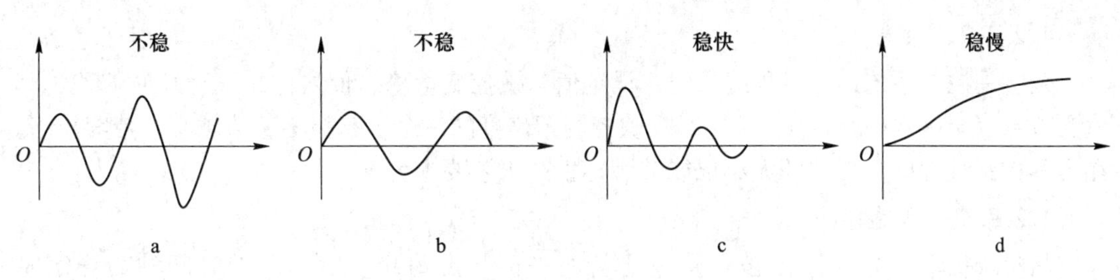

图 4.5 过渡过程几种基本形式

a—发散振荡；b—等幅振荡；c—衰减振荡；d—单调过程

单位阶跃响应曲线计算得到的，通常要根据生产工艺过程的实际需要确定。常见的品质指标有衰减比，最大偏差或超调量，余差，稳定时间，振荡周期或频率等。下面以衰减振荡过程为例介绍几种主要的品质指标，如图 4.6 所示。

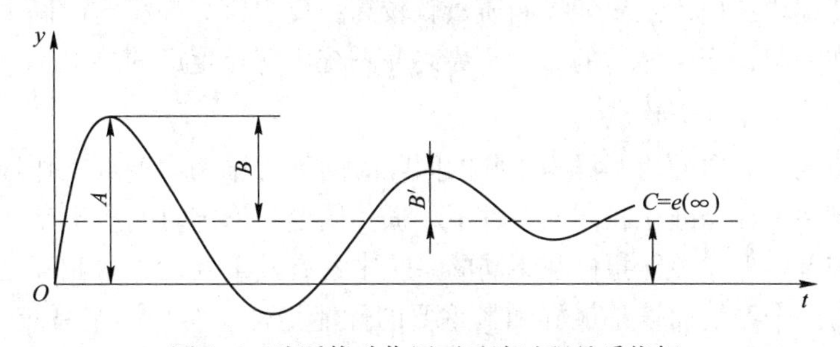

图 4.6 阶跃扰动作用下过渡过程品质指标

4.2.3.1 衰减比

衰减比表示振荡过程的衰减程度，是衡量过渡过程稳定性的动态指标，它等于被控量产生周期性振荡前后两个峰值比。在图 4.6 中，衰减比就是 $B:B'$，习惯上表示为 $n:1$。当 $n=1$ 时，表示过渡过程曲线不衰减，呈等幅振荡；而 n 稍大于 1 时，与等幅振荡过程接近，衰减程度小，振荡过于频繁不够安全，一般也不采用。如果 $n<1$，是发散振荡；当 $n\gg1$时，接近于非周期衰减（或单调过程），这些都是生产上不太接受的。生产中通常采用 $n=4\sim10$，因为衰减比在 4∶1 到 10∶1 之间时，过渡过程开始阶段的变化速度比较快，而且能比较快地达到一个峰值，并马上降下来，较快地达到一个低峰值。

4.2.3.2 最大偏差或超调量

对于定值控制系统来说，最大偏差是指过渡过程中被控变量第一个波的峰值与给定值的差，在图 4.6 中以 A 表示。最大偏差又称短时偏差，它表明被控量被扰动影响后，瞬时偏离设定值的最大程度，是衡量过渡过程稳定性的动态指标。偏离越大，偏离的时间越长，则系统离开规定的生产状态就越远，严重时就会发生事故，这是生产中不希望看到的情况。尤其对于一些有危险或有约束条件的系统，以及被控量波动对生产影响较大的系统，考虑到扰动会持续不断出现，不同扰动引起的偏差可能会叠加在一起，因而对最大偏差的限制就更加严格。

被控量的偏离程度有时也用超调量来表征，它是用来表征被控量偏离新的稳定值的程度。在图 4.6 中超调量用 B 来表示，它是第一个峰值与新稳定值之差，即 $B=A-C$。

4.2.3.3　余差 C

余差是控制系统过渡过程终了时，设定值与被控变量稳态值之差，又称长时偏差，其值为 $C=e(\infty)=r-y(\infty)$。它是反映控制精确度的一个稳态指标，值越小，精度越高。在实际控制过程中，余差的大小以能够满足生产工艺要求为准。

4.2.3.4　稳定时间

从阶跃扰动开始作用至被控量建立新的平衡状态为止，所经历的时间称为稳定时间（或过渡时间）。严格地讲，被控量完全达到新的稳定状态需要无限长的时间，但实际上由于仪表灵敏度的限制，当被控量靠近设定值一定程度时，指示值就基本不变了。通常规定当被控量达到稳定值的±5%（或±2%）的范围内时，认为被控量已经达到了稳定值。按这个规定，稳定时间就是从扰动开始作用起，直至被控量进入稳定值的±5%（或±2%）的范围内所经历的时间。稳定时间越短，说明过渡过程进行得越迅速，这时即使扰动频繁出现，系统也能很快适应，系统的控制质量就较高；反之，如果稳定时间太长，多个扰动作用就会叠加在一起，产生显著的影响，最终使系统不符合生产的要求。

4.2.3.5　振荡周期或频率

过渡过程曲线中同向的两个波峰之间的间隔时间称为振荡周期或工作周期，振荡周期的倒数为振荡频率。在衰减比相同的条件下，振荡周期与稳定时间成正比。

必须注意的是，上述性能指标在不同的系统中各有其重要性，且相互之间存在一定的联系。因此，对一个系统而言是最好和最重要的性能指标，对另一个系统就不一定如此。因此应根据不同系统的特点和需要，提出最佳的质量要求，同时要分清主次，当几个指标发生矛盾时，要优先保证主要的指标。

4.3　被控对象特性

被控对象是指某些被控制的装置或设备，在过程控制系统中，锅炉、热交换器、反应器、加热炉及窑炉等设备是最常见的被控对象。各种对象之间有显著的差别，每种对象也都有其自身固有的特性，而对象特性的差异对整个系统的运行控制有着很大的影响。有的对象很容易操作，控制比较平稳；而有的生产过程很难操作，很容易超出正常工艺条件，从而影响生产，甚至造成事故。因此，只有全面了解和掌握被控对象动态特性，才能设计出合理的控制方案，并选用合适的检测和控制仪表，进行控制器参数整定。尤其在设计高质量的、新型复杂的控制方案时，如前馈控制、自适应控制、最优控制等，由于需要考虑过程的数学模型，更离不开对被控对象特性的研究。

了解对象的特性，就是在某一扰动作用下，当不存在控制器作用时，观察被控量的变化规律。我们可以把被控量当作对象的输出，而把引起输出变化的所有因素，统统作为对象的输入加以研究。以轧钢加热炉的炉温控制为例，加热炉对象的输出是温度，输入就是破坏热平衡，导致温度变化的所有因素，例如加料、出料以及通过调节机构的控制量等。一般来说，不同的扰动或控制作用，对被控量的影响是不同的。但不管是扰动作用或控制作用所引起的被控量的变化，都是输入量引起输出量的变化，因此，被控对象特性，就是指对象各个输入量与输出量之间的函数关系。

以被控量作为对象的输出，当以操纵量（或控制作用）作为输入时，它们之间的关系称为对象的控制通道特性；而当以扰动量作为输入时，则它们之间的关系称为对象的扰动或干扰通道特性。这两种关系如图 4.7 所示。

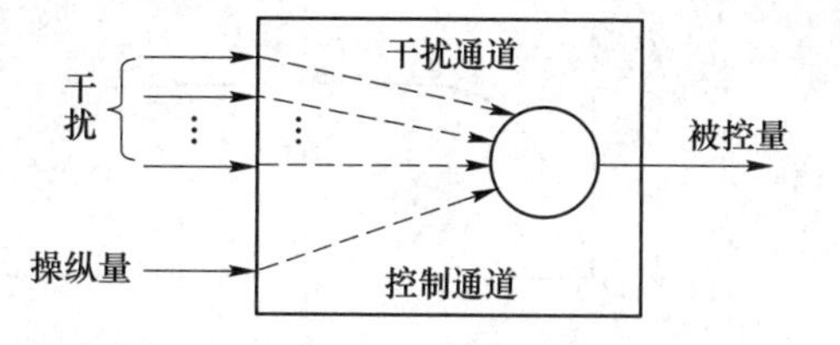

图 4.7　被控对象的控制通道与干扰通道

4.3.1　对象特性的类型

工程上往往把执行器、对象、检测元件与变送器组合在一起，称为广义对象。在实际应用中，输入与输出通常也是广义上的，因为一般输入要通过执行器加入对象，而对象的输出要通过检测元件与变送器才能反映出来。实际测试对象特性时，也是广义对象特性。

分析对象的特性，就是要研究对象在受到干扰作用或控制作用后，被控量是如何变化的，变化的快慢以及变化的最终数值等。多数工业过程的特性分为四种类型：自衡的非振荡过程、无自衡的非振荡过程、有自衡的振荡过程以及具有反向特性的过程。

4.3.1.1　自衡的非振荡过程

在阶跃作用下，被控变量无须外加任何控制作用、不经振荡过程能逐渐趋于新的状态的性质，称自衡的非振荡过程。如图 4.8 所示的液体储槽中的液位高度和图 4.9 所示的出料温度。

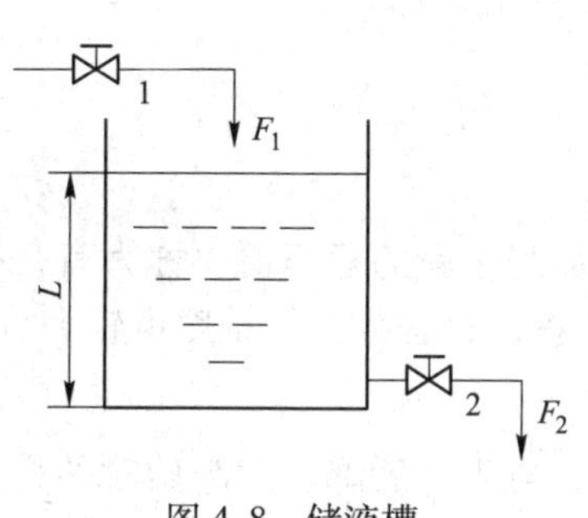

图 4.8　储液槽
1，2— 阀门

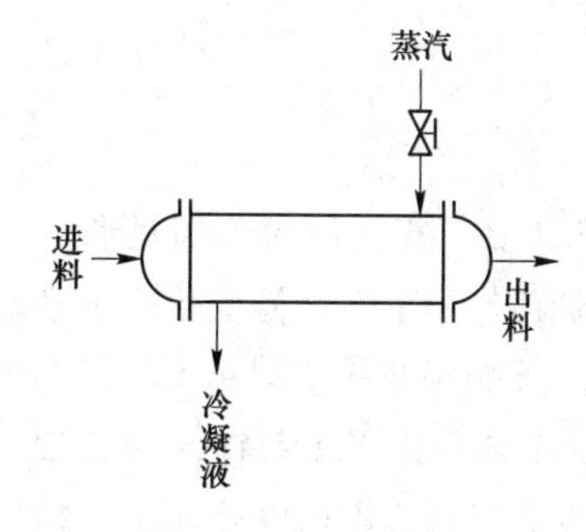

图 4.9　蒸汽加热器

在图 4.8 的储液槽系统中，开始时液位处于平衡状态。当进料量阶跃增加时，进料多于出料，过程的平衡状态被打破，液位上升，而出料量也随着静压的增加而增大。这样液位上升速度也逐渐变慢，最终建立新的平衡。显然这种过程会自发地趋于新的平衡。

图 4.9 所示的蒸汽加热器也有类似的特性。当蒸汽阀门开口变大时，流入的蒸汽流量增加，热平衡被破坏。此时，输入热量大于输出热量，出口温度上升，而输出热量随之增大，系统净热量逐渐减小，流体出口温度逐渐趋于稳定。这种过程能够在稳定的出口温度下自发建立起新的热量平衡状态。自衡的非振荡过程的响应曲线如图 4.10 所示。

在工程应用中，自衡非振荡过程是最常见的对象类型，而且也比较容易控制。

4.3.1.2　无自衡非振荡过程

当输入阶跃变化后，如果不依靠外加控制作用，就不能建立起新的平衡状态，称为无自衡非振荡过程。如图 4.11a 所示的液体流入流出过程，液体的流出通过泵来排送，液体

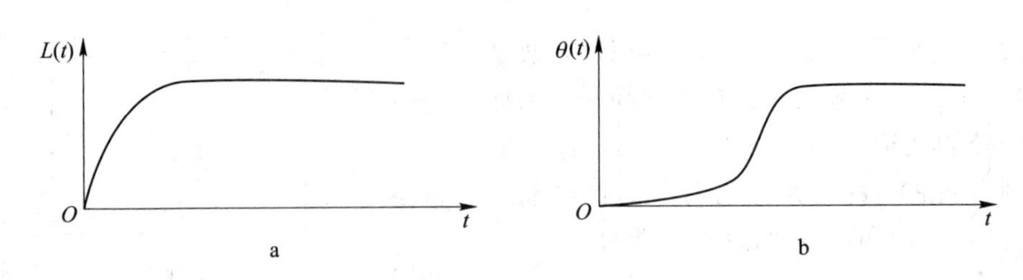

图 4.10　自衡非振荡过程响应曲线

a—一阶；b—二阶或高阶

静压的变化相对于泵的压力可忽略，当泵的转速不变时，液体的流出量衡定。当液体流入量作阶跃变化后，其响应曲线如图 4.11b 所示，如果没有外加控制作用，是不能建立起新的平衡状态的。无自衡过程的控制难度更大一些。

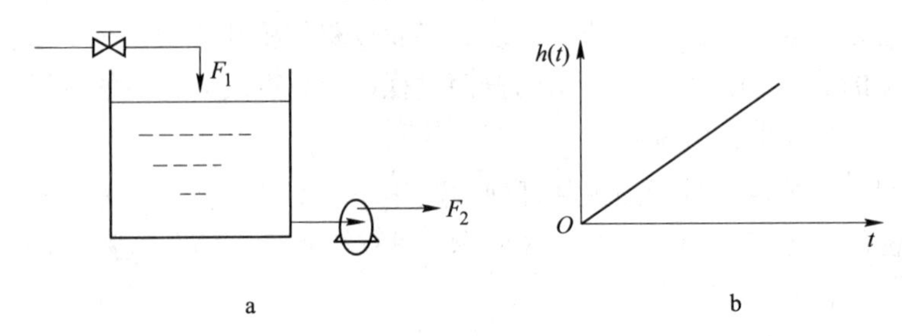

图 4.11　无自衡的非振荡液位过程

a—液体；b—响应曲线

4.3.1.3　有自衡的振荡过程

在阶跃作用下，被控变量出现衰减振荡过程，最后趋于新的稳态值，称为有自衡的振荡过程，其响应曲线如图 4.12 所示。在过程控制中，振荡过程控制的难度也较大。

4.3.1.4　具有反向特性的过程

有少数过程会在阶跃作用下，被控变量先降后升，或先升后降，即起始时的变化方向与最终的变化方向相反，出现如图 4.13 所示的反向特性，例如锅炉汽包水位经常遇到具有反向特性的过程。处理这类过程必须十分谨慎，要避免误向控制动作。

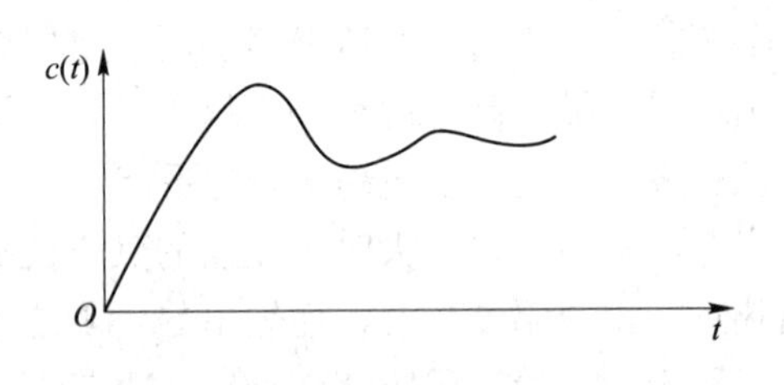

图 4.12　有自衡振荡过程的响应曲线

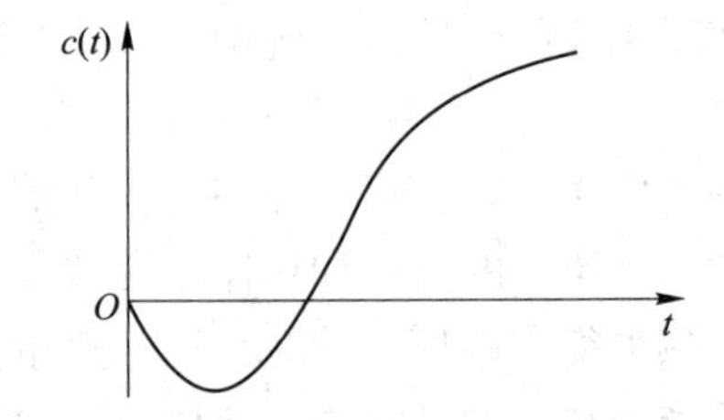

图 4.13　具有反向特性的过程的响应曲线

4.3.2　对象特性的参数

被控对象的特性是各输入量与输出量之间的关系，在得到该关系之前，需要探讨对象特性的描述方法。下面以图 4.8 所示的储液槽液位控制对象为例来说明。液体经过阀门 1

不断地流入储液槽，又通过阀门 2 不断流出，工艺上要求储液槽的液位 L 保持在恒定的数值。在该控制系统中，储液槽就是被控对象，液位 L 就是被控量。当阀门 2 的开度不变时，阀门 1 的开度变化就是引起液位 L 变化的扰动变量。控制系统的对象特性就是指当阀门 1 的开度发生变化，也就是当液体输入量 F_1 发生变化时，液位 L 是如何变化的。

如图 4.14 所示，当流入储液槽的流量等于流出量时，槽内液位保持在稳定值 L_0 上。在 t_0 时刻开大阀门 1，输入流量由 F_{10} 增加到 F_1，增量 ΔF，由于阀门 2 开度未变，液位 L 上升，液体静压加大，使得输出流量 F_2 也随之增加，经过一段时间后，输出流量 F_2 稳定在调整后的输入流量 F_1 上，输入与输出达到新的平衡，液位 L 也稳定在一新的数值 L_2。由于初始时 F_1 和 F_2 的差值最大，因而 L 的变化开始时最大。而随着 L 的增加，F_2 与 F_1 的差值逐渐变小直至相等，L 的变化也随之变小直至稳定。根据整个过程流量和水位的变化，能够得到液体流量的变化 ΔF 与液位变化 ΔL 之间的变化曲线，如图 4.14 所示，该曲线可以用来描述对象特性。通常对象特性有多种描述方法，尽管不同对象可以作出不同的变化曲线，但基本上都可以用以下三个主要物理量来说明对象的特性。

4.3.2.1 放大系数 K

从图 4.14 中可以看出，当流体输入量 F_1 变化后，液位 L 也会相应地变化，同时又引起 F_2 的变化。当 F_1 等于 F_2 时，L 就会稳定在一个新的数值不变。如果将输入量 F_1 的变化 ΔF 看作对象的输入，而液位 L 的变化 ΔL 看作对象的输出，那么在稳定状态时，对象的输入就对应着相应的输出。不考虑时间因素时，这种特性称为对象的静态特性。

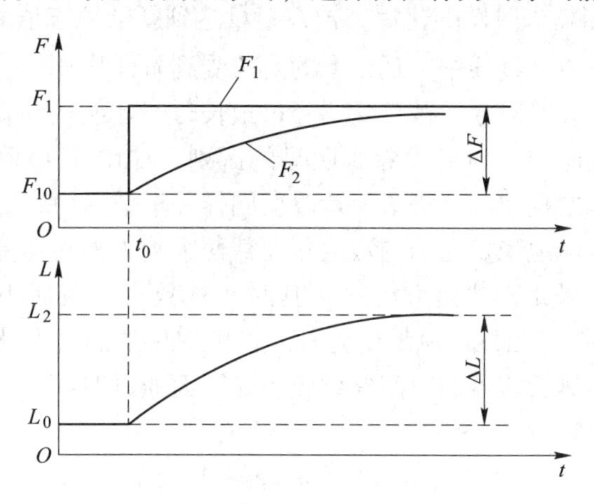

图 4.14 储液槽液位和流量变化曲线

在稳定状态下，ΔF 对应着一个特定的 ΔL，两者之间的比值定义为放大系数，表示为 $K=\Delta L/\Delta F$。放大系数 K 是一个静态特性参数，只与被控量变化过程的起点与终点状态有关，而与被控量的变化过程没有关系。通过放大系数 K，可以得到幅值阶跃扰动（输入变化值）对被控量（输出变化值）的静态影响。K 愈大，则输入对输出稳定值的影响愈大，反之则愈小。显然，不同的扰动通过不同通道进入对象时，对被控量的影响并不相同，对象的放大系数也就不同。在优化控制方案时，应具体分析各种输入对被控量的影响，比较它们的放大系数，分析其可控性能。通常应选择放大系数较大、可控性能较好的输入作为操纵量，以利于迅速克服扰动对被控量的影响。被控对象的静态特性一般有两种：一种是线性关系，一种是非线性关系。

如果静态特性为线性关系，则对象的放大系数 K 可直接根据其定义表示：$K=\Delta L/\Delta F$。如为非线性对象，则不能直接由其输出与输入比值求得对象放大系数，必须通过线性化方法将非线性特性近似为线性。因为被控对象通常在额定工况下工作，所以绝大多数非线性对象，可以用其额定点处的微分作为被控对象的放大系数，即 $K=\mathrm{d}y/\mathrm{d}x$。

通道不同，对象的放大系数不同，对被控量的影响也不一样。根据控制作用的不同，放大系数又分为控制通道的放大系数 K_0，以及干扰通道的放大系数 K_f，则

$$K_0=\frac{\Delta L}{\Delta F},K_f=\frac{\Delta L}{\Delta f} \tag{4.1}$$

式中　ΔF——操纵量的变化；

Δf——扰动的大小。

控制通道放大系数 K_0越大，则操纵变量的变化对被控变量的影响就越大，控制作用对扰动作用的补偿能力就越强。此时，有利于克服扰动的影响，余差也较小，但放大系数 K_0 过大时，被控量的波动也较大，对控制系统不利。反之，放大系数 K_0 较小时，控制作用的影响不显著，被控变量变化缓慢。扰动通道的放大系数 K_f对控制系统也有一定影响，K_f 较大时，如果扰动频繁出现并且幅度较大，被控变量的波动就会很大，使得最大偏差增大。而 K_f 较小时，即使扰动大，对被控变量仍然不会产生多大影响。

4.3.2.2　时间常数 T_c

时间常数 T_c是指当输入阶跃变化后，被控变量达到新的稳态值所需要的时间，表征了被控量变化的快慢。在生产实践中发现，有的对象受到阶跃作用后，被控量变化很快，能较迅速地达到稳定值；有的对象，被控量要经过很长时间才能达到新的稳定值，对应了不同的时间常数，其响应曲线上也可以看到明显的区别，如图 4.15 所示。图 4.15a 中截面大的水槽与截面小的水槽相比，当进口流量改变同样一个数量时，截面小的水槽液位变化更快，而且能够更加迅速地稳定在新的数值；而截面大的水槽液位变化慢，经过较长时间才能稳定在新的数值。因此，截面大的水槽其时间常数大，截面小的时间常数小。在图 4.15b 的蒸汽控制体系中，当蒸汽流量变化时，直接加热的温度变化比带夹套加热的温度变化更快，说明直接加热反应器的时间常数较小。因而通过时间常数，就能定量地了解对象对被控量变动的响应特性。

不同对象的时间常数 T_c，可根据其响应曲线得到。图 4.15a 中所示的水槽液位控制系统中，其对象为没有滞后的单容对象，响应曲线是一条指数曲线。被控量液位 L 经过一段时间之后，稳定在一新的数值 L'。由原点 O 点作响应曲线的切线，与 L'相交于 B 点，对应的时间坐标轴长度 Ob 即为时间常数 T_c。其他单容对象时间常数的确定方法一样。而对于图 4.15b 中带夹套的加热反应器，则是一个双容对象，其响应曲线不是指数曲线，而是一条 S 形曲线。此类曲线求时间常数的方法是通过曲线的拐点 A 作切线，在时间轴上的投影 ab 段即为时间常数 T_c。

一般说来，控制通道的时间常数太小，则控制对象的惯性小，被控量变化速度很大，不易控制。因为被控量变化快，需要系统中各组成装置反应非常灵敏，控制才能及时迅速，得到好的效果，但控制速度过快，容易使系统不稳定，这是生产上所不希望的。而控制通道的时间常数较大时，则控制过程会比较缓慢，而此时扰动通道时间常数较小的话，

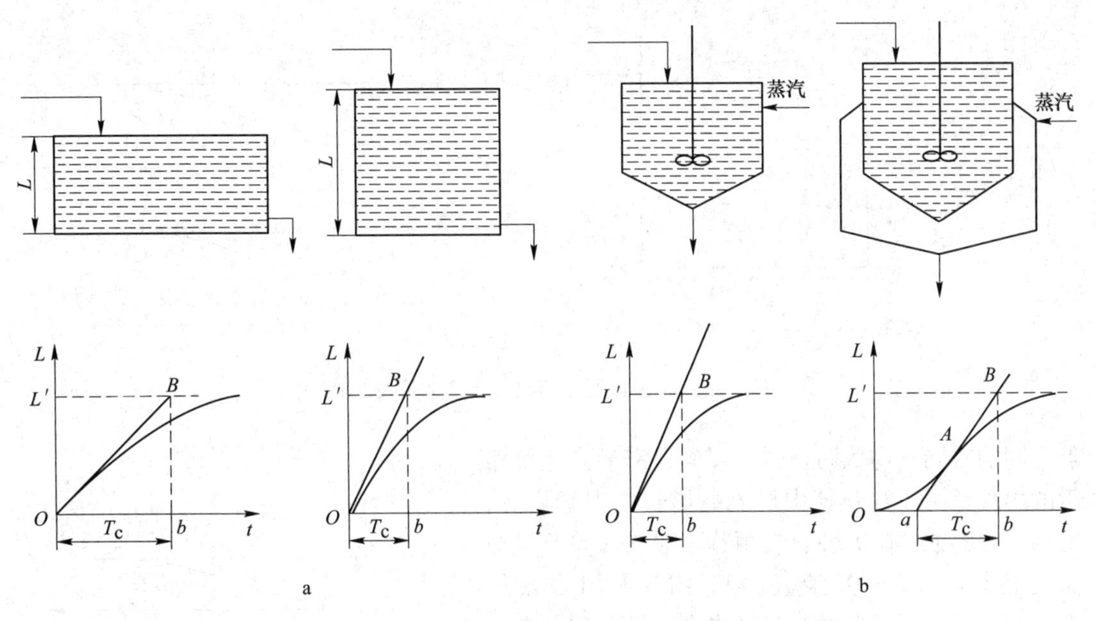

图 4.15 不同时间常数的对象及其响应曲线
a—水槽液位单容对象；b—蒸汽加热对象

则扰动的效应快，控制的效应慢，被控量的最大偏差不易减小。如果扰动通道的时间常数大于控制通道的时间常数，则被控量的变化较为平稳。因此，在决定控制方案时，应当分析对象各种输入的响应情况，选择最有利的控制通道，以便获得最佳的控制效果。

4.3.2.3 滞后时间 τ

有的对象在受到扰动作用后，被控量不是立即随着变化，而是在经过一段时间后才开始变化，这个时间称为滞后时间。滞后时间包括纯滞后时间和过渡滞后时间。如图 4.16 所示的一个蒸汽直接加热器，以进入的蒸汽所产生的热量 F_1 为对象输入，溶液温度 T 为被控参数。其测温点不在槽内，而是在出口管道上，测量点与槽的距离为 l。当蒸汽量突然增大时，输入热量的增量为 ΔF，槽内温度很快升高，但由于热流体流到管道测温点处还要经过一段时间 τ_0。因而管道测温点处温度变化，要比槽内落后一段时间 τ_0，即为纯滞后时间，其产生是由于介质的输送或热的传递需要经历一段时间。显然，测量点与槽的距离 l 越长或管内流速 v 越低，则纯滞后时间 τ_0 就越大，其关系式为：

$$\tau_0 = \frac{l}{v} \tag{4.2}$$

如果在蒸汽加热器外增加蛇管或夹套间接加热，则温度变化过程将如图 4.17 所示。被控温度在经过一段纯滞后时间 τ_0 后，在 O_1 处开始变化，但由于蛇管或夹套温度上升也要一个过程，因此温度初始变化速度较慢，直到蛇管或夹套与溶液有较大温差后，才有较多的热量传给溶液，使溶液温度较快地上升。接近平衡时，蛇管或夹套的温度逐渐与溶液温度接近，此时温度上升又变得缓慢。从图 4.17 可以看到，响应曲线存在一个拐点 A，在 A 点之前，温度 T 的变化由慢逐渐变快，到 A 点时，T 变化最快，A 点之后又逐渐变慢。如果从 A 点作曲线的切线，切线与坐标横轴交于 B 点，从被控参数在 O_1 点开始变化到 B

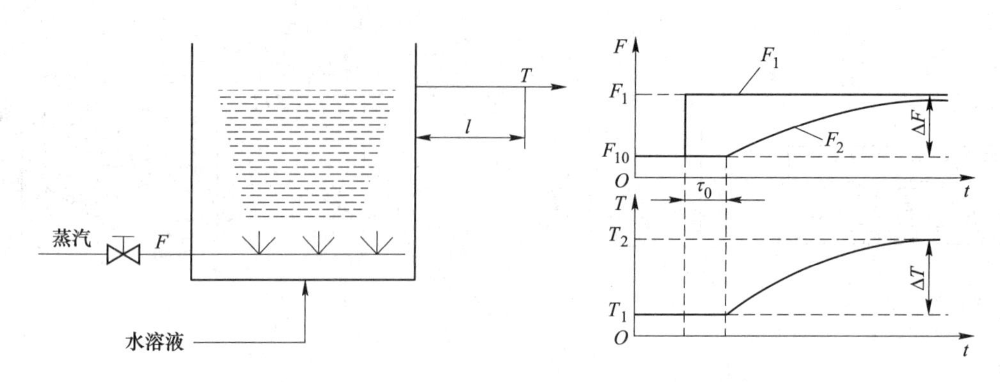

图 4. 16　测温点在管道上的蒸汽直接加热器及其特性

点之间的时间 τ_c 称为过渡滞后或容量滞后。过渡滞后的出现是由于加热器中加入蛇形管或夹套之后，增加了热容或热阻，使直接用蒸汽加热的单容量对象变成为双容量或多容量对象。图 4. 17 中的曲线就是一个具有纯滞后的双容量或多容量对象，在受到阶跃作用后的响应曲线。

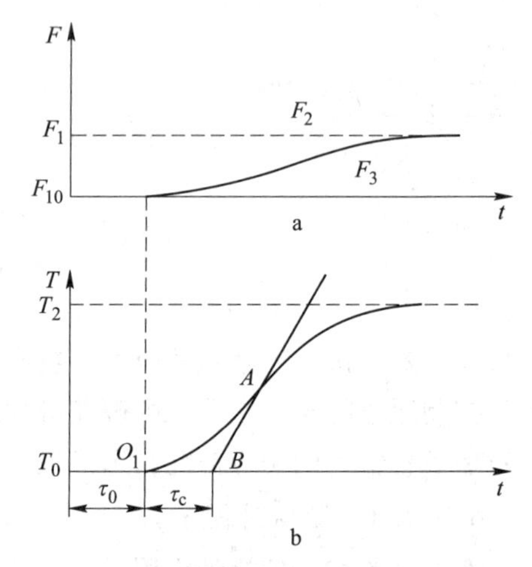

图 4. 17　有过渡滞后的对象特性

a—阶跃扰动；b—被控量变化

在实际生产过程中，纯滞后的现象是普遍存在的，因为控制阀门等的安装位置与对象本身之间总有一段距离，输入量（或输出量）的改变和信息的传递均需要时间。而从被控量发生变化到在显示仪表上反映出来，也有一个信息传递的问题，因此纯滞后也叫作传递滞后。传递滞后随调节机构与检测元件之间安装距离的增加而增大。传递滞后给过程控制带来很大的困难，因为在这段时间内，还没有产生相应的控制信号，控制装置不起作用。所以在过程控制系统中，应当尽可能地避免或减小过程的传递滞后。过渡滞后与传递滞后不同，对于一定的对象，它取决于工艺设备的结构和运行条件。例如，加热设备的容量滞后与总的传热系数有关，即与设备的材料和工作介质（气体、液体或蒸汽）的性质有关，当这些因素和生产条件固定后，传热系数可认为基本上是个常数。

纯滞后与过渡滞后尽管在本质上不同，但实际上却很难严格区别，用近似方法处理问题时，往往将过渡滞后时间也折算为纯滞后时间，用总的滞后时间 τ 来表示。在图 4. 17 中，$\tau=\tau_0+\tau_c$。总体来讲，滞后不利于过程控制，但对于不同的通道，滞后的影响是有差别的。对于控制通道，滞后会导致控制作用的效果要隔一段时间之后才能显现出来，因而滞后不利于控制。而对于扰动通道，由于扰动作用频繁时，会使被控量波动幅度增加，频率升高，严重影响控制质量，而当扰动通道中存在过渡滞后时，可使阶跃扰动的影响趋于缓和，对控制系统反而是有利的。滞后时间与时间常数的比值 τ/T_c 越大，被控量越容易振荡，对象越难以控制。可见减少控制通道的滞后，有利于提高控制质量。

过程控制的对象特性中，放大系数 K 是用来表征对象静态特性的参数，而时间常数 T_c

和滞后时间 τ 都是用来表征对象受到扰动作用后被控量的变化特性，因此它们是反映对象动态特性的参数。此外，对象的特性还与其负荷变化有关。对象的负荷是指对象的生产能力或运行能力，负荷的改变，是由生产需要决定的。当负荷在生产允许的极限范围内变化时，虽然设备运转正常，但对象的容量、放大系数和时间常数等对象特性也会改变。负荷变化后，物料输送量或输送速度也会随之而变，也会影响传递滞后。总之，被控对象在不同负荷下，它的特性参数是不同的。在设计过程控制系统时，应当考虑负荷变化的影响，使系统各组成环节适应对象负荷的变化，保证控制质量的要求。

4.4 过程控制系统的数学模型

在控制系统的分析和设计中，首先要建立系统的数学模型。控制系统的数学模型是描述系统内部输出变量与输入变量之间的数学关系，分为静态数学模型和动态数学模型。描述输入变量和输出变量之间不随时间变化的静态数学关系称为静态数学模型。而输出变量与输入变量之间随时间变化的动态数学关系称为动态数学模型。动态数学模型通常表示为变量各阶导数之间关系的微分方程，如果给定输入量及变量的初始条件，对微分方程求解，就可以得到系统输出量的表达式，并由此对系统进行性能分析。因此，建立控制系统的数学模型是分析和设计控制系统的首要工作。

工业过程的静态数学模型用于工业设计和最优化等，动态数学模型则用于各类过程控制系统的设计和分析，以及工业设计和操作条件的分析和确定。动态数学模型的表达方式很多，对它们的要求也各不相同，主要取决于建立数学模型的目的。

对工业过程数学模型的要求取决于其用途，总体要求简单且准确可靠，但也并非越准确越好，应根据实际应用情况确定。在线模型还要求具有实时性，它与准确性要求往往是矛盾的。同时，模型的误差可以视为扰动，而闭环控制在某种程度上具有自动消除扰动影响的能力。所以用于控制的数学模型不要求非常准确，这也使得控制回路具有一定的鲁棒性。

实际生产过程的动态特性往往是非常复杂的，要想建立一个实用的数学模型，必须突出主要因素，忽略次要因素。为此通常需要做很多近似处理，例如线性化、分布参数系统集中化和模型降阶处理等。

4.4.1 数学模型建立的方法

控制系统数学模型的建立通常有两种途径，机理分析和实验分析。对于简单的对象，可以根据过程进行的机理和生产设备的具体结构，用分析计算的方法，即通过物料、能量、动量等平衡关系，推导出对象的数学模型。而对于复杂对象，解析方法往往很难得到有效的数学模型，通常采用现场实验测试方法来获得。

(1) 机理分析。根据对客观事物特性的认识，找出反映内部机理的物理参量之间的关系规律，建立起具有明确的物理和现实意义的数学模型。这类模型为理论型的数学模型，在过程的机理比较清楚的情况下，能够考虑到多种因素的影响，结构严谨，物理概念清晰。但这类模型的结构通常比较复杂，计算工作量也比较大，若在过程机理尚不十分清楚的情况下，往往要做多种假设，从而影响计算精度。

（2）实验分析。将研究对象看作一个“黑箱”系统（内部机理不清楚），通过对系统输入、输出数据的测量和统计分析，按照一定的准则找出与数据拟合得最好的模型。利用实验方法建立的数学模型为统计型的数学模型，这类模型只考虑主要过程参数之间的相互关系，结构简单，且能够较好地保证控制精度。在过程比较复杂，机理又不十分清楚的条件下，建立这类模型最为适宜。但是，它具有较强的条件性，通用性差，特别是当生产条件经常变化时更为不便。

（3）综合分析。首先，利用机理分析建立模型的结构，然后用实验分析确定模型的参数，从而建立出数学模型。利用该方法建立的数学模型为理论-统计型数学模型，这类模型兼具以上两种方法建立的数学模型的优点，并可有效地克服它们的缺点，在工程上得到了较为广泛的应用。

面对一个实际问题究竟采用哪一种方法建模，主要取决于人们对研究对象的了解程度和建模目的。如果掌握了一些内部机理的知识，模型也要求具有反映内在特征的物理意义，建模就应以机理分析为主。而如果对象的内部规律基本上不清楚，模型也不需要反映内部特性，就可以用实验分析。一般情况下，对于许多实际问题还常常将两种方法结合起来建模，即用机理分析建立模型的结构，实验分析确定模型的参数。

4.4.2 机理分析建立数学模型

4.4.2.1 建立过程

数学模型的建立通常与问题的性质、建模目的等有关。数学模型的总体建立过程可分为表述、求解、解释、验证几个阶段，并且通过这些阶段完成从现实对象到数学模型，再从数学模型回到现实对象的循环，如图 4.18 所示。表述是将现实问题“翻译”成抽象的数学问题，属于归纳法。数学模型的求解则属于演绎法。解释是把数学模型的解答“翻译”回到现实对象，给出分析、预报、决策或者控制的结果。最后，作为这个过程的重要一环，这些结果需要用实际的信息加以验证。

图 4.18 也揭示了现实对象和数学模型的关系。一方面，数学模型是将现象加以归纳、抽象的产物，它源于现实，又高于现实。另一方面，只有当数学模型的结果经受住现实对象的检验时，才可以用来指导实际。

对于机理分析数学模型的建立，其过程具体可分为七个步骤，如图 4.19 所示。

（1）模型准备。在准备建立模型之前，首先要了解问题的实际背景，明确建模目的，搜集必要的信息，尽量弄清对象的主要特征，形成一个比较清晰的问题，由此初步确定用哪一类模型。在模型准备阶段要深入调查研究，尽量掌握第一手资料。

（2）模型假设。模型思路确定之后，根据对象的特征和建模目的，抓住问题的本质，忽略次要因素，作出必要的、合理的简化和假设。这一个步骤是决定建模成败非常重要和困难的一步。假设做得不合理或太简单，会导致错误的或无用的模型；而假设做得过分详细，试图把复杂对象的众多因素都考虑进去，则会使得下一步的工作很难或无法进行。因而常常需要在合理与简化之间做出恰当的选择。通常，假设的依据，一是来自对问题内在规律的认识，二是来自对现象、数据的分析，以及二者的综合。

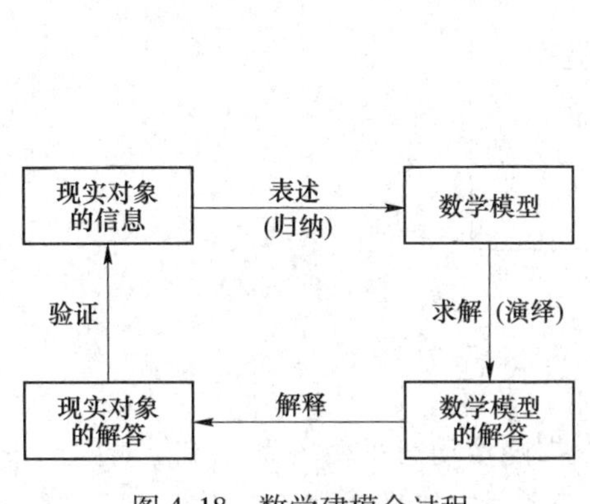

图 4.18　数学建模全过程

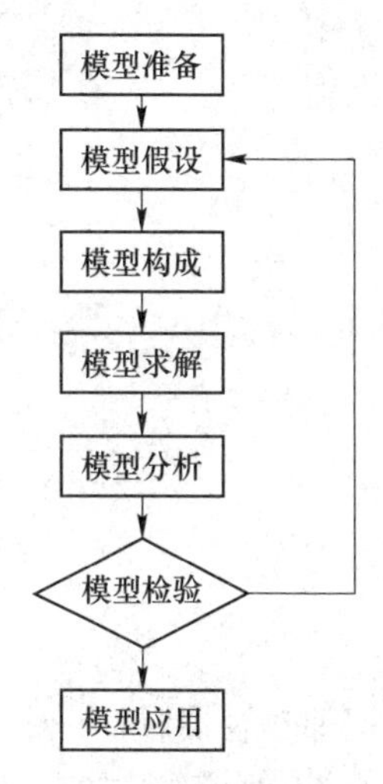

图 4.19　数学模型建立步骤示意图

（3）模型构成。根据第（2）步中所做的假设，运用数学的语言、符号描述对象的内在规律，建立包含常量、变量等的数学模型，如优化模型、微分方程模型、差分方程模型以及图的模型等。模型构建时，除了需要相关学科的专门知识外，还常常需要较为广阔的应用数学方面的知识。要善于发挥想象力，注意使用类比法，分析对象与其他熟悉的对象的共性，借用已有的模型。建模时还应尽量采用简单熟悉的工具，这样才能够被更多人了解和使用。

（4）模型求解。模型确定之后，需要完成对数学模型的求解。通常可以采用解方程、优化方法、数值计算以及统计分析等各种数学方法，特别是采用先进的数学软件和计算机技术进行求解。

（5）模型分析。求解完成之后，还需要对求解的结果进行数学上的分析，衡量其在控制过程中能否使用。如对结果的误差分析、统计分析、模型对数据的灵敏性分析以及对技术的强健性分析等。

（6）模型检验。完成了对实际问题抽象建模，下一步需要验证其合理性。把求解和分析结果翻译，回到实际问题，与实际的现象、数据比较，检验模型的合理性和适用性。如果结果与实际问题不符，则需要调整模型，通常问题会出现在抽象假设上，应该修改、补充假设，重新建模。这一步对模型的最终应用非常关键，有些模型要经过多次反复假设，不断完善，直到检验结果获得所需要的满意度。

（7）模型应用。应用的方式与问题性质、建模目的及最终结果有关。

下面以单容电加热过程为例，介绍机理分析的建模方法。

4.4.2.2　单容温度过程数学模型建立的机理分析法

如图 4.20 所示，容器内装有液体，通过电装置进行加热，该过程为一单容过程。容器内液体的总热容为 c，比热容为 c_p，流体流量为 q，液体以温度 T_i 流入加热容器，以温度 T_p 流出加热容器，T_p 同时也是容器中液体的温度，容器所在的环境温度为 T_c（$T_p>T_c$）。我们考虑的是在环境温度 T_c、液体流入温度 T_i 和流量 q 均不变的前提下，建立电加热器电压 u 与液体输出温度 T_p 之间动态关系的数学模型。

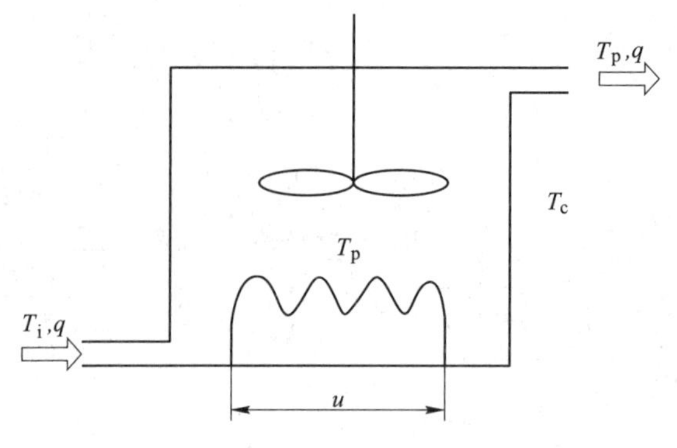

图 4.20 单容电加热过程

首先，把加热容器看作一个独立的隔离体，根据能量动态平衡关系，单位时间内进入容器的热量 Q_i 与单位时间内流出的热量 Q_o 之差等于容器内热量储存的变化率，即

$$Q_i - Q_o = c\frac{dT_p}{dt} \tag{4.3}$$

式中，输入热量 Q_i 由电加热器的发热量 Q_e 和流入液体携带的热量 qc_pT_i 两部分组成：

$$Q_i = Q_e + qc_pT_i \tag{4.4}$$

同样，由加热容器输出的热量 Q_o 由流出液体所带热量 qc_pT_p 和容器向周围散发的热量 Q_r 两部分组成：

$$Q_o = Q_r + qc_pT_p \tag{4.5}$$

由传热学知识可知，单位时间内加热容器向四周散发热量 Q_r 与容器散热面积 A、保温材料的传热系数 λ 以及容器内、外温差成正比：

$$Q_r = A\lambda(T_p - T_c) \tag{4.6}$$

加热过程工作在稳态时，T_p 保持不变，从加热容器输出的热量 Q_o 等于从外部输入的热量 Q_i，即 $Q_o = Q_i$。若以增量的形式表示变量相对于稳态值的变化量，并假设 q、T_i 和 T_c 不变，则

$$\Delta Q_i = \Delta(Q_e + qc_pT_i) = \Delta Q_e \tag{4.7}$$

$$\Delta Q_0 = \Delta(Q_r + qc_pT_p) = (A\lambda + qc_p)\Delta T_p \tag{4.8}$$

代入式（4.3），并用变量表示，可得

$$\Delta Q_e - (A\lambda + qc_p)\Delta T_p = c\frac{d\Delta T_p}{dt} \tag{4.9}$$

电加热器的发热量与外加电压的平方成正比，故 Q_e 与电压 u 成非线性关系。为使问题简化，在工作电压附近进行线性化处理：在工作点附近的小范围内，以切线代替原来的曲线，可用线性方法表示电压变化 Δu 和加热量变化 ΔQ_e 之间的关系，系数设为 K_q，则式（4.9）可表示为：

$$K_q\Delta u - (A\lambda + qc_p)\Delta T_p = c\frac{d\Delta T_p}{dt} \tag{4.10}$$

即为电压线性近似条件下，输出液体温度与电加热器电压之间的函数关系。

4.4.3 实验分析建立数学模型

4.4.3.1 建立方法

机理模型的建立方法虽然具有较大的普遍性，但是工业生产过程机理复杂，其数学模型建立很难。此外，工业对象多半含有非线性因子，在数学推导时常常做一些假设和近似，而这些假设和近似，在使用中会产生什么影响也很难确定。因此，在实际工作中，常用实验方法来研究对象的特性，它可以比较可靠地得到对象的特性，也可对数学方法得到的对象特性加以验证和修改。因此，对于运行中的对象，用实验法测定其动态特性，尽管所得结果颇为粗略，且对生产也有些影响，但仍然是了解对象特性的简易途径，因此在工业上广泛应用。

实验分析法就是直接在原设备或机器中施加一定的扰动，然后测量对象输出随时间的变化规律，得出一系列实验数据或曲线，对这些数据或曲线再加以必要的数学处理，使之转化为描述对象特性的数学形式。

对象特性的实验测量方法有很多种，这些方法通常是以所加扰动形式的不同来区分的，其中使用最多的是时域法。时域法中通常又分响应曲线法与矩形脉冲法。

响应曲线法就是用实验的方法测量得到对象在阶跃扰动下，输出量 y 随时间 t 的变化规律。在初始时间 t_0之前，对象处于稳定工况，输入量和输出量都保持在稳定的初始值，在 t_0时施加一扰动量，然后保持不变，这就是阶跃扰动。在此扰动作用下，将对象输出量 y 随时间 t 的变化规律绘成曲线，即为对象的响应曲线。这种方法比较简单，对于流量输入量，只须改变阀门的开度，便可认为施加了阶跃扰动，不需要特殊的信号发生器，因而在装置上也很容易进行。测量输出量的变化情况，可以利用原有的仪表记录，不需增加仪器设备，测试工作量也不大。但由于一般对象较为复杂，扰动因素较多，易受外来因素的影响，因而测试准确度有一定的限制。为了提高准确度就必须加大扰动量的幅值，但扰动幅值太大，又是工艺上所不允许的，通常取额定值的5%~10%。

在实验时，一般在对象最小、最大及平均负荷下进行，扰动信号应先后由正、反方向加入，并比较所得到的正、反方向响应曲线。为克服或减少其他扰动的影响，同一响应曲线应重复测试两到三次，剔除比较明显的偶然性误差，并求出其中合理部分的平均值，根据平均值来分析对象的动态特性。实验时，必须特别注意被控量偏离起始点的情况，准确记录加入阶跃扰动的计时起点，以便计算对象滞后的大小，这一点对于系统投运时控制器参数整定有重要的意义。

响应曲线法较简易，应用较为普遍，但也存在一些缺点，主要是测试准确度较差，测试时间较长，对正常生产的影响较大。

当对象不允许长时间的阶跃扰动时，可以采用矩形脉冲法。即利用控制阀加一扰动后，待被控量上升或下降到将要超过生产上允许的最大偏差时，立即切除扰动，让被控量回到初始值，测出对象的矩形脉冲响应曲线。这种曲线要转换成阶跃响应曲线才能与标准传递函数的响应曲线进行比较。

用矩形脉冲来测取对象特性时，由于加在对象上的扰动经过一段时间即被除去，因此可将扰动的幅值设置较大，从而提高了实验准确度；同时，对象输出量又不会长时间地远离设定值，因而对生产的影响较小，所以也是测取对象特性常用的方法之一。

4.4.3.2 Q195钢变形抗力数学模型的实验分析法

金属材料的变形抗力主要取决于其化学成分和组织状态，并受变形程度、变形速度和变形温度的影响。金属材料的变形抗力实验的方法主要有轧制-拉伸法、轧制-压缩法和轧制法。由于轧制-拉伸法实验设备简单，易于操作，且能够保证足够的精度，是较合适的实验方法。

实验中，采用了与实际生产状况接近的实验，利用鞍钢冷轧厂1700mm轧机对热轧来料进行了多道次轧制，得到了不同变形程度的带钢，在每个变形程度下取五个试样，一共取80个拉伸试样，然后将各试样在高速材料拉伸实验机上进行拉伸，得到可靠的实验数据见表4.1。

表4.1 Q195钢变形抗力实验数据

试件号	σ_s/N · mm^{-2}	σ_b/N · mm^{-2}	δ/%
01	340	430	29
02	330	420	36
03	335	425	32
04	340	430	36
05	345	435	32

根据冷轧过程的特点，低碳钢的静态变形抗力主要与相应的累计变形程度有关，通常情况下可以用下面的模型结构来拟合静态实验数据。

$$\sigma_s = a_0(a_1 + \varepsilon)^{a_2} \tag{4.11}$$

式中 σ_s——材料拉伸的屈服强度；

a_0，a_1，a_2——待定系数；

ε——累计变形程度，即带钢轧制变形厚度与初始厚度的比值。

利用实验数据，对该模型结构进行了回归分析，得到：

$$\sigma_s = 842.2 \times (0.0114 + \varepsilon)^{0.206} \tag{4.12}$$

回归拟合的相关系数为0.995。

这个模型是以基本模型结构为基础，利用实验方法建立的一个理论和实验相结合的模型，属于综合模型的范畴。

4.5 控制器与控制规律

4.5.1 控制器

过程控制的控制仪表包括控制器、变送器、执行器等装置。控制器是过程控制系统的核心，用于接收变送器或转换器送来的标准信号，并按预定的规律（称控制作用或控制规律）输出标准信号，推动执行器消除偏差，使被控参数保持在给定值或按预定规律变化，从而实现对生产过程的自动控制。

按照信号形式，控制器可分为模拟控制器与数字控制器两种类型。模拟控制器是对模拟变量进行控制的控制器，在20世纪前期发展迅速。然而，随着微电子技术、数字计算机技术等的发展，20世纪70年代以后，数字计算机逐渐代替了控制单元与计算单元，真正地实现生产过程的综合自动化，数字控制器也在很多方面都已经取代了模拟控制器。本节只介绍数字控制器。

4.5.1.1 数字控制器概述

20世纪70年代开始，Honeywell公司推出TDC-2000，标志着计算机控制技术在过程控制领域的应用基本成熟。随着集散控制系统（DCS）的兴起，基于微处理器的数字控制器走向了过程控制舞台。数字控制器是在模拟控制仪表的基础上采用数字技术和微电子技术发展起来的新型控制器。其结构与微型计算机十分相似，只是在功能上以过程控制为主。由于引入微处理芯片，与模拟控制器相比，数字控制器具有更大优势：

（1）智能化。由于采用微处理器作为仪表的核心，使仪表的运算、判断等功能更加强大。

（2）适应性强。控制器的功能主要由软件完成，编制不同的软件，可以得到各种不同的功能，实现不同的控制策略。用户程序编制可使用面向过程语言（POL，Procedure Oriented Language），易学易用。

（3）具备通信能力，可以与上位计算机交换信息，可组成集散控制系统，从而实现大规模的集中监控系统。

（4）可靠性高。在硬件与软件中采用了可靠性技术，具有自诊断功能，大大提高了可靠性。

根据应用场合、规模和控制功能，可将基于微处理器的数字控制器分为：

（1）单回路或多回路控制器；

（2）可编程序逻辑控制器（PLC）；

（3）工业控制计算机（IPC）；

（4）集散控制系统（DCS）；

（5）现场总线控制系统（FCS）。

4.5.1.2 数字控制器的构成

数字控制器实质上是装在通用仪表机壳内的微型工业控制机，其核心部件是微处理机。作为以微处理机为核心的数字控制装置，除了有必需的硬件之外，软件也是数字控制器的重要组成部分。各厂家的仪表在使用方法、功能上之所以有各自的特点，主要也是由于采用不同的应用软件。下面分别介绍数字控制器的硬件和软件组成。

A 数字控制器的硬件

数字控制器的基本组成如图4.21所示，它包括主机、过程输入通道、过程输出通道、人机与通信接口几个部分，它实际上是一个具有总线连接的微机化仪表。

控制器同时可通过通信接口输出各种数据，也可由通信接口接收来自操作站或上位机的操作命令与控制参数。

数字控制器的主机与一般的计算机系统一样，包括中央处理器（CPU）、存储器（包括系统ROM、RAM、用户EPROM）、定时器（WDT）、I/O接口等单元。主机是数字控制器的核心部分，所有的控制运算，控制器的自身管理运算都在这里完成。控制器的管理程序、子程序库、用户程序等文件也都放在这里。

与普通的数字计算机不同，数字控制器要时刻与外部生产过程互通信息。输入端与生

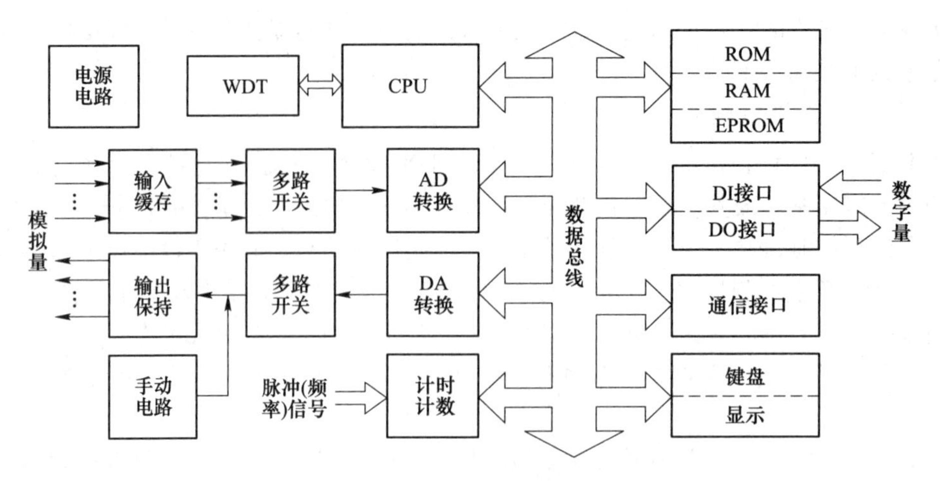

图 4.21 数字控制器组成框图

产现场的检测变送装置相连接，输出端要与执行装置相连接。因此，需要配备相应的硬件电路进行信号的变换、隔离及采集等，这些硬件电路通常也被称为过程通道，它一般分为模拟信号与数字信号（含脉冲与频率信号）两大类，它是联系微处理机与外部生产过程的纽带和桥梁。

为了能够与上位监督计算机组成监督控制系统（SCC），数字控制器一般都配备了通信接口，便于上位机对数字控制器给定值进行设定，对控制参数、工作状态进行监视和设定。

数字控制器的I/O包括键盘、显示器等部件。按键用以输入参数、命令、切换运行状态和改变输出值等，而显示部件则用以指示过程参数、给定值与输出值等。

数字控制器的工作过程是：用户通过键盘、按钮发出各种操作命令，在应用软件控制下输入信号。相关的生产过程数据通过过程输入通道转换为数字计算机所能接收的信号，并送入主机，主机对这些信号进行运算处理，处理后的结果经输出口送至过程输出通道。输出信号经数模转换器将数字信号转换为模拟电压，也可以再经电压/电流转换器转换为输出电流，同时经锁存器直接输出开关量信号。控制器的输出信号控制执行器的动作，从而实现对生产过程的自动控制。

B 数字控制器的软件

数字控制器还必须配备相应的软件系统才能完成对生产过程的控制，整个软件系统分为系统软件和应用软件两部分。

系统软件是为用户使用和维护方便，扩充仪表功能和提高使用效率等目的而提出的，通常由仪表厂家提供。同时，仪表生产厂家在控制器中通常还储备了丰富的功能模块与子程序，用户可以利用它们编制自己的应用软件。这也是数字控制器的主要特点之一，即用户可根据过程控制的需要自己编制程序，若程序不满足要求，还可以重新编写程序，直至满意为止。由于在不更换仪表的条件下，通过修改用户程序就可以改变控制方案，并可实现模拟控制仪表难以实现的算法，故数字控制器一经推出，即大受欢迎。

程序编制有在线编程与离线编程两种形式。前者利用控制器自身的CPU，通过编程器将用户程序写入EPROM。而后者则是应用专门的编程器，先在编程器上将标号编好并写入EPROM，再把该EPROM移插到控制器相应的插座上。

4.5.2 控制规律

控制器的输出信号 y 与输入偏差信号 e 之间随时间变化的规律叫作控制器的控制规律，也称之为控制器的特性，可以表示为：

$$y = f(e) \tag{4.13}$$

其中，e 为设定值信号 r 与被控量 x 之差，其值为 $e = r - x$ 或 $e = x - r$，该值通过正反作用开关来选择以决定控制器的作用方向。

控制器的形式多种多样，有不用外加能源的，有需要外加能源（电动或气动）的，但其基本控制规律只有比例（Proportional，P）、积分（Integral，I）、微分（Derivative，D）三种。将这些基本控制规律做不同组合，就构成了工业上常用的各种控制规律，包括比例（P）控制、比例积分（PI）控制、比例微分（PD）控制、比例积分微分（PID）控制。

不同的控制规律适应性不同，可用于不同的生产状况。要选用合适的控制规律，首先必须了解各种控制规律的特点与适用条件，再根据工艺指标的要求，结合具体对象特性，才能做出正确的选择。

4.5.2.1 比例（P）控制规律

比例控制规律是指调节器的输出信号变化量与输入的偏差信号之间成比例关系。图 4.22 所示是一个简单的液位比例控制系统，被控参数是水槽的液位。图 4.22 中部件 3 为杠杆，杠杆的一端固定着浮球，另一端和控制阀的阀杆连接。浮球根据水槽的水位高度上下运动，通过杠杆的传递作用，调整阀门的开度来改变进水量。当水槽的液位升高时，进水量大于出水量，浮球随之升高，并通过杠杆立即将阀门关小。反之，当液位降低时，浮球通过杠杆使阀门开大，直到进出水量相等，液位稳定为止。液位控制系统中，浮球是系统的检测元件，杠杆则是最简单的比例控制器。

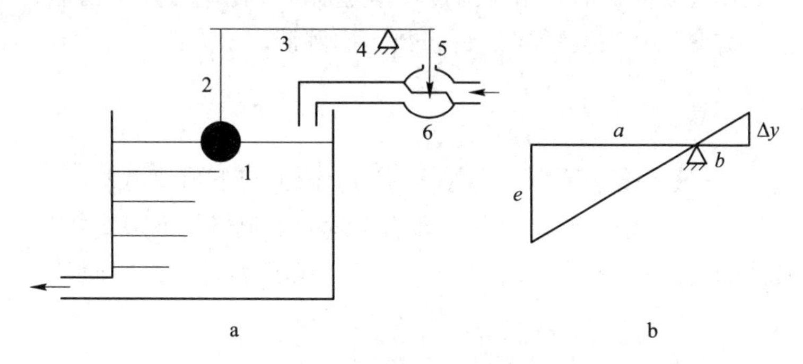

图 4.22 液位比例控制系统

a—组成系统；b—比例系数计算示意图

1—浮球；2—浮球杆；3—杠杆；4—支点；5—阀杆；6—控制阀

上述控制系统中，控制器的输入变化量为液位偏差 e，输出变化量为阀门开度 Δy，两者之间的关系，可通过杠杆关系中相似三角形求得，即

$$\Delta y = \frac{b}{a} e \tag{4.14}$$

因为杠杆支点的位置是确定的，a 和 b 均为常数，令 $K_p = \frac{b}{a}$，则

$$\Delta y = K_p e \tag{4.15}$$

式中　K_p——控制器的比例系数。

比例控制系统中，偏差值 e 变化愈大，调节机构的位移量 Δy 变化也愈大，e 和 Δy 之间存在一定的比例关系。另外，偏差值 e 的变化速度 $\frac{de}{dt}$ 快，调节机构的移动速度 $\frac{dy}{dt}$ 也快，这是比例控制器的一个显著特点。

在阶跃输入 e 作用下，比例控制器的动态特性可用图 4.23 表示。由于比例控制器的输出信号 Δy 与输入信号 e 之间时刻存在着一一对应的关系，故当被控对象的负荷发生变化之后，调节机构必须移动到某一个与负荷相适应的位置才能使能量再度平衡，使系统重新稳定。因此，比例控制的结果不可避免地存在静差，比例控制器也就又被称为有差控制器，这是比例控制规律的最大缺点。

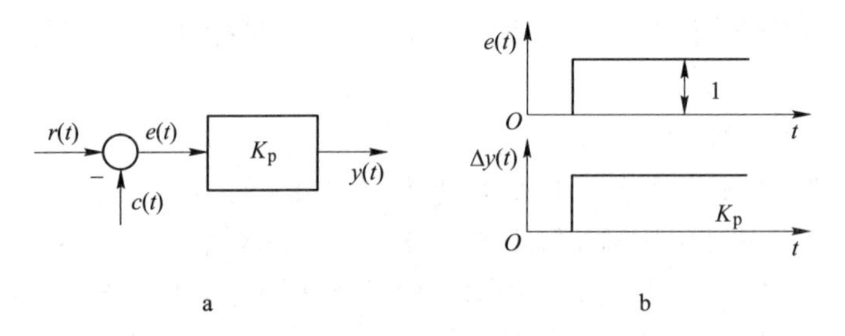

图 4.23　比例控制器作用及其特性

比例控制器作用的整定参数是放大系数 K_p，它决定了比例作用的强弱，但通常比例作用不用放大系数作为刻度，而是用比例带 δ 作为刻度。比例带是输出信号作全范围的变化时所需输入信号的变化（占全量程）百分数。比例带表示为：

$$\delta = \frac{e/(e_{max} - e_{min})}{\Delta y/(y_{max} - y_{min})} \times 100\% \tag{4.16}$$

式中　$e_{max} - e_{min}$——偏差变化范围，即输入量的上限值与下限值之差；

$y_{max} - y_{min}$——输出信号变化范围，即输出量的上限值与下限值之差。

对于一个具体的控制器，$e_{max} - e_{min}$ 和 $y_{max} - y_{min}$ 都已经确定，因而其比值为常数，令 $K = \frac{y_{max} - y_{min}}{e_{max} - e_{min}}$，则

$$\delta = \frac{K}{K_p} \times 100\% \tag{4.17}$$

因而可知，δ 与 K_p成反比，δ 越小，K_p越大，比例作用就越强。

控制器比例带 δ 的大小与输入、输出的关系，如图 4.24 所示。从图中可以看出，δ=50%对应着当控制器的输入偏差为−25%时，控制器的输出（阀门的开度）最小；当输入偏差为+25%时，控制器的输出最大。也就是说当 δ=50%，输入在全量程的±25%内变化时，即可保证控制器的输出在 0～100%的范围内成比例地变化。即使偏差超过±25%，控

制器的输出也保持在0~100%的范围内。也就是说，比例带是使控制器输出全范围变化时，输入偏差对应满量程的百分数。而当$\delta=200\%$时，输入要改变全量程的200%，输出才改变全范围的100%，此时的比例控制作用就比较弱。

在相同幅度的阶跃干扰下，放大系数K_p越大，即比例带δ越小，则静差越小。为减小静差，可增大K_p。但是，K_p增大将使控制系统稳定性降低，容易产生振荡。在相同的K_p下，阶跃干扰的幅度越大，静差也越大。因此，比例控制通常应用于干扰较小、负荷变化不大，又允许存在静差的系统中。

4.5.2.2 积分（I）控制规律

为了消除静差（余差），提高控制质量，在比例控制的基础上，又引入能自动消除静差的积分控制作用。

积分控制规律是指控制器的输出变化量Δy与输入偏差e对时间的积分成正比，即

$$\Delta y = K_I \int e \mathrm{d}t$$

或

$$\Delta y = \frac{1}{T_I} \int e \mathrm{d}t \tag{4.18}$$

式中 K_I——积分增益，1/min；

T_I——积分时间，min。

具有积分作用的控制器，在脉冲信号作用下的输出响应特性，如图4.25所示。

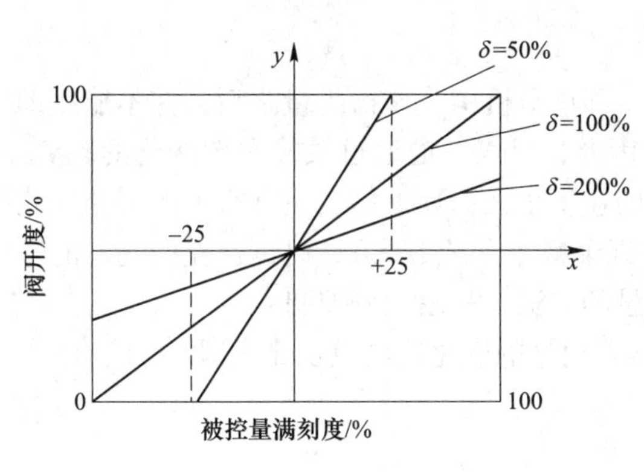

图4.24 控器比例带δ的大小与输入、输出的关系

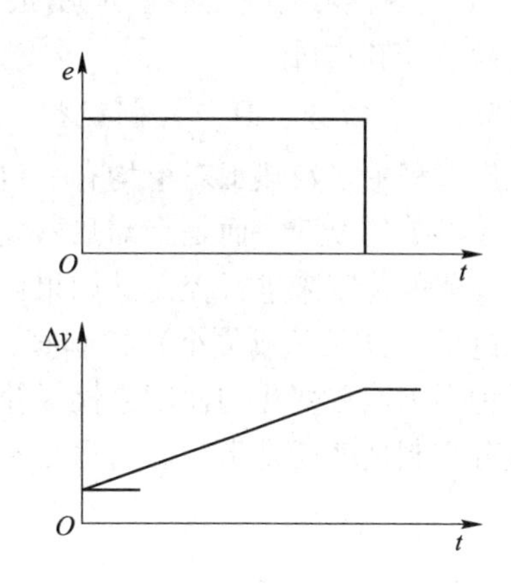

图4.25 积分作用的动态特性

由图4.25可以看出，只要有偏差存在，控制器输出信号将随时间不断变化。直到输入偏差等于零，输出信号才停止变化，而稳定在某一数值上，因而积分控制作用可消除静差。输出信号的变化与积分时间T_I成反比，T_I越小，积分速度越快，积分作用越强。输出信号的变化方向由e的正负决定。

虽然积分控制可以消除静差，但其作用是随着时间积累而逐渐加强，当t很小时，时间积分也很小，调节器的输出就小，控制作用也很弱。因而，积分控制作用缓慢，在时间上总是落后于偏差信号的变化，不能及时控制。当对象的惯性较大时，被控参数将出现较大的超调量，控制时间也较长，严重时甚至使系统难以稳定。因此积分控制作用不宜单独

使用，通常将比例和积分组合起来，构成比例积分（PI）控制器，这样控制既及时，又能消除静差。

4.5.2.3 比例积分（PI）控制规律

比例积分控制器的输出可视为比例输出 y_p和积分作用的输出 y_I之和，即

$$\Delta y = K_p(e + \frac{1}{T_I}\int e\mathrm{d}t) \tag{4.19}$$

比例积分控制规律的脉冲响应曲线如图 4.26 所示。在阶跃信号加入的瞬间，输出随之发生变化，突变至某值，这是比例作用；然后，随时间的增加，输出按照积分作用线性增加。

若取积分作用的输出变化量与比例作用的输出变化量相等，$\Delta y_p = \Delta y_I$，则有 $K_p = K_p \frac{t}{T_I}$，因而 $T_I = t$。这是定义和测定积分时间的依据，也就是说，在阶跃信号作用下，控制器积分作用的输出变化到比例作用的输出所经历的时间就是积分时间。

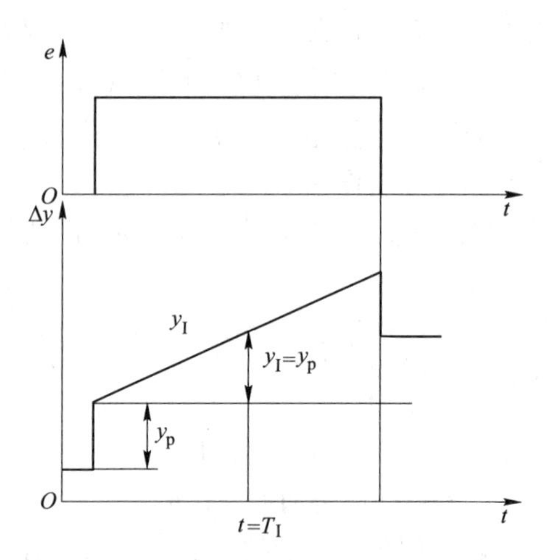

图 4.26 理想比例积分作用的动态特性

比例积分适合于对象滞后较大，负荷变化较大但缓慢，要求无余差场合。应用最广，流量、压力、液位控制均可。

4.5.2.4 微分（D）控制规律

生产过程中多数热工对象均有一定的滞后，即调节机构改变操纵量之后，并不能立即引起被控参数的改变，而是会滞后一定时间。因此，可以考虑通过被控参数变化的趋势，即偏差变化的速度来进行控制。如果偏差变化的速度很大，预计将会出现很大的偏差，此时就先过量地打开（或关小）控制阀，然后再逐渐减小（或开大），以迅速克服扰动的影响。这种根据偏差变化的速度来操纵输出变化量的方法，就是微分控制。

微分控制规律就是指输出信号 Δy 与输入偏差信号的变化速度成正比，即

$$\Delta y = T_D \frac{\mathrm{d}e}{\mathrm{d}t} \tag{4.20}$$

式中 T_D——微分时间。

微分输出的大小与偏差变化速度及微分时间成正比。在输入出现阶跃信号的瞬间（$t = t_0$），相当于偏差信号变化速度为无穷大，从理论上讲，输出也应达无穷大，其动态特性如图 4.27a 所示。这种特性称为理想的微分作用特性，但实际上并不可行。实际微分作用的动态特性如图 4.27b 所示。在输入阶跃变化的瞬间，控制器输出一个有限值，随后按照微分作用逐渐下降，直到变为零。对于一个等速上升偏差来说，则微分输出亦为常数，如图 4.27c 所示。

微分控制器在使用中，即使偏差很小，但只要出现变化趋势，即可马上进行控制，故是一种“超前”控制作用。微分控制的输出只与偏差信号的变化速度有关，而如果存在偏差但不发生变化，则微分输出为零，故微分控制不能消除静差。所以微分控制器通常也不

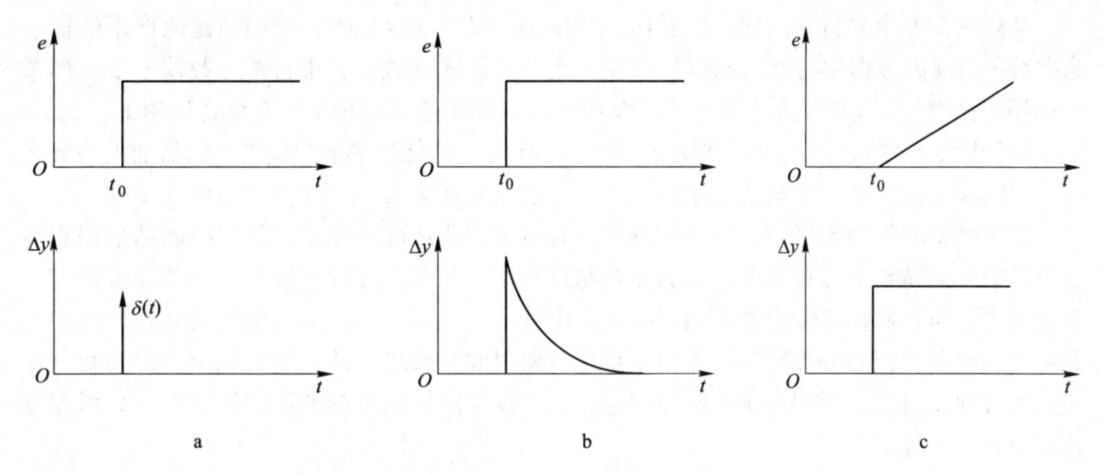

图 4.27 微分控制器动态特性

a—理想微分作用；b—实际微分作用特性；c—匀速偏差输入

能单独使用，它常与比例或比例积分控制作用组合，构成比例微分（PD）或比例积分微分（PID）控制器。

4.5.2.5 比例微分（PD）控制规律

比例微分控制器的输出为比例输出 y_p 和微分作用的输出 y_D 之和。理想 PD 控制规律为：

$$\Delta y = K_p\left(e + T_D \frac{\mathrm{d}e}{\mathrm{d}t}\right) \tag{4.21}$$

理想的比例微分控制作用的动态特性，如图 4.28 所示。

由图 4.28a 可见，当输入信号阶跃变化时，微分作用的输出立即升至无限大并瞬时消失，余下便为比例作用的输出。

为了更明显地看出微分的作用，设输入信号为一等速上升的偏差信号，表示为 $e=V_0t$。当控制器只有比例作用时，其动态特性如图 4.28b 中的曲线 P 所示，即 $\Delta y = K_pV_0t$。当加入微分作用后，则理想的控制输出动态特性如图 4.28b 中的曲线 PD 所示，即 $\Delta y = K_pV_0(t+T_D)$。

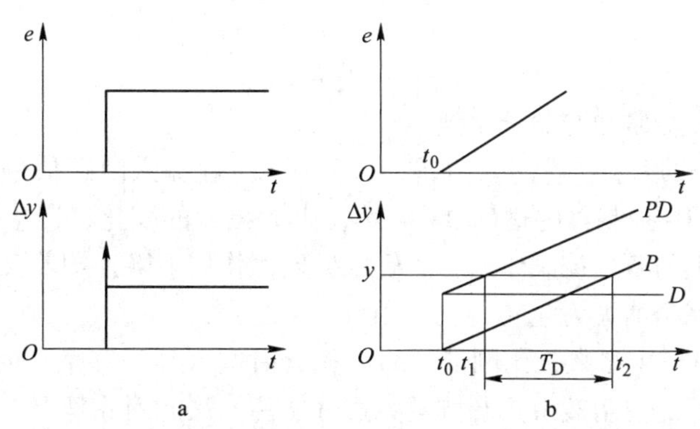

图 4.28 比例微分控制动态特性

a—单位阶跃输入时；b—匀速偏差输入时

从图 4.28b 中的特性曲线可以看出，当偏差 e 以等速变化时，按照纯比例作用的输出为曲线 P，纯微分作用的输出如 D 曲线所示是一个阶跃曲线，且维持某一数值不变，而微分作用和比例作用综合之后的曲线如 PD 所示。从图中还可以看出，在综合作用下，当 $t=t_1$ 时，输出大小为 y，而纯比例作用下，直到 $t=t_2$ 时，才能达到 y 的输出。因而加上微分之后，总的输出增加了，相当于作用超前了，超前的时间为 t_2-t_1，即为微分时间 T_D。

在比例微分控制作用中，由于控制结束时偏差变化速度等于零，因此控制结果仍和纯比例控制时的特点一样存在静差。但在控制过程中，尤其是过程一开始，当被控参数有了变化速度，执行机构立即把控制阀门改变一个开度，这将有力地抑制偏差的变化，减小动态偏差，因而比例微分控制规律适用于系统对象时间常数较大的控制系统中。但是微分作用也不宜加得过大，否则由于控制作用过强，不仅不能提高系统的稳定性，反而会引起被控参数的大幅度振荡。

在生产实际中，一般温度控制系统惯性比较大，常需加微分作用，可提高系统的控制质量。而在压力、流量等控制系统中，大多不加微分作用。

4.5.2.6 比例积分微分（PID）控制规律

比例微分控制作用因不能消除静差，故系统的控制质量仍然不够理想。为了进一步消除静差，将比例、积分、微分三种控制结合起来，构成了比例积分微分（PID）作用控制器，从而可以得到比较满意的控制质量。理想 PID 控制作用的特性方程可用如下微分方程表示：

$$\Delta y = K_p\left[e(t) + \frac{1}{T_I}\int_0^t e(t)\mathrm{d}t + T_D\frac{\mathrm{d}e}{\mathrm{d}t}\right] \tag{4.22}$$

式中 K_p——比例系数；

T_I——积分时间常数；

T_D——微分时间常数。

当有一个阶跃偏差信号输入时，PID 控制器的输出信号等于比例、积分和微分作用三部分输出之和。同样，实际控制器中是不可能得到理想的 PID 控制作用的，例如经典的 DDZ-Ⅲ型模拟控制器中的实际 PID 作用为：

$$G(s) = \frac{K_p\left(1 + \frac{1}{T_I s} + T_D s\right)}{1 + \frac{1}{T_I K_I s} + \frac{T_D}{K_D}s} \tag{4.23}$$

式中 K_I，K_D——积分常数与微分常数。

实际 PID 作用的阶跃响应特性，如图 4.29 所示。在输入阶跃信号后，微分作用和比例作用同时发生，PID 控制器的输出 Δy 突然发生大幅度的变化，产生一个较强的控制作用，这是比例基础上的微分控制作用，然后依据比例作用下降；接着又在积分作用下随时间上升，直到偏差完全消失为止。

PID 控制作用有三个参数：比例带（δ）、积分时间（T_I）和微分时间（T_D），三者匹配适当，可得到较好的控制效果：既可避免过分振荡，又能消除静差；同时还能在控制过程中加强控制作用，减少动态偏差。所以，对于一般的过程控制系统，常常将比例、积分和微分三种作用结合起来，以得到较满意的控制质量。

PID 控制适用于对象滞后大，负荷变化大但不频繁，控制要求高的场合，如反应器温度控制或成分控制等。

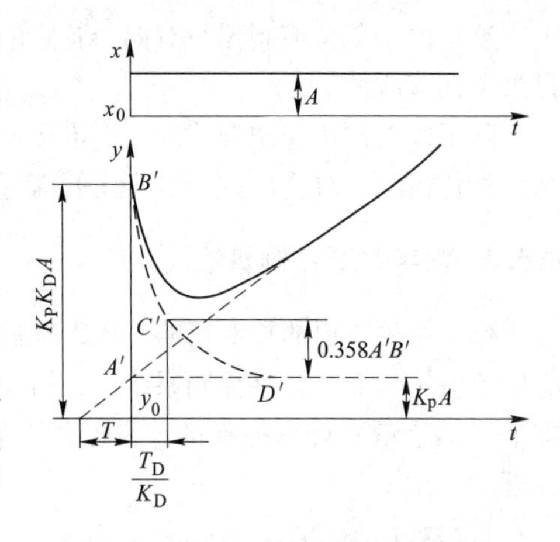

图 4.29　实际 PID 控制阶跃响应曲线

4.5.2.7　双位控制规律

除了上述三大基本控制规律外，还有常用的位式控制规律，下面以双位控制进行说明。双位控制的输出规律是根据输入偏差的正负，将控制器的输出设定为最大或最小。即控制器只有最大或最小两个输出值，相应的执行器也只有两个极限位置，即开和关两个极限位置，因此双位控制又称开关控制。

理想的双位控制器输出 y 与输入偏差 e 之间的关系为：

$$y=\begin{cases} y_{\max}, 当\ e>0(或\ e<0) \\ y_{\min}, 当\ e<0(或\ e>0) \end{cases} \tag{4.24}$$

理想的双位控制特性，如图 4.30 所示。以电极式液位控制贮槽系统说明双位控制，如图 4.31 所示。液体经装有电磁阀 YV 的管道流入贮槽，由出料管流出。外壳接地的贮槽内装有一根电极作为测量液位的装置，电极的一端与继电器 K 的线圈相接，另一端在液位设定的位置。当液位低于设定值时，液体未接触电极，继电器断路，此时电磁阀 YV 全开，液体以最大流量流入贮槽。当液位上升至设定值时，液体与电极接触导电，继电器接通，从而使电磁阀全关，液体不再进入贮槽。但槽内液体仍在继续排出，液位下降，当液位降至低于设定值时，液体与电极脱离，于是电磁阀 YV 又开启。如此循环反复，液位被维持在设定值上下小范围内波动。为减少继电器、电磁阀的频繁动作，通常会加一个延迟中间区。偏差在中间区内时，控制机构不动作，可以降低控制机构开关的频繁程度，延长控制器中运动部件的使用寿命。

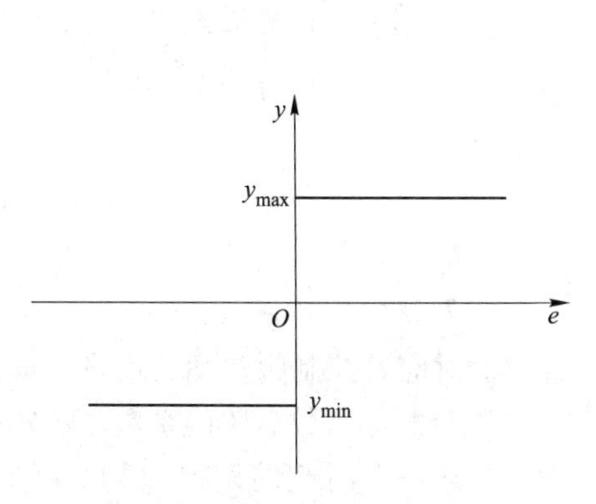

图 4.30　理想双位控制特性

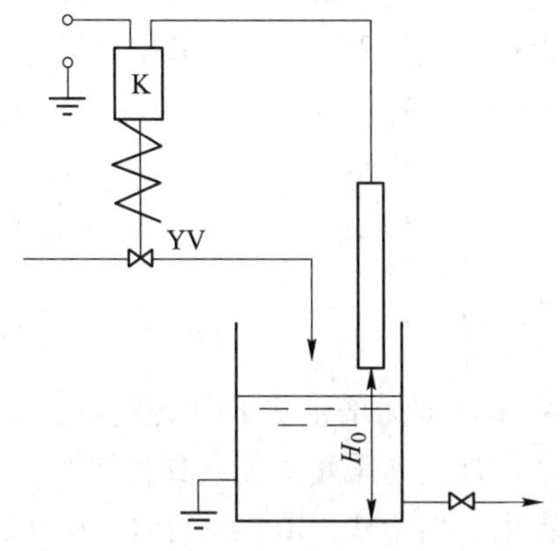

图 4.31　液位双位控制系统

在双位控制模式下，被控变量持续地在设定值上下作等幅振荡，无法稳定在设定值上。这是由于双位控制器只有两个特定的输出值，相应的控制阀也只有两个极限位置，这是过量调节所致。

除了以上常用控制规律外，前沿领域的控制规律还包括模糊控制、专家系统、神经网络、最优控制、自适应控制、人工智能等。

4.5.3 数字 PID 控制算法

作为一种重要的控制策略，PID 控制在模拟控制系统和数字（计算机）控制系统中均有广泛应用。而在数字控制系统中，由于计算机的离散采样特征，只能根据采样时刻的偏差值（数字量）计算控制量，因此 PID 中积分和微分项不能直接使用，需要进行离散化处理。

4.5.3.1 位置式 PID 控制算式

式（4.22）为理想的模拟 PID 控制算式，需对其进行离散化处理。由于采样周期 T 相对于信号变化周期很小，因而式中的积分项可用多个采样的求和代替，而微分项则用差分项代替，得到离散的 PID 表达式为：

$$u(k) = K_p\left\{e(k) + \frac{T}{T_I}\sum_{i=1}^{k} e(i) + \frac{T_D}{T}[e(k) - e(k-1)]\right\}$$
$$= K_p e(k) + K_I \sum_{i=1}^{k} e(i) + K_D[e(k) - e(k-1)] \tag{4.25}$$

式中 k——采样时刻，$k = 0, 1, 2, \cdots, n$；

$u(k)$——第 k 次采样时刻的计算机输出值；

$e(i)$——第 i 次采样时刻输入的偏差值，$i=0, 1, 2, \cdots, k$。

位置式 PID 控制的输出与整个过去的状态有关，因而计算机要对 $e(k)$ 进行累加，运算工作量大，同时累积误差相对较大。而且，由于计算机输出的 $u(k)$ 对应的是执行机构的实际位置，如果计算机出现故障，$u(k)$ 有大幅度变化，会引起执行机构位置的大幅度变化，这种情况往往是生产实践中不允许的，在某些场合，还可能造成重大的生产事故。

4.5.3.2 增量式 PID 控制算式

根据式（4.25），可导出控制量的增量 $\Delta u(k) = u(k) - u(k-1)$：

$$\Delta u(k) = K_p[e(k) - e(k-1)] + K_I e(k) + K_D[e(k) - 2e(k-1) + e(k-2)]$$
$$= K_p \Delta e(k) + K_I e(k) + K_D[\Delta e(k) - \Delta e(k-1)]$$
$$= Ae(k) - Be(k-1) + Ce(k-2) \tag{4.26}$$

式中，$A = K_p\left(1 + \frac{T}{T_I} + \frac{T_D}{T}\right)$；$B = K_p\left(1 + 2\frac{T_D}{T}\right)$；$C = K_p\frac{T_D}{T}$。

式（4.26）即为增量式 PID 控制算式，其输出量 $\Delta u(k)$ 对应着控制阀开度的增量。算式中的系数都是与采集周期、比例系数、积分时间常数、微分时间常数有关的系数。从式中可以看出，增量式 PID 算法在使用中只需保存 k、$k-1$ 与 $k-2$ 时刻的误差 $e(k)$、$e(k-1)$、$e(k-2)$ 即可。

与位置式 PID 相比，增量式 PID 算法有下列优点：

（1）位置式 PID 算法每次输出与整个过去状态有关，计算式中要用到过去误差的累加值$\sum e_j$，这样容易产生较大的累积计算误差。而增量式PID只需计算增量，计算误差或精度不足时对控制量的计算影响较小。

（2）由于增量式PID输出的是控制量增量，如果计算机出现故障，误动作影响较小，而执行机构本身有记忆功能，可仍保持原位，不会严重影响系统的工作。

因此在实际控制中，增量式PID算法要比位置式PID算法应用更为广泛。

4.5.3.3 数字PID控制算式的改进

在计算机控制系统中，PID控制规律是通过计算机程序来实现的，因此它的灵活性很大。一些原来在模拟控制器中无法实现的问题，在引入计算机以后，就可以得到解决，并产生了一系列的改进算法，以满足不同控制系统的需要。如积分分离PID控制算法、遇限削弱积分PID控制算法、不完全微分PID控制算法、微分先行PID控制算法和带死区的PID控制算法等。下面简单介绍几种PID的改进算法。

A 积分分离PID控制算法

PID控制中引入积分环节的目的，主要是为了消除余差、提高精度。然而，在过程的启动、结束或大幅度增减设定值时，系统的短时输出有很大偏差，往往会造成PID运算的积分积累，使得控制量超过执行机构的极限控制量。这样就会引起系统较大的超调，甚至系统的振荡，这是某些生产过程中所不允许的。通过引入积分分离PID控制算法，既可以保持积分作用，又能减小超调量，使控制性能得到较大的改善。积分分离PID控制算法的实现，首先需要人为设定一个阈值$\varepsilon>0$，当$|e(k)|>\varepsilon$时，即偏差值大于阈值时，采用PD控制，可避免过大的超调，又使系统有较快的响应。而当$|e(k)|\leqslant\varepsilon$时，则采用PID控制，以保证系统的控制精度。

写成计算公式，在积分项乘一个系数β，即

$$u(k)=K_{\mathrm{P}}\left\{e(k)+\beta\frac{T}{T_{\mathrm{I}}}\sum_{i=1}^{k}e(i)+\frac{T_{\mathrm{D}}}{T}[e(k)-e(k-1)]\right\} \tag{4.27}$$

式中，β的取值为：

$$\beta=\begin{cases}1, & 当|e(k)|\leqslant\varepsilon\\0, & 当|e(k)|>\varepsilon\end{cases}$$

B 遇限削弱积分PID控制算法

遇限削弱积分PID控制算法是通过设置极限控制量，来确定积分是否继续累积的算法。其基本思想是，当控制达到限制值，进入饱和区以后，便不再进行积分项的累加，而只执行削弱积分的运算。因而，在计算$u(k)$时，首先判断$u(k-1)$是否已超出限制值，如果$u(k-1)<u_{\max}$，则累加正偏差，而当$u(k-1)>u_{\max}$时，则只累加负偏差。因此，遇限削弱积分PID控制算法可以避免控制量长时间停留在饱和区。

C 微分先行PID控制算法

微分先行PID控制算法是只对实际测量值$c(t)$作微分运算，而对给定值$r(t)$不进行微分，如图4.32所示。这样，在改变给定值的情况下，输出并不发生改变，而被控量的变化，通常也

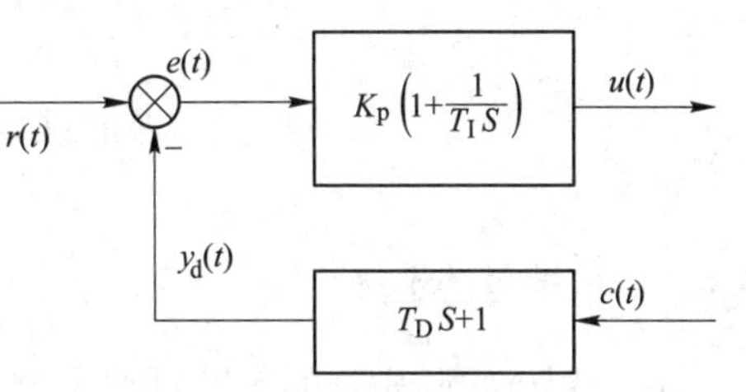

图4.32 微分先行PID控制结构图

比较缓和。因此微分先行 PID 控制算法适用于给定值 $r(t)$ 频繁变化的场合，可以避免给定值变化时所引起的系统振荡，从而改善系统的动态特性。

由图 4.32 可得其增量控制算式为：

$$\Delta u(k) = K_p \Delta e(k) + K_p \frac{T}{T_I} e(k) - K_p \frac{T_D}{T}[\Delta c(k) - \Delta c(k-1)] - K_p \frac{T_D}{T} \Delta c(k) \tag{4.28}$$

4.6　单回路控制系统

在实际生产中，总是希望一个控制系统在保持工艺参数平稳、实现优质高产以及改善劳动条件等方面发挥作用。而在具体生产条件下，每种控制系统的作用也不同。为了选取最合理的控制方案，必须深入了解生产工艺情况，结合控制要求，根据过程特性、扰动情况以及相关限制条件，综合考虑经济效益、技术先进性及技术实施的可行性、简单性与安全可靠性等多方面因素，进行反复比较，选择合理的控制方案。常见的控制方案有单回路控制系统，串级控制系统，前馈控制系统，比值控制系统以及选择性控制系统等。单回路控制系统也称为简单控制系统，其他则称为复杂控制系统。

单回路控制系统仍然是目前工业生产中普遍使用的一种控制系统，常见的温度、流量、压力和液位等参数的控制大都可以采用这种形式。在选择控制方案时，通常在简单控制系统不能满足生产过程控制的要求时，才考虑采用复杂控制系统。

单回路控制系统示意图如图 4.33 所示，整个系统由被控对象、检测元件、变送器、控制器和执行器构成，整个系统只具有一个闭合回路。操纵量是被控对象的输入信号，被控量是其输出信号。它们的选择非常重要，是决定控制系统性能的关键。一旦被控量和操纵量被选定后，控制通道的对象特性就定了下来，系统品质也就基本确定了。因此，选择合适的被控量和操纵量，是控制方案首先要解决的问题。如果选择不当，纵然选择最先进的仪表控制器，也起不到实际控制作用。

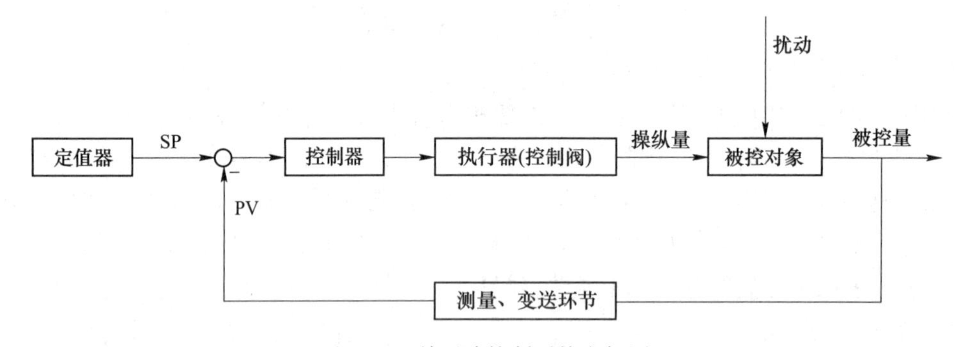

图 4.33　单回路控制系统方框图

4.6.1　被控量的选择

对于每个实际生产的工艺过程，反映运行状况的参数有很多，但并非每个参数都可作为系统的被控量。被控量的选择通常考虑与生产工艺关系密切，对产品质量、产量和安全具有决定作用的关键参数。选择哪些参数作为被控量，其设定值应设为多大，这些问题要考虑整个工艺过程的整体优化问题。由于不同的工艺过程都有各自的特殊要求，参数的选择都不相同。因此，需要在熟悉工艺过程的基础上，从对过程控制的要求出发，合理选择被控量。以下是被控量选择的基本原则：

（1）以工艺控制指标作为被控量。通常情况下，温度、压力、流量等工艺参数能够最好地反映工艺状态的变化，并且它们在工艺中的目的和作用是清楚的，可按工艺操作的要求直接选定，大多数单回路控制系统就是这样，例如换热器温度控制，泵的流量控制等。

（2）以产品质量指标作为被控量。这是最直接也是最有效的控制，能够直观地反映出控制的效果。例如硫酸工厂的沸腾焙烧炉烟气中二氧化硫的含量，加热炉燃料燃烧后炉气中氧的含量等，都是反映工艺和热工过程的质量指标。然而，对于很多质量指标，在线检测和分析还不成熟，无法获得直接信号或者滞后很大，这时只能采用间接指标作为被控量。而间接指标必须与直接指标一一对应，例如锌精矿沸腾焙烧炉的炉温控制，它是反映焙砂质量的一个间接指标，因此是沸腾炉工艺操作和控制的主要参数。

（3）所选择的被控量信号能够被检测并有足够大的灵敏度，同时滞后要小，否则无法得到高精度的控制质量。

（4）选择被控量时，必须考虑工艺流程的合理性，检测点的选取必须合适。

4.6.2 操纵量的选择

操纵量是保证被控量恢复到设定值或稳定在新值的积极因素。在控制系统中，扰动会影响系统的正常运行，使被控量偏离设定值，而操纵量是克服扰动影响，使系统重新恢复平稳运行的积极因素。操纵量的选择应该遵循快速、有效地克服干扰的原则，为此必须分析扰动因素，了解对象特性，以便合理选择操纵量，组成一个可控性良好的控制系统。

过程控制系统中，控制通道特性和扰动通道特性对操纵量均产生影响。控制器的校正作用，是通过改变施加于对象的操纵量去影响被控量的。当对象控制通道的时间常数相对较小时，对象动态特性响应快，控制及时，有利于克服扰动的影响。但对象时间常数过大或过小，则会引起过渡过程振荡或校正作用迟缓。如果对象中包含多个惯性环节，应设法使各惯性环节的时间常数错开以保证系统的控制品质。

控制通道滞后对控制系统有很大的影响，由于物料输送和能量传递均需要时间，因而控制通道存在滞后。当滞后在操纵量方面时，就不能及时起到控制作用，而如果滞后在被控量方面，偏差就不能及时发现。不论哪种情况，控制作用总是落后于被控量的变化，使控制过程振荡加剧。因此，在选择操纵量时，要尽量减小滞后作用，例如缩短控制阀与对象之间的距离，检测元件安装在被控量变化灵敏的位置等。

扰动通道与控制通道的影响不同，在扰动通道中，对象的时间常数愈大，动态响应愈慢，则扰动对被控量的影响愈缓和，有利于控制质量提高。而时间常数愈小，曲线愈陡，影响愈大。当存在容量滞后时，扰动通道的容量滞后愈大，则扰动对被控量的影响愈小。

当扰动通道有纯滞后时，过渡过程曲线的形状不变，仅沿时间坐标轴右移。扰动通道的放大系数 K_f 仅影响被控量变化的幅值，K_f 值愈大，被控量的超调量愈大。此外，扰动进入系统的位置，远离测量元件或靠近控制阀，则扰动对被控量的影响越小。

操纵量选择的基本原则如下所述：

（1）选择操纵量时以克服主要扰动为原则，控制通道对象放大系数 K_0 适当大些，时间常数 T_0 适中，而纯滞后 τ_0 越小越好。在控制通道中含有多个容量特性时，将各环节的时间常数错开。

（2）扰动通道对象的放大系数 K_f 应尽可能小，时间常数应尽可能大。

（3）扰动作用位置尽量靠近控制阀或远离检测元件，并增大扰动通道的容量滞后。

（4）操纵量的选择还必须考虑生产工艺的合理性、经济性。

4.6.3 控制器作用方向

控制器作用方向是指当输入发生变化后，输出的变化方向。由于控制器的输出是输入偏差的函数，所以被控变量的测量值与给定值变化时，其偏差信号对输出控制信号的作用方向有影响。当某个环节的输入偏差增加时，控制器输出也增加，即输入与输出变化方向相同时，称该环节为正作用方向，记作“+”；反之，输入偏差增加而控制器输出减少的为反作用方向，记作“-”。

控制器的作用方向由比较点和控制规律两个部分综合确定，比较点中测量信号与调节规律方块作用方向符号相乘，就是调节器整机的作用方向。如果相乘后为“-”，该调节器就称为“反作用”调节器；相乘为“+”，则调节器称为“正作用”调节器。

在控制系统中，对象的作用方向由工艺机理确定，执行器的作用方向则根据工艺安全条件选定，而控制器的作用方向要根据对象及执行器的作用方向来确定，以使整个控制系统构成负反馈的闭环系统。为确定控制器正反作用，可画出控制系统方框图，将每个环节的作用方向标出，只要各环节作用方式相乘后的符号为负，保证整个控制系统是负反馈系统即可：

（控制器方向±）×（执行器方向±）×（对象方向±）×（变送器方向±）＝“-”

4.6.4 控制器参数整定

一个控制系统的过渡过程，不仅与被控对象特性、控制方案、扰动形式及其幅值大小等有关，也与控制器参数的整定有关。当控制系统组成以后，对象各通道的静态和动态特性也就确定了，此时，控制质量就主要取决于控制器参数的整定。控制器参数整定的任务，就是确定控制器参数，以获得满意的过渡过程，满足生产工艺所提出的质量要求。

控制器参数的整定方法有两种。一种是理论计算整定法，是在确知对象的基础上，通过理论计算（微分方程、频率特性或根轨迹法等）求取控制器参数。由于大多数工业对象都很复杂，其特性的理论推导和实验测定比较困难，且方法繁琐，计算麻烦，因而没有在工程上大量采用；另一种是工程整定法，它避开对象特性的数学描述，从工程的实际出发，直接在控制系统中进行整定。这种方法比较简单，计算简便，容易掌握，能够解决一般的实际问题，因此应用较广。

PID 控制器是工业过程中常用的控制器，其参数整定就是确定比例带 δ、积分时间 T_I 和微分时间 T_D。PID 控制器参数的工程整定方法通常有经验凑试法、临界比例带法、衰减曲线法和响应曲线法。

经验凑试法简单方便，应用较广泛，特别是对扰动频繁的系统更为合适。但需要大量经验，要得到一条满意的过程曲线，可能需要花费大量时间。临界比例带法较简单，容易掌握和判断，其应用较广，但对于临界比例带很小的系统不适用。衰减曲线法是在总结临界比例带的经验基础上提出来的，准确可靠，安全，应用也很广泛。但对时间常数小的对象不易判断，扰动频繁的系统应用不便。响应曲线法较准确，能根据响应特征近似得出广义对象的动态特性，但加阶跃信号测试，须在不影响生产的情况下进行。

控制器参数的整定，只能在一定范围内改善控制品质。如果系统设计不合理，仪表调校或使用不当，以及控制阀不符合要求时，仅仅靠改变控制器参数仍无法得到较好的控制品质。因此，当整定参数不能满足控制品质要求或系统无法自动运行时，必须认真分析对象的特性、系统构成及仪表质量等方面问题，改进原设计系统。此外，当工艺条件改变以及负荷有很大的变化时，被控对象特性会改变，调节品质可能降低，这时，控制器参数就要重新整定。

4.6.5 过程控制系统的投运

过程控制系统的投运，是控制系统投入生产实现过程控制的最后一步工作。如果没有将组成系统各环节的性能调整好，并正确地做好投运的各项准备工作，不管多优秀的控制方案也将无法实现。在系统投运成功之后，还必须注意加强维护，以保证系统长期正常地运行。

控制系统的组成方式多种多样，既可以由单元组合仪表构成，也可以通过计算机、PLC或集散系统实现，但无论系统是通过什么样的仪表装置实现，控制系统的投运步骤基本相同，都可分为以下几个阶段。

（1）准备工作。首先要熟悉工艺过程，了解主要工艺流程及主要设备的功能、控制指标和要求，以及各种工艺参数之间的关系，其次要熟悉控制方案，全面掌握系统的设计意图，对检测元件和控制阀的安装位置、管线走向、测量参数和操纵量的性质等都要非常清楚。不但要熟悉自动化仪表的工作原理和结构，还要掌握相应仪表的调校技术；最后要对检测元件、变送器、控制器、控制阀和其他仪表装置，以及电源、气源、管路和线路等进行全面检查。仪表在安装前虽然已校验合格，但在投运前仍应在现场校验一次。

（2）手动遥控。准备工作完毕，先投运测量仪表，观察测量指示是否正确，再看被控量的读数变化，通过手动遥控使被控制量在设定值附近稳定下来。

（3）自动操作。待工况稳定后，设置好控制器参数，由手动操作切换到自动操作，同时观察被控量的记录曲线，确定是否合乎工艺要求。若曲线出现两次波动后稳定下来，便认为合乎工艺要求。若曲线波动太大，需要再重新调整控制器的各参数值，直到获得满意的过程曲线为止。

控制系统顺利投运之后，说明控制方案设计合理，仪表及管线安装正确。但在长时间运行后，仪表或工艺有时会出现故障，使记录曲线发生变化。究竟是工艺问题还是仪表自动装置的原因造成曲线变化，操作人员要对判别方法有所了解。简单判别方法如下。

（1）比较记录曲线的前后变化。通常工艺参数的变化是比较缓慢的、有规律的。各个工艺参数之间往往是互相关联的，一个参数大幅度变化，通常会引起其他参数的明显变化。反之，如果观察记录曲线突然大幅度变化，且其他相关参数并无变化时，则该记录仪表或有关装置可能有故障。

（2）比较控制室与现场同位号仪表的指示值。如对控制室仪表的指示值发生怀疑时，操作人员可到现场生产岗位上，直接观察就地安装的各种仪表（如弹簧管压力计、玻璃温度计等）的指示，比较两者指示值是否相近。若是两者差别很大，则仪表肯定有了故障。

（3）比较相同仪表之间的指示值。有些工厂的中心调度室里或车间控制室里，对一些重要的工艺参数，往往采用两台仪表同时进行检测显示。如果这两台仪表不能同时发生变化，就说明其中有一台仪表出现了故障。

总之，当记录曲线发生异常波动时，要同时从仪表和工艺两方面去找原因。工艺操作和仪表操作人员要密切合作，正确且迅速地作出判断后，再采取相应的措施。

4.6.6 单回路控制系统设计举例

在工业生产过程自动化中，单回路控制是一种最基本的形式，应用十分广泛。其设计原则亦适用于其他过程控制系统，下面通过一个工程设计实例来讲解具体的控制系统的设计问题，以便更好地掌握控制系统的设计。

4.6.6.1 工艺简介

某钢厂热轧线加热炉为端进端出、上下双面加热的步进梁式加热炉，各供热段采用高炉煤气供热。加热炉设 5 段炉温自动控制，即均热段上、均热段下、二加热段、一加热段、预热段。加热炉水梁采用强制循环汽化冷却。采用合理的燃烧控制策略，保证加热炉的控制精度，实现更好的炉温响应性。炉温控制具体要求为：5 个炉段的炉温范围为 1000~1350℃，加热炉生产过程中，炉温的波动范围稳定在设定值上下 20℃以内。

4.6.6.2 系统设计

A 选择被控量

根据工艺简况可知，加热炉温度要求维持在某给定值上下，或在某一小范围内变化，这是保证生产正常进行的工艺指标，所以炉温是直接指标，即为被控量。

B 选择操纵量

从加热炉的工艺过程来看，影响炉温有两方面因素：一是燃烧系统；二是冷却系统。调节这两方面因素的大小都可改变炉温高低。根据前文所述操纵量的选择原则，确定煤气流量为操纵量。

C 确定控制规律及控制方向

根据过程特性与工艺要求，为了消除余差，可选用 PI 或 PID 控制规律。

根据构成系统负反馈的原则，确定控制阀作用方向。由于煤气阀开度增大时煤气流量亦增大，炉温升高，所以控制阀为正作用方向。

确定控制器正反作用，可画出控制系统方框图，将每个环节的作用方式标出，只要各环节作用方式相乘后的符号为负，保证整个控制系统是负反馈系统即可。画出图 4.34 所示的温度控制系统方框图。

D 控制器参数整定

为使温度控制运行在最佳状态，可根据上述控制器参数整定方法确定比例带 δ、积分时间 T_I 和微分时间 T_D。

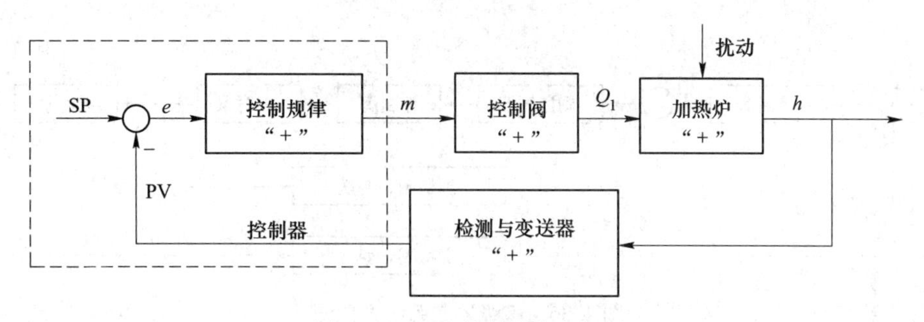

图 4.34　温度控制系统方框图

4.7　串级控制系统

当采用两个控制器串联工作时，主控制器的输出作为副控制器的设定值，由副控制器操纵执行器动作，这种结构的系统称为串级控制系统。

4.7.1　串级控制系统的组成

在换热器温度控制单回路系统中，通过载热体流量来控制冷流体出口温度。一般把所有对冷流体出口温度的扰动因素都包含在控制回路中，反映在温度对设定值的偏差上，并且都由温度控制器予以校正。实践证明，当扰动主要来自载热体方面，例如载热体压力变化较大且频繁时，这种控制作用就不稳定。其原因是对象控制通道的滞后较大，载热体流量变化要经过较长时间，才能在冷流体出口温度的偏差上反映出来，致使控制不及时，控制质量下降。常见的改进方法是增加一个以载热体流量作为被控量的控制回路与原来的温度单回路系统构成串级控制系统，如图 4.35 所示。

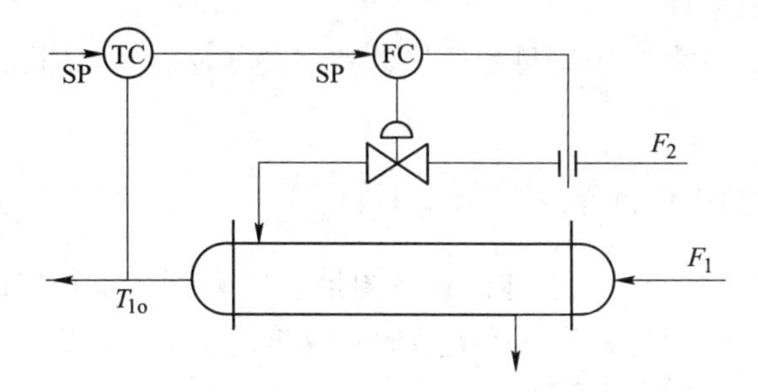

图 4.35　换热器温度控制串级控制系统

串级控制系统中，把冷流体出口温度控制器 TC 的输出，作为载热体流量控制器 FC 的设定值。载热体流量 F_2用节流式流量计测量，其测量值输入 FC 控制器与设定值比较。根据偏差的大小和方向，控制器发出控制信号去操纵控制阀动作。这样，载热体的压力扰动因素可及时地被克服，能够较好地保证冷流体出口温度的控制质量。

串级控制系统的方框图如图 4.36 所示，图中串联了两个控制器，形成主控制回路和副控制回路两个回路。主控制器的输出作为副控制器的设定值，由副控制器操纵执行器动作。

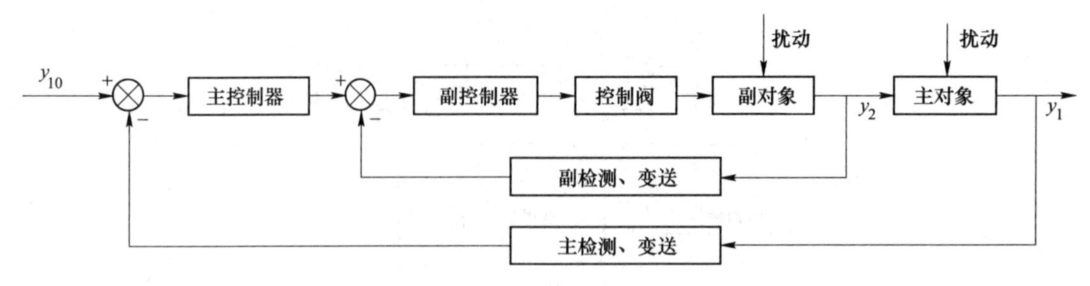

图 4.36　串级控制系统方框图

下面对串级控制系统中出现的术语加以解释。

（1）主控量 y_1。它是生产工艺的控制指标，是在串级控制系统中起主导作用的被控量，如图 4.35 中的冷流体出口温度 T_{1o}。

（2）副控量 y_2。为了稳定主控变量或某种需要，引入了一个辅助变量，即为副控量，如图 4.35 中的载热体流量 F_2。

（3）主对象。由主控量表征其主要特性的生产设备，如图 4.35 中的换热器以及从控制阀到冷流体出口温度检测点之间的所有管道。

（4）副对象。由副控量表征其主要特性的生产设备，如图 4.35 中载热体流量检测点到控制阀之间的管道。

（5）主控制器。根据主控量的测量值与工艺规定值（即设定值 y_{10}）之间的偏差控制，其输出作为副控制器的设定值，在控制系统中起主导作用。如图 4.35 中的 TC。

（6）副控制器。按副控量的测量值与主控制器的输出值之间的偏差工作，其输出直接操纵执行器，进行相应操作。如图 4.35 中的 FC。

（7）主回路。由主对象、主测量变送器、主控制器、副控制器、控制阀及副对象构成的外回路，亦称外环或主环。

（8）副回路。由副对象、副测量变送器、副控制器及控制阀构成的回路，亦称内环或副环。

4.7.2　串级控制系统的工作过程

在图 4.35 中，当换热器的载热体流量、温度、压力都基本稳定时，冷流体出口温度达到设定值，其所需的热量与载热体所供给的有效热量平衡，控制阀保持一定的开度，此时冷流体的出口温度稳定在设定值上。

当有扰动作用发生时，上述的平衡状态打破，控制系统便开始其克服扰动的过程。根据扰动进入系统位置的不同，可分为以下三种情况。

4.7.2.1　扰动进入副回路

如果载热体的压力变化，使通过控制阀的载热体流量发生改变时（控制阀开度未改变），副控制器将获得偏差信号，迅速地改变控制阀的开度。如果压力扰动量小，经过副回路控制后，通常不会使冷流体出口温度改变，主控制器不用调节；而扰动量大时，其大部分影响为副回路所克服，但剩余作用会改变冷流体的出口温度，使主控制器也启动。此时，主控制器根据冷流体出口温度测量值偏离设定值的程度，适当改变副控制器的设定值。而副控制器把流量测量值与设定值两者的变化加在一起，进一步加速克服扰动的过程，使主控量（出口温度）较快回到设定值，控制阀则留在新的开度上。

总之，扰动进入副回路时，由于副回路控制通道短，滞后小，时间常数小，故可获得比单回路控制更快的作用。扰动小时，副环就能够完全克服扰动的影响；而扰动较大时，副环首先控制，剩余量由主环与副环一起控制。整个控制过程速度快，质量高。

4.7.2.2 扰动进入主回路

如果进入换热器的冷流体流量和温度变化，破坏了热平衡而使出口温度出现了波动，则主控制器先起控制作用。它通过改变副控制器的设定值而使其发出控制信号，从而改变控制阀的开度，这样就改变了载热体的流量，使主控量（出口温度）尽快回到设定值。在这个过程中，副回路虽然不能直接克服扰动，但由于副回路的存在，加速了控制作用。在主、副控制器的共同作用下，克服扰动的影响较单回路控制快，控制过程也更短。

4.7.2.3 扰动同时作用于主回路与副回路

当扰动使主、副被控量同时增大或减小时，如冷流体出口温度升高，载热体流量增大，则副控制器所接受的偏差为主、副被控量两者之和，偏差值就较大。此时副控制器的输出就会以较大幅度改变控制阀的开度，使出口温度尽快向设定值靠拢。当扰动使主、副被控变量反向变化时，则副控制阀所接受的偏差信号为主、副被控变量两者作用之差，其值将较小。此时控制阀开度仅需较小的变化就能够调整出口温度。

4.7.3 串级控制系统的特点及应用

与单回路控制系统相比，串级控制系统增加了一个副回路，因而具有以下特点。

（1）副回路能够增强系统抗扰动的能力。对于进入副回路的扰动，在影响到主被控量之前，副控制器就先行起作用。扰动对主被控量的影响就会减小，系统的控制质量就会提高。因此，对进入副回路的扰动，串级控制比同等条件下的单回路控制，具有更强的抗干扰能力。

（2）副回路改善了对象的特性。即对象控制通道的时间常数缩小，反应速度加快，具有超前作用，从而较有效地克服了滞后的影响，提高控制质量。

（3）由于副回路的存在，控制系统具备一定的自适应能力。串级控制系统主回路是一个定值控制回路，而副回路是一个随动控制回路，其设定值随主控制器的输出而变化。主控制器能够根据对象的操作条件及负荷变化，不断调整副控制器的设定值，以保证在负荷和操作条件发生变化的情况下，控制系统仍然具有较好的控制品质。因此，串级控制系统具有一定的自适应能力，能够适应不同负荷和操作条件的变化。

为使串级控制系统更充分发挥作用，在拟定串级控制方案时，必须把主要扰动包括在副回路中，并尽力把更多的扰动包括进去，以充分发挥副回路的作用，并且把影响主被控量的最严重的扰动因素抑制到最低限度，确保被控量的控制质量。同时副回路的滞后要小，反应要快，以提高它的快速作用。

串级控制系统适用的范围较广。当对象的滞后和时间常数较大，扰动作用幅值较大且激烈，负荷变化又较大，单回路控制不能满足要求时，可采用串级控制系统，以获得更好的控制质量。

4.7.4 串级控制系统的设计

4.7.4.1 串级控制系统主、副被控变量的选择

串级控制主被控变量的选择与简单控制系统相同。而副被控变量的选择必须保证它是操纵变量到主被控变量这个控制通道中的一个适当的中间变量。这是串级控制系统设计的关键问题。副被控变量的选择通常要考虑以下几个因素：

（1）副被控变量的选择要能够使主要扰动作用在副对象上，这样副环能更快更好地克服扰动，副环的作用也能得以发挥。

（2）副被控变量的选择要使副对象包含适当多的扰动。副被控变量越靠近主被控变量，它包含的扰动量越多，但通道也越长，滞后增加；而副被控量越靠近操纵变量，它包含的扰动越少，通道也越短。因此，要选择一个适当位置，使副对象在包含主要扰动的同时，能包含适当多的扰动，从而使副环作用得以更好地发挥。

（3）主、副对象的时间常数不能太接近。通常，副对象的时间常数 T_S 要小于主对象的时间常数 T_M。因为如果 T_S 很大，说明副被控变量的位置很靠近主被控变量，它们几乎同时变化，失去设置副环的意义。

4.7.4.2 控制器规律的选择

由于串级控制系统的主环是一个定值控制系统，主控制器控制规律的选择与简单控制系统类似。但串级控制系统的主被控变量是重要参数，其工艺要求较严格，不允许有余差存在。控制规律通常采用比例积分（PI）控制规律，滞后较大时可采用比例积分微分（PID）控制规律。

副环的设定值为主环的输出，是一个随动控制系统，副被控变量的控制可以有余差。因此，副控制器采用比例（P）控制规律即可，而且比例度要比较小，这样，比例增益大，控制作用强，余差也不大。积分会使控制作用趋缓，并可能带来积分饱和现象。然而，当流量为副被控变量时，由于对象的时间常数和时滞都很小，需要引入积分作用，使副环在单独使用时，系统也能稳定工作。这时副控制器采用比例积分（PI）控制规律，比例度取较大数值。

4.7.4.3 控制器作用方向的选择

控制器作用方向选择的依据是使系统控制方式为负反馈控制系统。由于副控制器处于副环中，其作用方向的选择与简单控制系统情况一样，使副环为一个负反馈控制系统即可。

主控制器的作用方向可以单独选择，与副控制器无关。可以将整个副环简化为一个方块，其输入信号为主控制器信号，输出信号是被控变量。副环方块的输入信号与输出信号之间是正作用，即输入增加，输出亦增加。经过这样的简化，串级控制系统就成为如图 4.37 所示。由于副环的作用方向总是正的，为使主环是负反馈控制系统，选择主控制器的作用方向亦与简单控制系统一样。此时，选反作用控制器整个环路中所有符号相乘为负，即为负反馈系统。

4.7.4.4 控制器参数整定

串级控制系统的整定要先整定副环，然后再整定主环，方式主要有两步整定法和一步整定法。

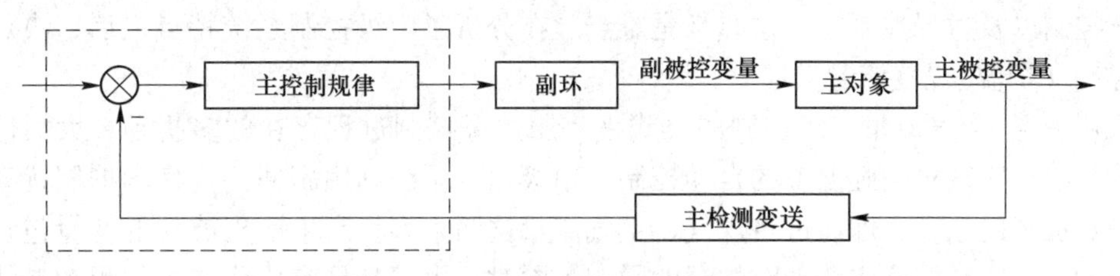

图 4.37 简化的串级控制系统方框图

两步整定法是在系统投运并稳定后，首先将主控制器设置为纯比例方式，比例度放在100%，并按4∶1的衰减比整定副环，找出相应的副控制器比例度P_S和振荡周期T_S；然后在副控制器的比例度为P_S的情况下整定主环，使主被控变量过渡过程的衰减比为4∶1，得到主控制器的比例度P_M。最后，按照简单控制系统整定衰减曲线法的经验公式，计算出主控制器的T_I和T_D。

将上述整定得到的控制器参数设置于控制器中，观察主被控变量的过渡过程，如果工作状况不好，可以再做相应的调整。

在串级控制系统中，当副被控变量的要求不高，可以在一定范围内变化时，可以使用一步整定法。副控制器参数通常根据经验确定，当选取好比例度后，一般不再进行调整，只要主被控变量能整定出满意的过渡过程即可。

副控制器在不同被控变量情况下的经验比例度，可按照表4.2选择。

表4.2 副控制器比例度经验值

副变量类型	温度	压力	流量	液位
比例度/%	20~60	30~70	40~80	20~80

将副控制器设置为纯比例控制规律，比例度为表4.2中的经验值，然后整定主控制器参数，主被控变量的过渡过程达到满意状况即可。整定主控制器参数的方法与简单控制系统时一样。

4.7.4.5 系统投运

对于常用的DDZ-Ⅲ型仪表，首先将主控制器的设定值设定为内设定方式，副控制器为外设定方式。然后，在副控制器软手动状态下进行遥控操作，使主被控变量在主设定值附近逐渐稳定下来。随后，将副控制器切换为自动，稳定后将主控制器切换为自动。这样就完成了串级控制系统的整个投运工作。

4.7.5 串级控制系统设计举例

某钢厂热轧线加热炉为端进端出、上下双面加热的步进梁式加热炉，各供热段采用高炉煤气供热。加热炉设5段炉温自动控制，即均热段上、均热段下、二加热段、一加热段、预热段。加热炉水梁采用强制循环汽化冷却。采用合理的燃烧控制策略，保证加热炉的控制精度，实现更好的炉温响应性。炉温控制具体要求为：5个炉段的炉温范围为1000~1350℃，加热炉生产过程中，炉温的波动范围稳定在设定值上下20℃以内。

对于双蓄热步进式加热炉，由于其热惯性比较大，导致加热炉在炉内的前后段以及上下段之间存在比较强的耦合性，加热炉升降温特性之间存在差异，温度升得快、降得慢，在连续控制以及过程控制中，这些都是难点。在分析了串级控制系统特点之后，决定采用串级控制（炉温-煤气流量）。

采用炉温-煤气流量串级控制的方式来克服炉温控制过程存在的多扰动、大惯性及非线性的影响，实现对炉膛温度的自动控制。串级控制系统利用副回路优良的抑制扰动的能力来稳定炉膛的温度，即通过将煤气、空气流量这两个容易产生剧烈波动的变量包含到副回路中的方式，减弱这些波动对炉温的影响。同时，由于其具有优化被控过程动态特性的能力以及较强自适应性，串级控制系统的使用还能起到克服炉温过程的较大容量滞后的作用。图 4. 38 为炉温-煤气的串级控制。

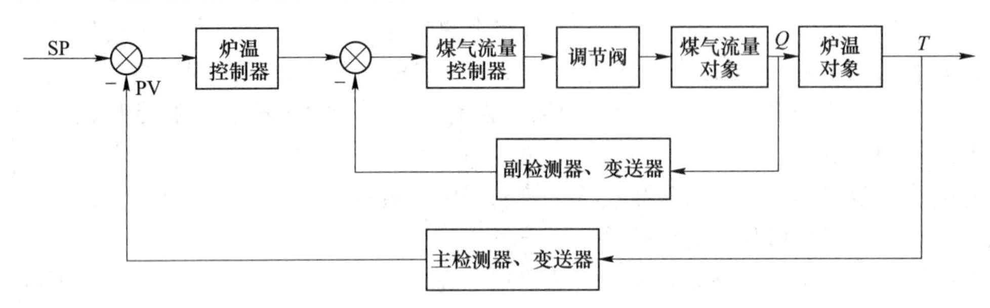

图 4. 38　炉温-煤气串级控制系统方框图

当系统处在一个稳态时刻，煤气控制器、烟气控制器及炉温控制器的输出也会处在一个相对稳定的值上，煤气、烟气调节阀也将稳定在某一开度上。但是一旦稳态被破坏，串级控制器就会产生作用。情况主要有以下三种。

（1）煤气流量波动。当变送器检测到的气体的流量实际值高于设定值时，流量控制器的输出就会减小，降低控制调节阀的开度，直至流量稳定在设定值，这样可以大大降低因气体流量波动对炉温的影响，保证炉温稳定在设定值附近。

（2）炉温波动。当热电偶检测到的炉温高于设定值时，炉温控制器的输出将会降低，流量控制器的输入设定减小，此时气体流量未发生变化，将出现流量实际值大于设定值的情况，引起副回路动作，减小气体流量，炉温随之下降直至设定值为止。炉温降低时，控制过程相反。

（3）炉温和煤气流量同时波动。同时波动时，存在两种情况：炉温和煤气流量同向发生变化；炉温和煤气流量反向发生变化。当炉温和煤气流量同时降低时，炉温控制器的输出加大，流量控制器的输入设定增加，同时气体流量降低，两者共同作用于流量控制器的输出，增加了流量控制器的输出幅度，调节阀开度随之增大，提高气体的流量，使炉温快速地回到初始设定值；炉温增加时，控制过程相反。当炉温降低且煤气流量增加时，炉温控制器的输出就会相对增大，即副回路的输入设定增大，而增加的气体流量正好顺应副回路设定值的增大，此时就需用流量控制器判断输入偏差的正负，然后输出一个调节阀开度，进而控制气体流量，最终达到稳定炉温到设定值的目的。

4. 8　前馈控制系统

4. 8. 1　前馈控制系统的基本概念

在单回路反馈控制系统中，控制器依据被控量与设定值之间的差值（偏差）进行控制。不论有什么扰动，只要引起被控量的变化，控制器就按偏差值进行控制。如果扰动已进入系统，但被控量尚未变化，控制器就不会起作用。由于偏差发生在扰动作用之后，对于滞后较大的对象来说，控制作用往往不能及时应对扰动对象，使得控制过程产生较大的偏差，且偏差持续时间也较长。当工艺对控制质量要求严格时，反馈控制便难以满足要求。

前馈控制是改善反馈控制不及时的常用方法，它不是通过偏差控制，而是按引起被控量变化的扰动大小进行控制的。当扰动一出现且被测量出来时，控制器就发出控制信号去克服这种扰动，而不必等待被控量的变化。因此，与反馈控制系统相比，前馈控制能够更快地克服扰动的影响。如果使用恰当，控制质量能够得到很大的改善。这种按照扰动产生校正作用的控制方法，称为前馈控制。

下面以换热器的过程控制系统为例，说明前馈与反馈的区别。在换热器的单回路控制系统中，被控量是冷流体出口温度 T_{1o}，而影响 T_{1o} 的扰动产生偏差，控制器根据该偏差克服扰动因素。如果冷流体流量 F_1 是被控量 T_{1o} 的主要扰动因素，当 F_1 的变化大且频繁，而换热器的滞后又较显著时，单回路反馈控制往往达不到工艺的要求，此时可采用前馈控制，如图 4.39 所示。

首先测量出冷流体流量 F_1 的变化，并转换成电信号传递到前馈控制器（FC），而控制器根据该信号去操纵控制阀，改变载热体的流量 F_2，以补偿 F_1 对 T_{1o} 的影响。只要流量 F_2 变化的大小及过程合适，就能够显著降低扰动 F_1 的变化所引起的出口温度 T_{1o} 的波动，甚至可以实现对扰动的完全补偿。

前馈控制对扰动的补偿过程，如图 4.40 所示。当流量 F_1 出现一阶跃扰动 ΔF_1 时，若不加控制作用，温度 T_{1o} 沿图中曲线 a 变化。而加入前馈控制作用时，控制器调整载热体控制阀的开度，流量 F_2 对温度 T_{1o} 的影响沿曲线 b 变化。如果调整到使曲线 a 和 b 的幅值相等，便实现了对扰动 ΔF_1 的完全补偿，出口温度 T_{1o} 几乎不受 ΔF_1 的影响，即被控量与扰动无关。而实现这种补偿的关键是前馈控制的作用，通常应根据对象的动态特性来确定，且必须采用专用的前馈控制器。

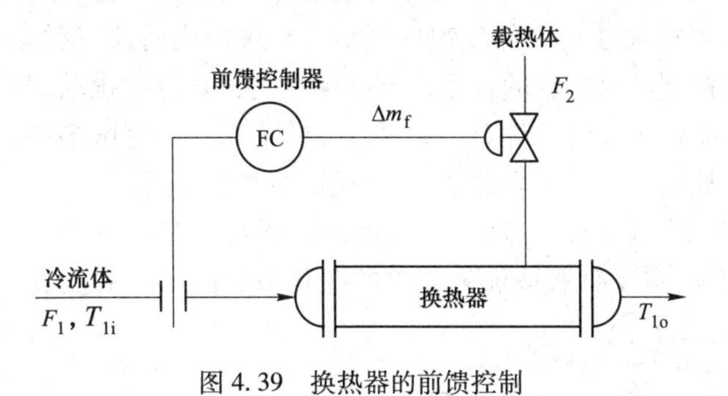

图 4.39 换热器的前馈控制

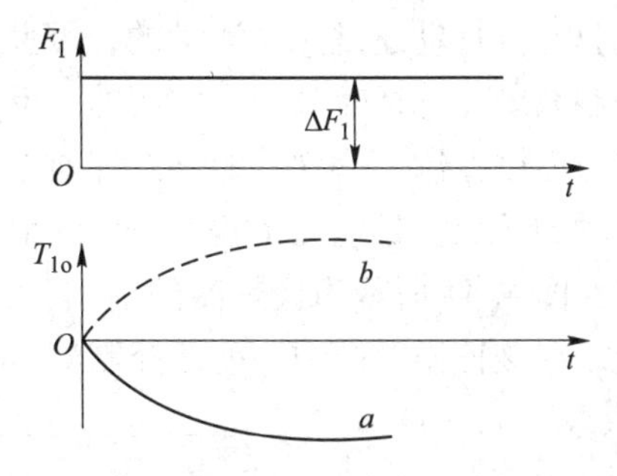

图 4.40 前馈控制的扰动和补偿曲线

从图 4.40 还可看出，前馈控制系统是一种开环控制回路，它不需要比较被控量的设定值与测量值，因此，其控制效果不能通过反馈来加以检验，这是前馈控制的重要特征。

综上所述，前馈控制系统与反馈控制系统有以下几点区别。

（1）系统检测的信号不同。反馈控制的检测信号是被控量，而前馈控制的检测信号是扰动量。

（2）系统控制的依据不同。反馈控制基于偏差的大小，校正作用发生在被控量偏离设定值之后。而前馈控制则基于扰动量的大小，校正作用发生在被控量偏离设定值之前，与被控量是否产生偏差无关。

（3）控制器的控制动作不同。反馈控制将所有扰动都包括在系统之中，一个控制器对各种扰动都能起校正作用，一般采用常规 PID 控制器。而前馈控制只对引入控制器的扰动量起校正作用，对未引入控制器的扰动量不产生校正作用。前馈控制器的控制动作，需根据对象来确定，要采用专用的控制器。

4.8.2　前馈控制系统的特点和应用

综上所述，前馈控制系统有如下特点：

（1）前馈控制的检测信号是扰动。前馈控制器是基于扰动大小进行控制的，相对于被控量变化的反馈控制，前馈控制具有明显的超前作用。

（2）前馈控制器只能对有限的扰动进行补偿，不像反馈系统中的控制器那样，可克服各种扰动对被控量的影响。

（3）前馈控制是开环控制。

因此，前馈控制常与反馈控制结合使用，以提高控制质量。

前馈控制可以应用在以下场合：

（1）扰动幅值大且频繁，对被控量影响强烈，反馈控制难以达到工艺要求的场合。

（2）主要扰动可测，但对反馈控制又是不可控的参数。

（3）如果控制系统的控制通道滞后大，反馈控制不及时，控制质量差，可考虑采用前馈或前馈-反馈控制系统，以提高控制质量。

4.8.3　前馈-反馈控制

在工业对象中，经常会出现各种不同的扰动，但不可能对每个扰动均实行前馈控制，况且有些扰动还是无法测量的，因此，可把前馈控制与反馈控制结合起来构成前馈-反馈控制系统。选择对象中最主要的、反馈控制不易克服的扰动进行前馈控制，其他的扰动则进行反馈控制。这样既能够发挥前馈控制校正及时的优点，又可以保持反馈控制克服多种扰动的长处。目前在工程上应用的前馈控制系统，大多数属前馈-反馈控制的类型。

图 4.41 所示为换热器的前馈-反馈控制系统，它是单回路反馈控制与前馈控制的组合。在该控制系统中，前馈控制器（FC）主要克服冷流体流量的变化引起的出口温度变

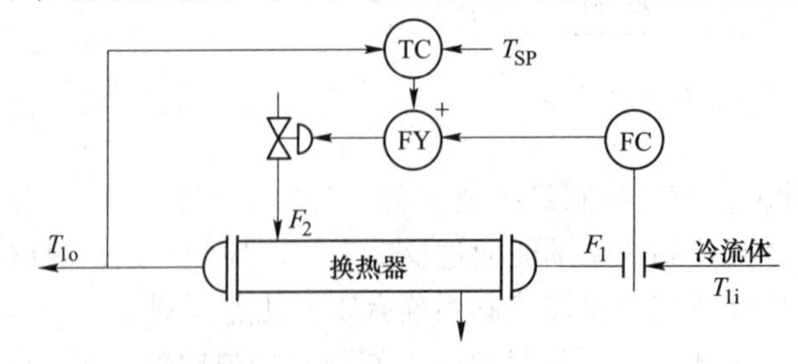

图 4.41　换热器前馈-反馈控制方案

化；而反馈控制器（TC）则克服其他扰动因素的影响，例如冷流体入口温度及载热体流量等的变化。系统的校正作用是前馈控制器（FC）和温度控制器（TC）输出信号的叠加（通过加法器 FY 相加），故也可以说是扰动控制和偏差控制的综合。前馈-反馈控制的目的是把冷流体出口温度（T_{1o}）稳定在某个设定值（T_{SP}）上。

5 过程计算机控制系统

在工业控制系统中，计算机承担着数据采集与处理、顺序控制与数值控制、直接数字控制与监督控制、最优控制与自适应控制、生产管理与经营调度等任务。它不仅给企业带来巨大的经济效益，还给工业生产带来革命性的变化。例如，将计算机技术引入工业自动化生产中，可使刚性自动化变成柔性自动化，极大地提高小批量多品种生产的劳动生产率，缩短生产周期，降低生产成本。若应用机器人、计算机辅助设计与制造系统（CAD/CAM）、柔性制造系统（FMS）、分散控制系统（DCS）则会出现无人操作或者仅有少数人管理的“自动化未来工厂”。

所谓过程计算机控制系统，是指由被控对象、测量变送装置、计算机和执行机构组成的闭环控制系统，计算机在控制系统中主要承担控制器的任务。如图 5.1 所示。其中，控制器的设计应用了经典控制理论和现代控制理论，并由计算机来具体实现。计算机相当于一台广义控制器。

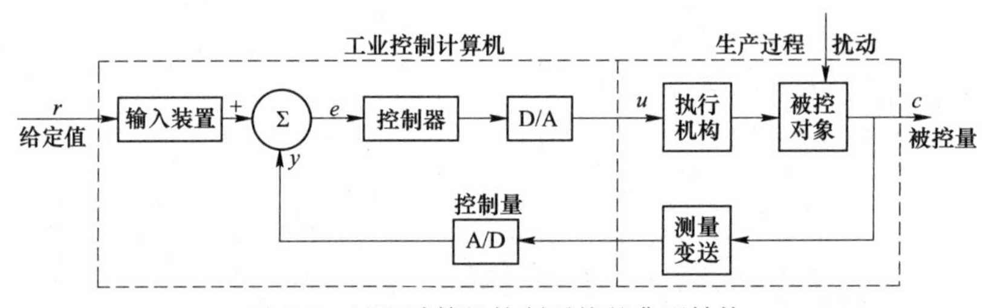

图 5.1　过程计算机控制系统的典型结构

5.1　过程计算机控制系统的组成

过程计算机控制系统的典型结构如图 5.1 所示，主要由工业控制计算机和生产过程组成。描述工业生产过程特性的物理参数大部分是模拟量，而计算机采用的信号是数字信号。因此，实现模拟信号与数字信号之间的转换，必须采用模/数转换器（A/D）和数/模转换器（D/A），以实现这两种信号之间的变换。虽然工业生产过程多种多样，但用于对其实施控制的计算机却大同小异。计算机主要由硬件和软件两大部分组成。

5.1.1　硬件组成

过程计算机控制系统的硬件主要由主机、外部设备、过程输入输出设备、人机联系设备和通信设备等组成，如图 5.2 所示。

5.1.1.1　主机

由中央处理器（CPU）和内存储器（RAM，ROM）组成的主机是过程计算机控制系统的核心。

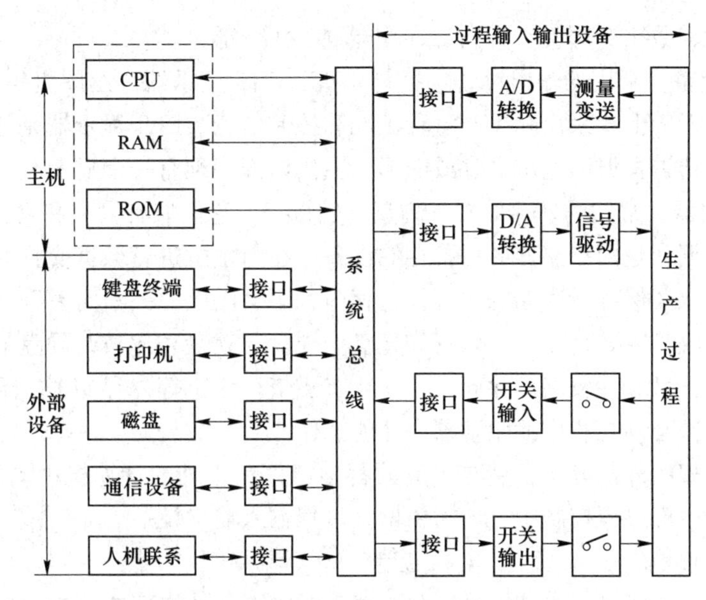

图 5.2 过程计算机控制系统的硬件组成框图

A 中央处理器（CPU）

中央处理器简称 CPU，它包含运算器和控制器。数据的处理、运算都由运算器进行，控制器则对计算机的各个部分进行控制并按程序的要求使计算机执行各种操作。CPU 是计算机的大脑，其功能的强弱是衡量一种计算机性能最重要的指标。

B 内存储器

内存储器简称内存，用于存放程序和数据。人们欲使计算机执行的程序和处理的数据都必须先输入到内存中。换句话说，计算机只能执行内存中的程序，只能处理内存中的数据，所以内存的大小是衡量计算机性能的一个重要指标，内存小的计算机执行不了较大的程序。

当程序运行时，CPU 按照程序的安排，到相应的内存单元中去取指令、取数据。然后根据指令的要求进行处理，再将结果送回到指定的内存单元中去。

内存可分为 ROM（Read Only Memory，只读内存）与 RAM（Random Access Memory，随机存取内存）两类。

ROM 所存的内容不会因电源关断而丢失，且计算机系统只能读取 ROM 的内容，而无法将数据存到 ROM 中，所以 ROM 的内容不会被毁掉。ROM 一般是存储着控制计算机活动的系统程序。

RAM 所存的内容会因电源关断而丢失，且系统不但能读取 RAM 的内容，而且还能将数据存到 RAM 中，所以 RAM 的内容随时可能被更改。RAM 一般是存储着用户的程序与数据。

5.1.1.2 外部设备

常用的外部设备按功能可分为三类：输入设备、输出设备和外存储器。

（1）输入设备。常用的输入设备是键盘终端，它来输入程序、数据和操作命令。键盘通常拥有标准键、数字专用键、方向键、功能键等4个部分。

（2）输出设备。常用的输出设备包括打印机、CRT显示器、绘图机等。它们以字符、曲线、表格和图形等形式来反映生产过程工况和控制信息。CRT显示器是计算机主要输出设备之一，为了让屏幕能够显示文字或图形，主机内部必须有一个显示卡。

（3）外存储器。常用的外存储器有磁盘、磁带等，它们兼有输入和输出两种功能，用来存放程序和数据，是内存储器的后备存储设备。在与主机进行数据交换时，它要比内存储器慢，但可以永久保存所存储的内容，所存内容不会因电源关断而丢失。

计算机所用磁盘主要是硬盘、软盘和光盘。硬盘与软盘相比较，硬盘的容量较大，数据存取进度较快，可靠性较高。除此之外，还有磁带存储机等外存储器。无论是软盘、硬盘或者是光盘，都必须在相应的驱动器中才能工作。

以上这些常规的外部设备，用在一般的科学计算和管理的计算机中均能够满足要求，但是，如果用于生产过程控制中，还需要增添过程输入输出设备。

5.1.1.3 过程输入/输出（I/O）设备

设计与开发一个实时工业计算机控制系统与普通事务处理计算机系统的一个较大的区别，在于前者要涉及很多的输入及输出处理。计算机与生产过程之间的信息传递是通过过程输入/输出设备进行的，它在两者之间起到纽带和桥梁的作用。

在生产过程中，大量存在的是连续变化的物理量（温度、压力、流量等），即模拟量，而数字计算机所能处理的只是数字量。为了实现计算机对生产过程的控制，必须在计算机与生产过程之间设置信号的传递、调理和变换的连接通道，即过程通道。

通过过程通道，生产过程中的所有参数（模拟量、开关信号、脉冲与频率信号等）都能够送到计算机；通过过程通道，计算机处理以后的结果（给定值、阀门开度等）能够送到执行器去控制生产过程。按照信号流向与类型，可将过程通道分为模拟量输入、数字量输入、模拟量输出与数字量输出四种类型。在计算机控制系统中必须解决模拟量/数字量（A/D）的相互转换。

（1）模拟量/数字量（A/D）的转换。模拟量/数字量转换的任务是把被控对象的模拟量信号（如温度、压力，流量、位置等）转换成计算机可以接收的数字量信号。模拟量输入通道一般是由多路模拟开关、前置放大器、采样保持器、模/数转换器、接口和控制电路等组成的。其核心是模/数转换器，简称A/D或ADC（Analog to Digital Converter）。

（2）数字量/模拟量（D/A）的转换。数字量/模拟量转换即模拟量输出，它的任务是把计算机输出的数字量信号转换成模拟电压或电流信号，以便去驱动相应的执行机构达到控制目的。模拟量输出通道一般是由接口电路、数/模转换器和电压/电流变换器构成。其核心是数/模转换器，简称D/A或DAC（Digital to Analog Converter）。现在，D/A转换电路已集成在一块芯片上，一般用户只要掌握芯片的外部特性和使用方法就够了。

5.1.1.4 通信设备

现代化工业生产过程的规模一般比较大，对生产过程的控制和管理也很复杂，往往需要几台或几十台计算机才能分别完成控制和管理任务。这样，在不同地理位置、不同功能的计算机之间或设备之间，就需要通过通信设备进行信息交换。为此，需要把多台计算机或设备连接起来，构成计算机通信网络。

5.1.2 软件组成

上述硬件只能构成裸机，它仅为过程计算机控制系统提供了物质基础。裸机只是系统的躯干，既无大脑思维，也无知识和智能。因此必须为裸机提供软件，才能把人的思维和知识用于对生产过程的控制。软件是各种程序的统称，软件的优劣不仅关系到硬件功能的发挥，而且也关系到计算机对生产过程的控制品质和管理水平。软件通常分为两大类：系统软件和应用软件。

（1）系统软件。系统软件一般包括汇编语言、高级算法语言、过程控制语言、数据结构、操作系统、数据库系统、通信网络软件和诊断程序等。计算机专业设计人员负责研制系统软件，而过程计算机控制系统设计人员则要了解系统软件，从而更好地编制应用软件。

（2）应用软件。应用软件是系统设计人员针对某个生产过程而编制的控制和管理程序，它的优劣直接影响控制品质和管理水平。应用软件一般分为过程输入程序、过程控制程序、过程输出程序、人机接口程序、打印显示程序和各种公共子程序等。其中，过程控制程序是应用软件的核心，是基于经典或现代控制理论的控制算法的具体实现。过程输入、输出程序分别用于过程输入、输出通道，一方面为过程控制程序提供运算数据，另一方面执行控制命令。

计算机实时地对生产过程进行控制和管理。所谓实时，是指信号的输入、运算和输出都要在极短的时间内完成，并能根据生产过程工况的变化及时地进行处理。实时性不仅取决于计算机硬件指标，而且还主要依赖于系统软件和应用软件。同样的硬件，配置高性能的软件，以取得较好的控制效果；反之，不仅发挥不出硬件的功能，而且还达不到预定的控制目标。

5.1.3 操作系统

如前所述，计算机的硬件通常由四个基本部分组成：中央处理机、内存储器、外存储器和输入/输出设备。如果仅仅把这些硬件构成的计算机系统（简称裸机）呈现在用户面前，只向用户提供机器指令，这就给用户的使用带来了极大的困难。为了方便用户，提高裸机的使用价值，充分发挥硬件的效果，人们研制了操作系统（简称 OS）。这样，呈现在用户面前的已不再是裸机，而是服务周到、功能齐全的操作系统。

操作系统是用户与裸机之间的界面，是扩充裸机功能的一层高级软件。它可以把一台物理计算机改造成多台并行工作的计算机，使一台计算机能并行执行多个任务，解决了快速的 CPU 和慢速的输入输出之间的不协调，让内存和外存互相配合，从而扩大了用户使用存储器的空间。

通常把计算机系统的硬件和软件统称为计算机的资源。操作系统可视为计算机的资源管理程序。只有在操作系统的管理之下，才能充分利用资源，提高系统的可靠性和实时性，方便用户的操作和使用。

5.1.4 人机接口

计算机和操作人员之间常常要互通信息。比如，计算机实时地显示生产过程状况和控制信息，而操作人员为了配合计算机对生产过程的控制，往往要根据生产状况及时地向计算机发出各种操作控制命令。为此，计算机和操作人员之间应设置显示器和操作器，其中一种是 CRT 显示器和键盘，另一种是针对某个生产过程控制的特点而设计的操作控制台式 PID 回路操作显示器。通常把上述两种设备称为人机接口。

CRT 和键盘组成的人机接口装置通常分为两级。低级装置安排在现场控制器附近，用专用电缆直接与现场控制器相连，这种装置与常规的模拟控制器十分类似。高级人机接口装置通过通信网络连接放在重要的操作室或中央控制室内，具有比较高级的图形功能和控制操作作用。在通信网络上，人机接口装置往往被分配有独立的工作站号作为重要的网络站点。

人机接口装置需具备以下功能：

（1）操作员能在任何时刻观察到整个生产过程的有关参数，其中包括过程变量、设定值、控制器输出值等；

（2）能完成报警信息显示和手动、自动、半自动切换功能；

（3）完成现场控制器的状态监视和组态功能。

完成人机接口功能的软件称为组态软件。“组态”的概念最早来自英文 configuration，是指使用软件工具对系统的各种资源进行配置，达到系统按照预先设置，自动执行特定任务，满足使用者要求的目的。组态软件，又称组态监控系统软件，是数据采集与过程控制的专用软件，通过灵活的组态方式，为用户提供快速构建工业自动控制系统监控功能的关键工具。

检测元件与传感器将生产工艺参数检测出来，通过信号调理电路处理、传输，送给 A/D 转换器转换为计算机所能接收的数据，组态软件对所采集的数据进行显示、运算与输出控制等，处理结果可通过 ODBC、DDE 以及 OPC 等被其他应用程序使用，并传送到远程终端。

5.2　过程计算机控制系统的基本类型

早期计算机采用电子管作为单元组成，不仅体积大、成本高，而且性能差。随着半导体技术的发展，计算机运算速度和可靠性不断提高，成本也有所下降。出现集成电路技术后，计算机技术又有了新的发展，主要体现在运算速度快、体积小、工作可靠、成本下降等方面。随着大规模集成电路技术的成熟，1972 年生产出微型计算机，使计算机控制技术进入了一个崭新阶段。微型计算机最大优点是运算速度快、可靠性高、价格更便宜、体积更小。加上网络技术的飞速发展，使计算机控制系统从传统的集中控制系统发展为分散控制系统。

5.2.1　数据采集系统（巡回检测系统）

由于早期计算机内存容量有限，CPU 运算速度也较低，因此系统的功能较少，例如只对生产过程中的各种检测设备数据进行采集，进行必要的数据处理，周期地向操作人员提供必要的信息。这种系统就称为数据采集系统，又称为“巡回检测系统”，这种系统不直接参与控制。

随着计算机的发展，目前的计算机系统已把它作为一个子功能或子系统，该子系统不仅要完成数据采集任务，还要做必要的数据处理，例如统计工作（平均值、方差）、数据可信度检验等。因为测量值（采集到的数据）中含有某些干扰信号，如果干扰信号过大，就称为坏数据，该子系统应对坏数据具有识别功能（即可信度检验）与处理功能，一旦连续数次为坏数据，则要报警或停机，让工程人员及时处理，以免出现重大事故。

5.2.2　操作指导控制系统

随着计算机硬件、软件的进一步发展，随着控制理论中某些成果的应用、推广和研究的需求，还包括工艺研究的需要，出现了操作指导控制系统。

操作指导控制系统有两种结构，如图5.3和图5.4所示，前者为在线操作指导系统，后者为离线操作指导系统。前者把测量与过程状态数据直接送入计算机，在计算机中利用必要的模型对这些数据进行运算、分析、决策后，通过显示器CRT或打印机向操作人员提供操作指导信息，供操作人员参考。因此计算机是“在线”的。图5.4则不同，测量数据只提供给操作人员，由操作人员通过键盘再把数据送入计算机，因此这台计算机是离线的。离线计算机中装有为操作人员专门开发与研究用的操作指导系统软件，还可包括供研究用的其他软件。

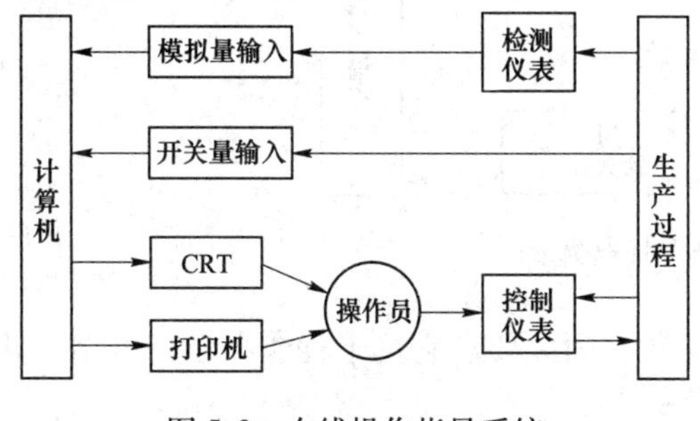

图5.3　在线操作指导系统

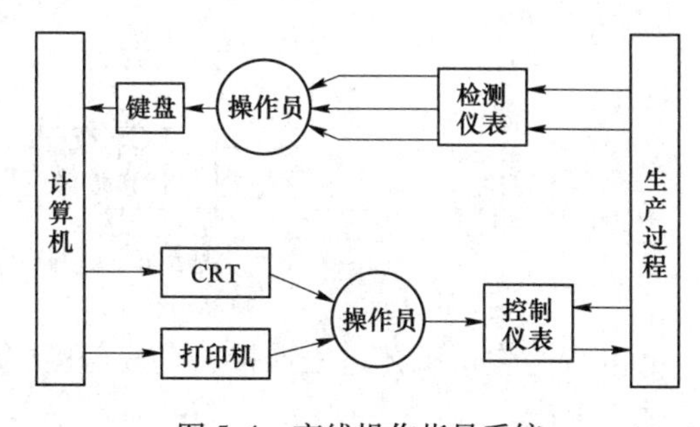

图5.4　离线操作指导系统

5.2.3　直接数字控制系统

直接数字控制（DDC）系统的构成如图5.5所示。计算机通过模拟量输入通道（A/D）和开关量输入通道（DI）实时采集数据，然后按照一定的控制规律进行计算，并通过模拟量输出通道（D/A）和开关量输出通道（DO）直接控制生产过程。DDC系统属于计算机闭环控制系统，是最普遍的一种应用方式。

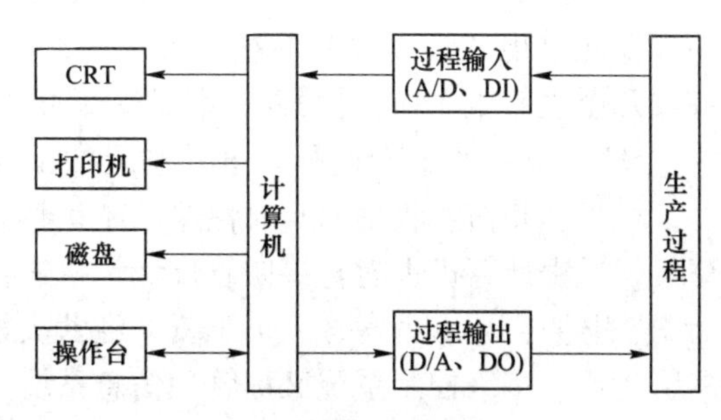

图5.5　直接数字控制系统框图

由于DDC系统中的计算机直接承担控制任务，所以要求实时性好、可靠性高和适应性强。为了充分发挥计算机的潜在能力，一台计算机可控制多个回路，这就要求合理设计应用软件，使其不失时机地完成所有控制功能。

数字控制系统与模拟控制系统相比其优点是精度高、抗干扰能力强、易于调试。这是因为计算机数字控制系统中调试时主要修改控制算法及其参数，修改灵活，而模拟系统调试时要修改硬件（电阻、电容等器件），不灵活。

5.2.4 监督计算机控制系统

随着计算机间通信技术的发展，控制理论及工艺模型研究应用的深入，出现了二级计算机控制系统，这就是监督计算机控制系统。

监督计算机控制（SCC）系统的构成如图 5.6 所示。SCC 系统通常采用两级计算机，其中，DDC 计算机（称为下位机）完成前面讲的直接数字控制功能；SCC 计算机（称为上位机）则利用反映生产过程的数据及其数学模型进行必要的计算，为 DDC 计算机提供各种控制信号，例如最佳给定值、最优控制等。

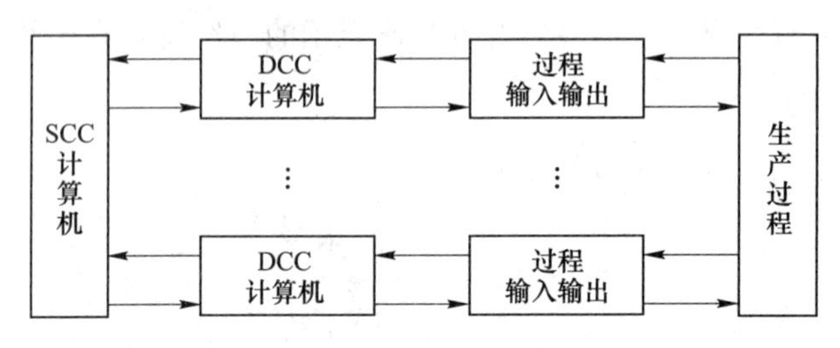

图 5.6 监督计算机控制系统框图

DDC 与生产工艺过程连接，直接承担控制任务，因此要求它抗干扰能力强，可靠，并能独立工作。

SCC 计算机承担高层次的控制与管理任务，因此信息存储量大，计算任务也繁重，要选用高档微型机或小型机作为 SCC 计算机。

操作指导系统与 SCC 系统相比较，前者是由操作工去调整控制器设定值。不同操作工有不同的经验，因此会引起运行情况的差异。监督控制系统正是在这种需求下发展起来的，它可以根据合理的数学模型，作出优化选择，进行设定值计算并提供给 DDC 计算机。

5.2.5 多级控制系统

监督控制系统的进一步发展出现了多级控制系统，其结构形式如图 5.7 所示。其中，最低一级为控制单一设备或几个设备的 DDC 计算机；较高一级的是监督计算机，它管理由几个 DDC 系统组成的一个较为复杂的生产过程。这种系统的出现是由于生产规模越来越大，信息来源越来越多，对管理和信息收集的及时性要求越来越高，要求管理层计算机系统能直接指挥过程计算机，过程计算机也能直接向管理计算机进行汇报。最高一层是企业管理层，它包括生产计划、财务会计、销售、人事工资、经营决策等，属于现代管理科学范畴，通常由计算机网络实现。多级控制系统又称管理信息系统（MIS）。

5.2.6 集散控制系统

随着计算机技术的发展，特别是微型机与网络的发展，人们研制出以多台微型机为基

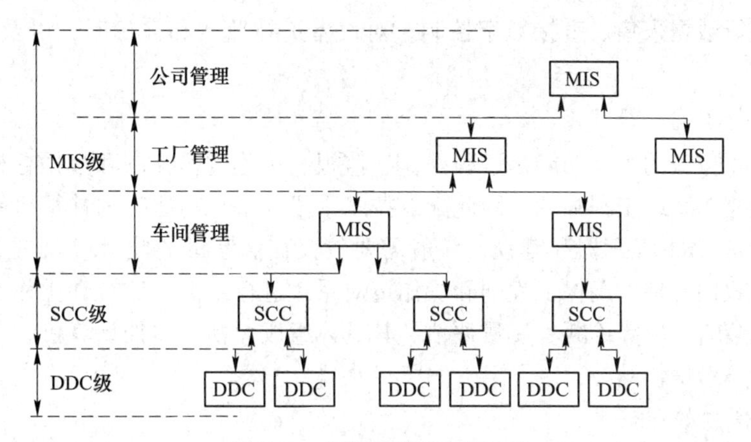

图 5.7 多级计算机控制系统

础的集散控制系统（DCS，Distributed Control System）。DCS 的核心思想是“信息集中，控制分散”。一般由四个基本部分组成，即系统网络、现场控制站、操作员站和工程师站。其中，现场控制站，操作员站和工程师站都是由独立的计算机构成，它们分别完成数据采集、控制、监视、报警、系统组态、系统管理等功能。通过系统网络连接在一起，成为一个完整统一的系统，以此来实现分散控制和集中监视、集中操作的目标。

5.2.6.1 DCS 的体系结构

集散控制系统的体系结构通常为三级。第一级为分散过程控制级；第二级为集中操作监控级；第三级为综合信息管理级。各级之间由通信网络连接，级内各装置之间由本级的通信网络进行通信联系。典型的集散控制系统体系结构如图 5.8 所示。

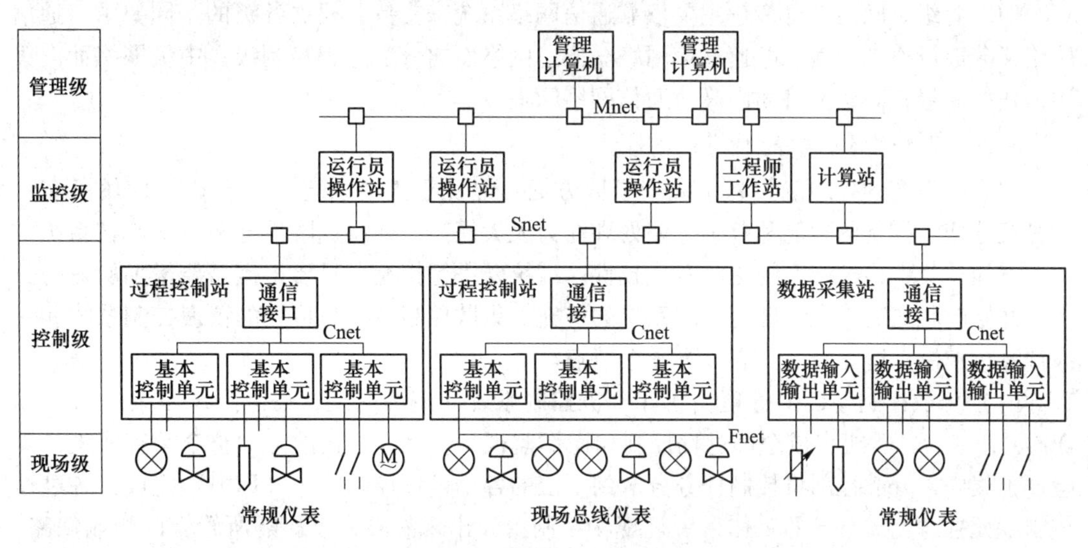

图 5.8 典型的 DCS 系统结构

A 分散过程控制级

分散过程控制级是集散控制系统的基础，是实现生产过程分散控制的关键。它与生产过程直接联系，完成生产过程实时信号采集、变换、处理、输入、输出、运算和控制。其主要任务是进行数据采集、直接数字控制；对设备进行监测和自诊断；以及实施安全化、冗余化措施等。

B 集中操作监控级

集中操作监控级的主要功能是过程操作、监视、优化过程控制和数据存档等。该级是面向操作员和控制系统工程师的，因此配有技术手段齐备、功能强的计算机系统及各类外部装置，特别是 CRT 显示器和键盘，一般需要较大存储容量的硬盘或软盘支持；另外还需要功能强的软件支持，确保工程师和操作员对系统进行组态、监视和操作，对生产过程实行高级控制策略、故障诊断、质量评估。其具体组成包括：监控计算机；工程师显示操作站；操作员显示操作站。

C 综合信息管理级

综合信息管理级由管理计算机、办公自动化系统、工厂自动化服务系统构成，从而实现整个企业的综合信息管理。综合信息管理主要包括生产管理和经营管理。生产管理级可根据订货、库存和能源等情况来规划产品结构和生产规模，并可根据市场情况重新规划和随机更改产品结构。此外，还可对全厂状况进行观察、产品数量和质量进行监视，并能与经营管理级互相传递数据、报表等。经营管理级的管理范围包括：工程技术、商业事务、人事管理及其他方面，这些功能集成在软件系统中。在经营管理级中，通过与公司的经理部、市场部、规划部和人事部等进行对市场的分析、用户信息收集、订货系统分析、合同、接收订货与期限监督、产品制造协调、价格计算、生产与交货期限监督等，以便实现整个制造系统的最优良管理。

D 通信网络系统

DCS 各级之间的信息传输主要依靠通信网络系统来支持，根据各级的不同要求，通信网络又分成低速、中速、高速通信网络。低速网络面向分散过程控制级；中级网络面向集中操作控制级；高速网络面向高速通信网络管理级。

5.2.6.2 DCS 的功能特点

DCS 在系统的处理能力和系统安全性方面明显优于集中系统。由于 DCS 使用了多台计算机分担了控制的功能和范围，使处理能力大大提高，并将危险性分散。DCS 在系统扩充性方面比集中式控制系统更具有优越性。系统要进行扩充，只要根据需要增加所需的节点，并修改相应的组态，即可实现系统的扩充。集散控制系统与传统的仪表控制系统和一般计算机控制系统比较，具有以下几个特点。

（1）分散控制，集中管理。在计算机控制系统的应用初期，控制系统是集中的（如 DDC），一台计算机完成全部过程控制和操作监视。一旦计算机故障，整个系统瘫痪，风险过于集中。分散控制将控制任务分散到下层的各个过程控制单元（PCU）完成，各过程控制单元独自完成自己的工作，一旦现场控制单元出现故障，仅影响所管辖的控制回路，真正做到了危险分散。分散的含义包括地域分散、功能分散、设备分散和操作分散，这样就提高了设备的可利用率。而集中控制系统中采用了多功能 CRT 工作站，它集中了生产过程全部信息，并以多画面（如工艺流程画面、控制过程画面、操作画面等）方式显示，真正做到了集中管理。

（2）硬件积木化，软件模块化。DCS 采用积木化硬件组装式结构，使得系统配置灵活，可方便地构成多级控制系统。如果要扩大或缩小系统的规模，只需按要求在系统中增加或拆除部分单元，而系统不会受到任何影响。这样的组合方式，有利于企业分批投资，逐步形成一个在功能和结构上由简单到复杂、从低级到高级的现代化管理系统。

（3）采用局域网通信技术。分布于各地域的现场控制单元与 CRT 操作站间的数据通信采用了局域网技术，传输实时信息，CRT 操作站对全系统的信息进行综合管理。CRT 操作站对现场控制单元进行操作、控制和管理，保证整个系统协调地工作。由于大多数集散控制系统的局域网采用光纤传输媒介，通信的安全性大大提高，这是集散控制系统优于一般计算机控制系统的重要特点之一。

（4）完善的控制功能。集散控制系统的控制单元具有连续、分散、推理控制等功能，其算法功能模块多达上千种，可实现各种高级控制，例如串级控制、前馈-反馈控制、Smith 预估控制、自适应控制、推理控制以及多变量解耦控制等。

（5）管理能力强。目前，集散控制系统的管理水平已达到生产过程自动化，实现过程监控、节能控制、安全监控、环境监测和生产计划管理等；工厂自动化，实现加工、装配、检查、挑选、设备故障诊断及产品质量管理等；实验室自动化；办公室自动化。

（6）安全可靠性高。由于集散控制系统采用了多微处理器分散控制结构，且广泛采用冗余技术、容错技术，各单元具有自检查、自诊断、自修理和电源保护功能，大大提高了系统的安全可靠性。

（7）高性价比。集散控制系统功能齐全，技术先进，安全可靠。大规模集散控制系统的投资与相同控制回路和功能的传统仪表控制系统相比将更低廉。

5.2.7　现场总线控制系统

现场总线是在 20 世纪 80 年代中期发展起来的。随着微处理器和计算机功能不断增强和价格的降低，计算机和网络系统得到迅速发展。而处于生产过程底层的测控自动化系统，采用一对一设备连线，用电压、电流的模拟信号进行测试控制等，难以实现设备之间以及系统与外界之间的信息交换，容易使自动化系统成为“信息孤岛”。现场总线正是为实现整个企业的信息集成，实施综合自动化而开发的一种通信系统，它是开放式、数字化、多点通信的底层控制网络。基于现场总线技术构建的控制系统称为现场总线控制系统（FCS，Fieldbus Control System）。它将挂接在总线上、作为网络节点的智能设备连接为网络系统，并构成自动化系统，实现基本控制、补偿计算、参数修改、报警、显示、监控、优化及管控一体化的综合自动化功能。作为新一代控制系统，一方面 FCS 突破了 DCS 采用专用通信网络的局限，采用了基于开放式、标准化的通信技术，克服了封闭系统所造成的缺陷；另一方面，FCS 进一步变革了 DCS 中“集散”系统结构，形成了全分布式系统架构，把控制功能彻底下放到现场。

FCS 的核心是现场总线。现场总线是连接现场智能设备与控制室之间的全数字式、开放的、双向的通信网络。现场总线的节点是现场设备或现场仪表，如传感器、变送器、执行器等。FCS 中的“现场仪表”不是传统的单功能现场仪表，而是具有综合功能的智能仪表。现场设备具有互换性和互操作性，采用总线供电，具有本质安全性。现场总线控制系统 FCS 代表了一种新的控制观念——现场控制。它能够充分发挥上层系统调度、优化、决策的功能，更容易构成 CIMS 系统并更好地发挥其作用，并可以降低系统投资成本和减少运行费用。

5.2.7.1 FCS 的体系结构

图 5.9 给出了 DDC、DCS 和 FCS 三种控制系统的典型结构图。

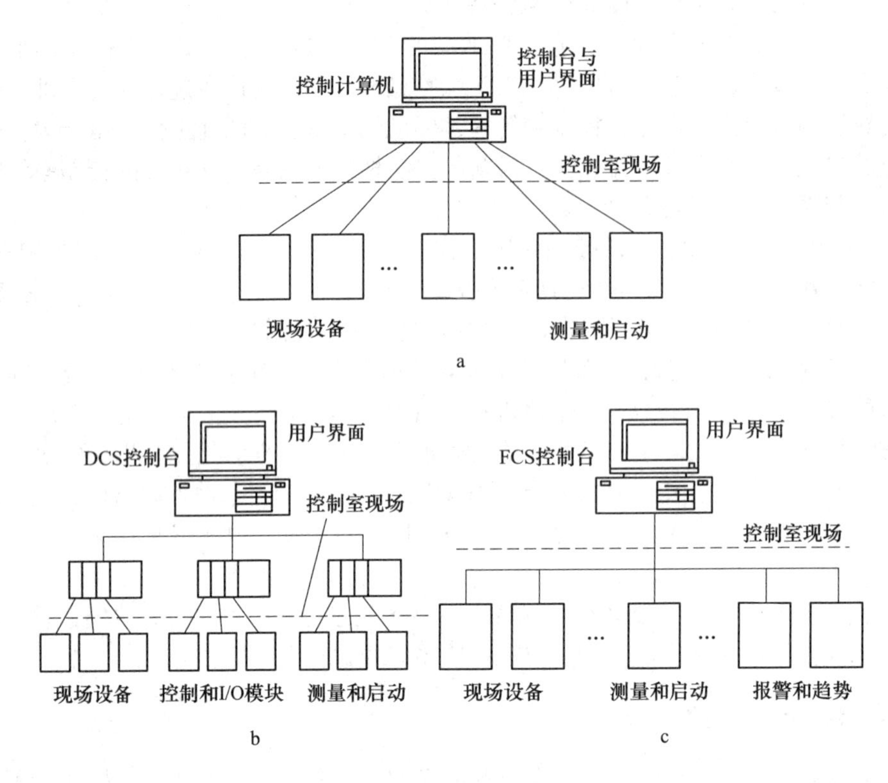

图 5.9 几种典型的控制系统结构比较

a—DDC；b—DCS；c—FCS

由图 5.9 可以看出，DCS 的出现解决了 DDC 控制过于集中，系统危险性也过于集中的问题；同时伴随控制分散的过程，也使得控制算法得到了简化。但控制系统的接线仍然复杂和繁琐，危险性在一定程度上还是相对集中，尤其是现场控制单元的固有结构限制了 DCS 的灵活性，无法实现根据控制任务的需要对控制单元进行组态的功能。现场总线控制系统 FCS 的出现，则从根本上解决了控制系统接线的问题，采用双绞线即可将所有的现场总线仪表单元连接在一起。它一方面大大地简化了接线，减少了系统成本；另一方面还使控制系统的灵活组态得以实现。此外，在 FCS 中系统的危险性也降到了最低，在现场总线仪表单元出现故障时，可方便地启动备用单元；同时此种结构的实现方式还可大大减少作为保证系统可靠性而配置的设备数量。

5.2.7.2 FCS 的性能特点

现场总线控制系统 FCS 是在集散控制系统 DCS 的基础上发展而成的，它继承了 DCS 的分布式特点，但在各功能子系统之间，尤其是在现场设备和仪表之间的连接上，采用了开放式的现场网络，从而使得系统现场级设备的连接形式发生根本性的变化，因而具有许多自己所特有的性能和特点。

（1）结构方面。FCS 结构上与传统的控制系统不同，FCS 采用数字信号代替模拟信号，实现一对电线上传输多个信号，现场设备以外不再需要 A/D、D/A 转换部件，简化了系统结构。由于采用了智能现场设备，能够把原先 DCS 系统中处于控制室的控制模块、各输入输出模块置入现场，使现场的测量变送仪表可以与阀门等执行机构传送数据，控制系统功能直接在现场完成，实现了彻底的分散控制。

（2）技术方面。

1）系统的开放性。可以与遵守相同标准的其他设备或系统连接。用户具有高度的系统集成主动权，可根据应用需要自由选择不同厂商所提供的设备来集成系统。

2）互可操作性与互用性。互可操作性是指实现互联设备间、系统间的信息传送与沟通。互用性则意味着不同生产厂家的性能类似的设备可实现互相替换。

3）现场设备的智能化与功能自治性。将传感测量、补偿计算、过程处理与控制等功能分散到现场设备中完成，仅靠现场设备即可完成自动控制的某本功能，并可随时诊断设备的运行状态。

4）系统结构的高度分散性。构成一种新的全分散性控制系统，从根本上改变了原有 DCS 集中与分散相结合的集散控制系统体系，简化了系统结构，提高了测控精度和系统可靠性。

5）对现场环境的适应性。现场总线专为现场环境而设计，支持双绞线、同轴电缆、光纤等，具有较强抗干扰能力，采用两线制实现供电和通信，并满足安全防爆要求等。

（3）经济方面。

1）节省硬件数量和投资。FCS 中分散在现场的智能设备能执行多种传感、控制、报警和计算等功能，减少了变送器、控制器、计算单元的数量，也不需要信号调理、转换等功能单元及接线，节省了硬件投资，减少了控制室面积。

2）节省安装费用。FCS 接线简单，一对双绞线或一条电缆上通常可挂接多个设备，因而电缆、端子、桥架等用量减少，设计与校对量减少。增加现场控制设备时，无需增设新的电缆，可就近连接到原有电缆上，节省了投资，减少了设计和安装的工作量。

3）节省维护费用。现场控制设备具有自诊断和简单故障处理能力，通过数字通信能将诊断维护信息送至控制室，用户可查询设备的运行、诊断、维护信息，分析故障原因并快速排除，缩短了维护时间，同时系统结构简化和连线简单也减少了维护工作量。

5.2.8 可编程控制器

可编程控制器（PLC，Programmable Logic Controller）是一种数字运算操作的电子系统，专为在工业环境应用而设计的计算机，有丰富的输入/输出接口，并且具有较强的驱动能力。它采用一类可编程的存储器，用于其内部存储程序、执行逻辑运算、顺序控制、定时、计数与算术操作等面向用户的指令，并通过数字或模拟式输入/输出控制各种类型的机械或生产过程。PLC 的应用始于 20 世纪 60 年代，80 年代后发展迅速。在处理模拟量能力、数字运算能力、人机接口能力和网络能力等方面得到大幅度提高，在某些应用上取代了在过程控制领域处于统治地位的 DCS 系统。因而在模拟量闭环过程控制、开关量逻辑控制和数据量的智能控制等领域都有广泛的应用。

5.2.8.1 PLC 的基本特点

（1）可靠性高、抗干扰能力强；

（2）设计、安装容易，接线简单，维护方便；

（3）编程简单、使用方便；

（4）模块品种丰富、通用性好、功能强；

（5）体积小、质量轻、能耗低，易于实现自动化。

5.2.8.2 PLC 的基本组成

A 硬件组成

PLC 的基本组成与通用的计算机类似，主要包括 CPU、RAM、EPROM、E^2 ROM、I/O 接口、通信接口、外设接口、电源和特殊输入/输出单元等，按结构形式分为模块化（见图 5.10）和一体化（见图 5.11）两类，图 5.12 为模块化 PLC 的硬件组成示意图。

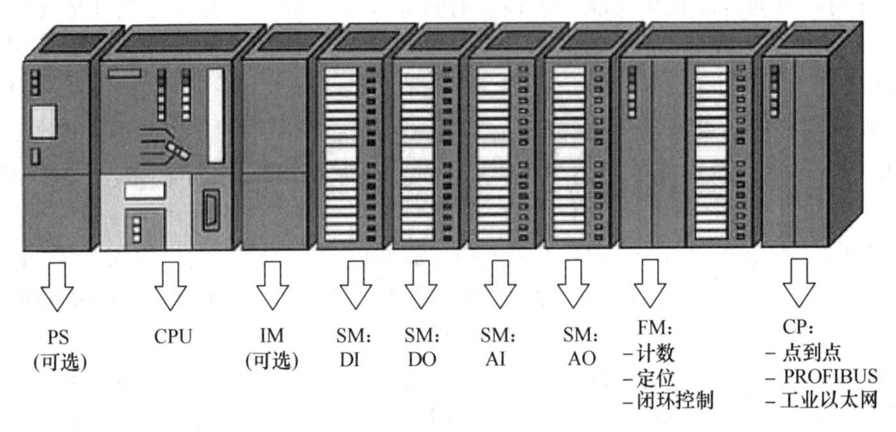

图 5.10 模块化 PLC 结构示意图

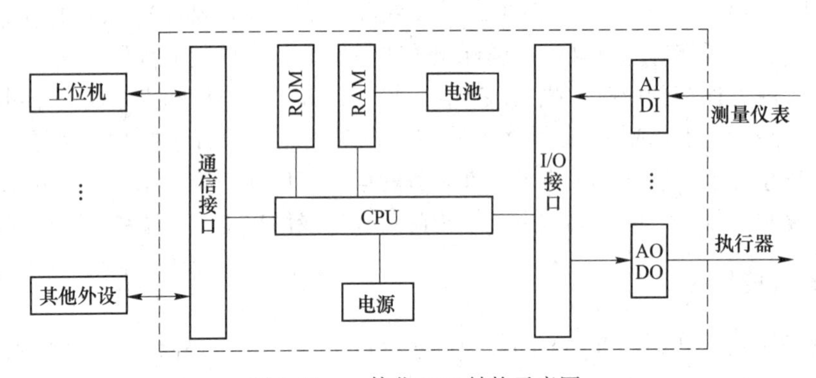

图 5.11 一体化 PLC 结构示意图

B PLC 的内部资源

用户使用的 PLC 中的每一个输入/输出、内部存储单元、定时器和计数器都称为软元件。各元件有其不同的功能，有固定的地址，供编程时调用。可编程控制器在其系统软件的管理下，将用户程序存储器（即装载存储区）划分出若干个区，并将这些区赋予不同的功能，由此组成了各种内部器件，这些内部器件就是 PLC 的编程元件。

PLC 的编程元件的种类和数量是因不同的厂家不同的系列、不同的规格而异。根据编程软件的功能，S7-200 的编程软件分别称为输入继电器（I）、输出继电器（Q）、定时

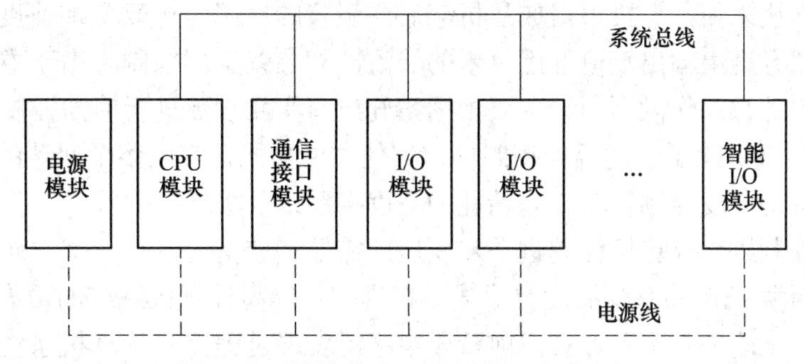

图 5.12 模块化 PLC 的硬件组成示意图

器（T）、计数器（C）、累加器（AC）、辅助继电器（M）、变量寄存器（V）、状态继电器（S）、模拟量输入（AIW）寄存器/模拟量输出（AQW）寄存器等。

5.3 轧制过程计算机控制系统

轧制过程计算机过程控制技术的发展大致可以分为三个阶段：第一阶段在 20 世纪 40~50 年代，为单机自动化阶段；第二阶段在 20 世纪 60 年代，为计算机和单机自动控制系统共存阶段；第三阶段为 20 世纪 70 年代至现在，为全部采用计算机直接数字控制阶段。

热轧板带材轧机是最早采用计算机控制的，在计算机控制方面的经验比较丰富，也比较成熟，并在国内外都明显地收到了良好的经济效益。因此，本节着重讲述热连轧板带材的计算机控制系统。

5.3.1 计算机在热连轧系统中的功能

由于连轧机生产效率高，质量易于控制，轧制过程连续，易于实现机械化和自动化，而且这种轧机潜力大，只要稍加改善轧制工艺就可以大幅度地提高产量和改善产品质量，其经济效益非常显著，所以各种先进的科技成果都竞相应用于连轧过程，大大地促进了连轧过程自动化的发展。计算机在热连轧系统中的主要控制功能有以下几点。

（1）跟踪。对整个生产线上的每一块板坯进行跟踪，目的是使计算机任何时刻都能正确地了解每一块钢坯所在的实际位置，并能启动相应控制程序；同时也使计算机能正确确定每块钢坯对应的数据区在内（外）存中的地址，以便能取出该钢坯的数据进行处理。

（2）步进加热炉控制。过程控制时间代表钢坯计算一次总的在炉时间，并根据板坯在炉时间确定每炉段的温度设定值。若加热能力小于轧制能力时，则将各段允许最高温度作为设定值，然后反过来计算总在炉时间，并由此决定出炉间隔。若加热能力大时，则降低预热段温度以节省燃料。

（3）预设定。预设定包括粗轧、精轧及卷取机预设定。当钢坯（带坯）尚未进入设备以前，其基本功能是根据钢坯的工艺参数确定设备的设定值。

（4）终轧温度和卷取温度控制。成品带钢全长温度的均匀性和终轧温度及卷取温度值的控制直接影响到产品的组织性能。同规格带钢终轧温度的控制，用固定机架间冷却水和改变加速度的办法来使计算机根据成品机架后测温仪的反馈信息改变加速度，使带钢温度得以控制。卷取温度由输出辊道上近百米的层流冷却装置实现控制。由于卷取温度测量信息滞后太大，因此只能作微调用，主要根据精轧出口实测参数进行前馈控制来实现。

（5）设备控制。除了上述温度控制外，其他主要功能是实现多个回路的自动位置控制和各个机架的自动厚度控制，粗轧和精轧的宽度控制以及板形控制等。

为了适应轧制过程计算机控制进一步发展的需要，应重视以下三个方面的问题。

（1）改进计算机控制系统的配置形式。在进一步提高计算机系统的可靠性和稳定性的同时，必须进一步改进其配置形式。前阶段在广泛发展过程控制计算机系统的同时，大力发展管理机系统，使管理机与控制机有机地结合起来，组成分级集成或者分布式控制系统。近年来由于微处理机发展很快，用它来代替传统的硬件和逻辑接口，以实现对生产设备的分散型控制，可使自动控制的灵活性和可靠性得到进一步提高，这是当前计算机在轧制过程中应用的一个重要趋势。

（2）进一步提高和完善检测仪表和控制系统的性能和功能。在轧制速度越来越高，产品范围越来越广，质量要求越来越严格的情况下，检测仪表的性能以及控制系统的功能只有进一步提高和完善，才能与之相适应。

（3）进一步应用现代控制理论。自适应控制是跟踪轧制过程，保证控制精度的有效手段之一。最优控制是全面考虑机电设备、工艺和控制系统的条件，是实现最优化生产的保证。但是对一个大型生产系统来说，由于它们的算法比较复杂，往往限制了它的应用。今后应加强现代控制理论在大型生产系统中应用的研究，简化计算，便于应用，以便实现最优化生产。

5.3.2 热连轧计算机控制系统结构实例

某公司1880mm热连轧车间的主要设备有：两座辊底式均热炉，1架荒轧机组，2架粗轧机组，5架精轧机组，层流冷却装置和卷取机组，精整作业线等。

为了满足上述装备的生产工艺要求，轧线控制系统应用最先进的计算机控制技术。计算机控制系统将工艺数据、坯料跟踪及识别，坯料温度及温度控制，指示及显示接口功能，闭环冷却控制和轧制过程自动控制合二为一。

轧钢车间自动化控制系统分为“四层五级”结构，该结构为目前冶金信息化基础架构的主流形式，如图5.13所示。L_1级为基础自动化，L_2级为过程自动化，（L_1+L_2）又称为控制层或操作层，直接面向现场检测、控制、执行单元，L_3级为制造执行层（MES），L_4级为企业资源计划层（ERP），L_5级为决策支持层（BI）。

5.3.2.1 L_1级

L_1级为基础自动化，根据过程自动化级（L_2）计算机所传来的指令去驱动相应设备，并按过程控制机所确定的设定值把对应设备的被控制量调整到位。

L_1控制功能覆盖整条生产线，主要控制功能为轧机配置和参数设定、顺序和逻辑控制，如辊缝控制、速度控制、宽度控制、除鳞控制、温度控制、板形控制、张力控制和运输控制等。

L_1能对数据实时采集、记录、保存，在线、离线显示、分析。还包括对过程控制系统

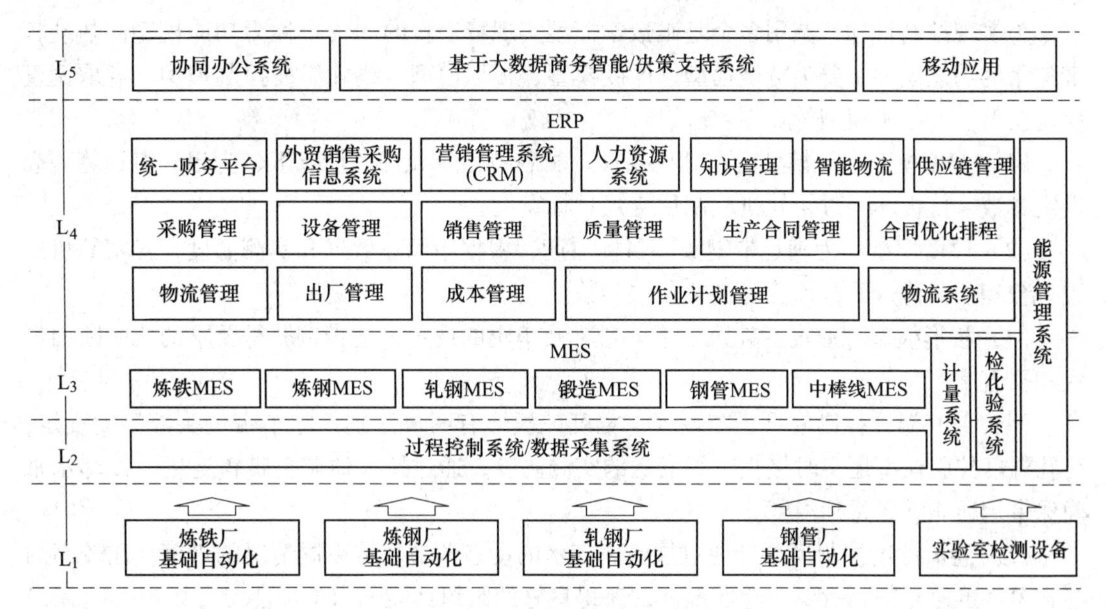

图 5.13 冶金信息化基础架构

的配置、编程。

5.3.2.2 L_2级

L_2级为过程自动化，是自动化控制系统的核心，计算机控制系统中用来描述工艺流程的主要数学模型几乎都集中在过程控制级中。通过这些模型的计算可获得许多有益的信息，其中最主要的信息就是对应的设定值。这些设定值送往基础自动化，基础自动化就根据这些设定值去控制执行机构。

在轧钢工业中，应用计算机进行生产过程自动控制是一场深刻的技术革命，它是现代轧钢工艺的基石。而数学模型，是计算机过程自动控制系统的灵魂，是热轧产线对生产品种的多样化、复杂化，实现高速、稳定、连续生产高精度产品的保证。

数学模型是针对或参照某种问题的特征和数量相依关系，采用形式化语言，概括或近似地表达出来的一种数学结构。热轧二级数学模型是指利用理论或经验公式进行数学建模，精确地描述热轧轧制工艺的过程。热轧数学模型的任务是根据来料条件及成品带钢的目标要求，在预先设置的规则下，通过数学模型的计算，确定各工序需要的工艺参数，以保证获得尽可能准确的带钢成品尺寸、板形、机能等要求。

轧制过程常用的基础数学模型主要有以下几种：

（1）变形模型，包括压下、宽展、延伸、前滑等；

（2）力学模型，包括压力、扭矩、金属变形应力分布等；

（3）温度模型，包括辐射、对流、热传导等；

（4）组织及性能模型，包括力学性能、物理性能、组织变化、相变等；

（5）机械传动模型，包括轧辊弹性压扁、弹跳等；

（6）其他数学模型，如边界及物态模型，包括摩擦润滑、边界条件、本构方程等；生产流程模型，如表征生产流程、生产节奏的模型；经济模型，表征生产率、能耗、成材率、成本及利润的模型；目标函数及约束条件；描述全过程的系统模型。

为实现控制目标，调用多个基础数学模型实现特定目的的集合称为功能模型。热轧板带常用的功能模型主要为宽度模型、厚度模型、板形模型、终轧温度控制模型、卷取温度控制模型、卷取机模型等。

（1）宽度模型。该模型是在轧机条件、材料特性等允许的情况下，为粗轧机计算一套设定参数，使板坯经过粗轧机轧制后满足目标宽度。

（2）厚度模型。为满足带钢头部目标厚度，根据中间坯数据和实测温度，对精轧机组进行合理的负荷分配，计算各机架相关参数。

（3）板形模型。通过对轧机压下，弯辊及串辊的设定，使带钢获得要求的成品断面形状和平直度。

（4）终轧温度控制模型。与厚度、宽度、板形有明显区别，除了带钢头部温度设定，终轧温度控制模型还实时接收一级发送的实测温度，通过持续地调整带钢速度、冷却水来确保带钢通体满足目标温度。

（5）卷取温度控制模型。通过层流冷却水的动态调节，将不同情况的带钢从比较高的终轧温度迅速冷却到所要的卷取温度，获得良好的组织性能和力学性能。

（6）卷取机模型。基于卷取机区域的相关物理参数，为卷取机、输出辊道及其他相关设备确定合适的设定值（超前率、滞后率、张力），用于保障良好的带钢卷形。

5.3.2.3 L_3级

L_3级为制造执行层（MES），是指企业在制造执行管理、计量、检验、化验等制造执行管理业务方面的信息化支撑。

L_3级计算机的任务是接收、管理来自管理级计算机的计划；向生产过程机传送生产指令；收集、存储、记录生产过程中出现的数据；跟踪物流和信息流；向管理机传送生产实绩；质量控制等。

5.3.2.4 L_4级

L_4级经营管理层（ERP），是指企业在财务、销售、采购、生产、质量、设备、工程、人力资源、协同办公等经营管理业务方面的信息化支撑手段。

L_4级计算机的任务是接受用户订单、进行合同处理、质量设计、制订生产计划、协调各生产工序、收集生产实绩、对库存和质量进行管理、制订出厂计划、进行营销和生产活动全过程管理。

5.3.2.5 L_5级

L_5级为决策支持层（BI），主要指企业在线系统的数据量有一定的积累、数据质量比较好、管理思想比较清晰的情况下建设的商务智能管理系统，其建设目的是为公司经营管理、制造执行提供数据分析平台，为经营管理和业务分析决策提供支持。

随着互联网技术的发展，5G 的应用建设，人们对海量数据处理的要求也越来越高。不久的将来，信息物理系统将由传统的“四层五级”架构向“云边端”架构演变，层级减少、架构统一、结构开放、共享集成、资源高效利用、快速响应启动，支撑智能制造大数据平台建设新需求。冶金信息化架构如图 5.14 所示。

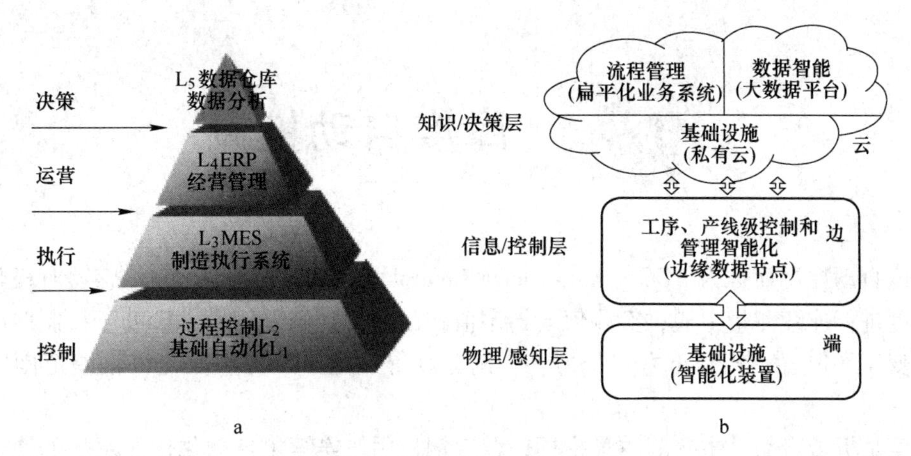

图 5.14　冶金信息化架构

a—四层五级架构；b—“云边端”架构

6 厚度自动控制

厚度自动控制简称为 AGC（Auto Gauge Control），是通过测厚仪或传感器对板带实际轧出厚度进行连续测量，通过实测值与给定值相比较得到偏差信号，借助于控制回路和装置，改变压下位置、轧制压力、张力、轧制速度等，把厚度控制在允许偏差范围之内的方法。

厚度是板带产品最主要的质量指标，随着钢板用户连续化自动化作业水平的快速发展和不断追求节能降耗、控制成本、提高企业竞争力的需要，厚度指标越来越受到重视。本章除了分析讨论板带钢厚度波动的原因及厚度的变化规律外，着重论述厚度自动控制的基本形式及控制原理。

6.1 板带钢厚度控制的基本思想及厚度波动的原因

6.1.1 厚度控制的基本思想

在轧制过程中，轧辊对轧件施加的轧制力使轧件发生塑性变形，轧件从入口厚度 H 压薄到出口厚度 h；与此同时，轧件也给轧辊以大小相等、方向相反的反作用力，这个反作用力经由轧辊、轴承传到压下螺丝、液压缸和牌坊上，受力部件均会发生一定的弹性变形，这些部件弹性变形的累计结果都反映在轧辊的辊缝上，使轧制前的轧机空载辊缝由 S_0 增大为轧制时的有载辊缝 h。轧机的这种在轧制力作用下辊缝增大的现象，称为轧机弹跳（也称辊跳）。

轧件出口厚度取决于过钢时的实际辊缝大小。因此，带钢的实际轧出厚度 h 与预调辊缝值 S_0、轧机刚度 K_m 和轧机弹跳值 ΔS 之间的关系在轧件塑性不变时，可用弹跳方程描述：

$$h = S_0 + \Delta S = S_0 + \frac{P}{K_m} \tag{6.1}$$

由它所绘成的曲线称为轧机理想弹性曲线，如图 6.1 曲线 A 所示，其斜率 K_m 称为轧机刚度，它表征使轧机产生单位弹跳量所需的轧制压力。

轧制时的轧制压力 P 是所轧带钢的宽度 B、来料入口与出口厚度 H 与 h、摩擦系数 f、轧辊半径 R、温度 t、前后张力 σ_h 和 σ_H 以及变形抗力 σ_s 等的函数。

$$P = F(B,R,H,h,f,t,\sigma_h,\sigma_H,\sigma_s) \tag{6.2}$$

此式为金属的压力方程，当 B，R，f，t，σ_h，σ_H，σ_s 及 H 等均为一定时，P 将只随轧出厚度 h 而改变，这样便可以在图 6.1 上绘出曲线 B，称为金属的塑性曲线，其斜率 M 称为轧件的塑性刚度，表征使轧件产生单位压下量所需的轧制压力。

一种广泛使用的分析厚度控制问题的方法是基于 P-h 图的几何方法。所谓 P-h 图就是在以变形区中的轧制力 P 作为纵坐标、以厚度 h 作为横坐标的平面直角坐标系中所绘制的相互关联的轧机弹性曲线和轧件塑性曲线。在 P-h 图的横坐标上，除了轧出厚度 h 即“有载”辊缝值外，也标注了来料厚度 H、“空载”辊缝值 S_0，因此可以很清楚地同时表达出轧机弹性变形量和轧件塑性变形量，如图 6.1 所示。

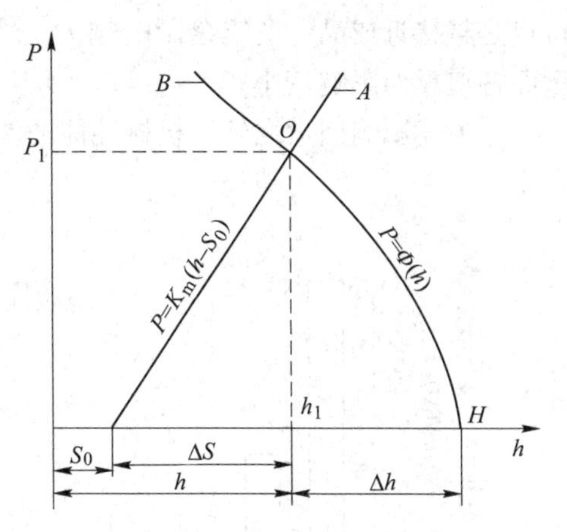

图 6.1 弹塑性曲线叠加的 P-h 图

轧机弹性曲线和轧件塑性曲线的交点，对应于轧件轧制时的状态：轧制力和轧件出口厚度。轧机和轧件在此点达到平衡，二者拥有共同的轧制力和共同的有载辊缝（轧出厚度）。此轧制力使轧机从空载辊缝经过弹性变形至此有载辊缝。同时，此轧制力使轧件从轧前入口厚度经过塑性变形至此出口厚度（出口厚度等于有载辊缝）。

AGC 的基本思想即为通过采用合适的厚度控制方法，使轧机弹性曲线和轧件塑性曲线的交点始终落在一条垂直线上，这条垂线称为等厚轧制线。因此，板带厚度控制实质就是不管轧制条件如何变化，总要使线 A 与线 B 交到等厚轧制线上，这样就可得到恒定厚度（高精度）的板带材。P-h 图在定性和定量分析上简易、直观，是目前讨论厚度差和厚度控制方法的一个非常有用的工具。

6.1.2 板带钢厚度波动的原因

通过以上分析可知，任何影响轧机弹性曲线和轧件塑性曲线的因素，都将影响两曲线交点的位置，从而影响轧件出口厚度。引起板带钢厚度波动的因素归纳起来有如下几方面。

（1）来料厚度变化的影响。主要通过轧制力变化影响辊缝，导致出口厚度变化。图 6.2 表示为在热连轧（微张力）条件下，入口坯料厚度波动对各道出口板厚的影响。由图 6.2 可见，原料厚度波动对初始道次影响最大，后面影响越来越小。可逆轧制也是这样。但冷轧时由于加工硬化，对产品厚度的影响主要在前两道次。

（2）温度变化的影响。主要是通过对金属变形抗力和摩擦系数的影响而引起厚度差的。

（3）张力变化的影响。通过影响应力状态，以改变金属变形抗力、轧制力，从而引起弹跳及厚度发生变化。张力的存在使带钢中段与头尾无张力轧制段的厚度偏差很大，因此热连轧一般采用微张力轧制，可以减少头尾尺寸波动。但有时为了快速吸收由于动态速降而产生的活套或为了减少轧件跑偏，一些热带厂常常设定较大的速差，导致稳定轧制后出现高达十多兆帕的应力。

（4）轧辊转速变化的影响。主要是通过影响摩擦系数、变形抗力、轴承油膜厚度来起作用。

（5）辊缝变化的影响。因轧机部件的热膨胀、轧辊的磨损和轧辊偏心等会使辊缝发生变化，直接影响实际轧出厚度。图 6.3 为热连轧时各机架辊缝变化对产品厚度的影响，其特点是越接近成品，变辊缝影响越大。冷轧因轧件有加工硬化，除在前两道影响大以外，后面各道反而影响变小。

除上述影响因素之外，机械性能的波动，也会通过轧制压力的变化而引起带钢厚度的变化。

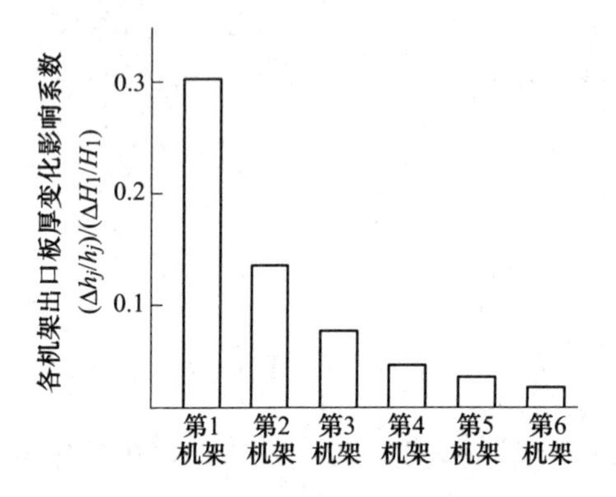

图 6.2 热轧入口原料厚度波动对各架出口板厚的影响

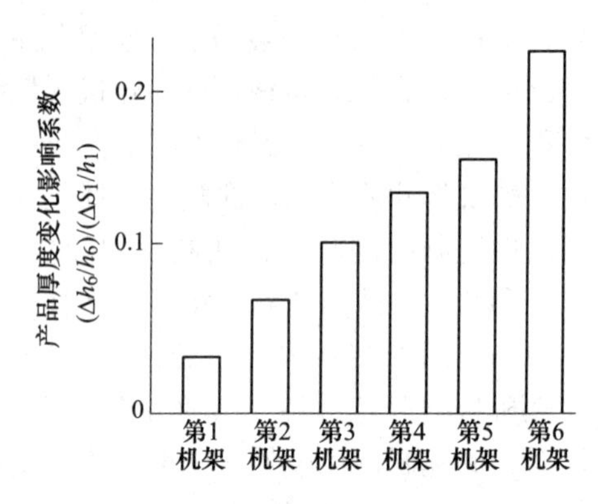

图 6.3 变辊缝对产品厚度的影响

6.1.3 轧制过程中厚度变化的基本规律

6.1.3.1 实际轧出厚度随辊缝而变化的规律

轧机的原始预调辊缝值 S_0 决定着弹性曲线 A 的起始位置，随着压下设定位置的改变，S_0 将发生变化，在其他条件相同的情况下，它将按如图 6.4 所示的方式引起带钢实际轧出厚度 h 的改变。例如因压下调整，辊缝变小，则 A 曲线平移，从而使得 A 曲线与 B 曲线的交点由 O_1 变为 O_2，此时实际轧出厚度便由 h_1 变为 h_2，$\Delta h_2 > \Delta h_1$，带钢便被轧得更薄。

当采取预压紧轧制时，即在带钢进入轧辊之前，使上下轧辊以一定的预压靠力 P_0 互相压紧，也就相当于辊缝为负值（$S_0<0$），这样就能使带钢轧得更薄，此时实际轧出厚度变为 h_3，$h_3<h_2$，其压下量为 Δh_3。

除上述情况之外，在轧制过程中，因轧辊热膨胀、轧辊磨损或轧辊偏心而引起的辊缝变化，也会引起 S_0 改变，从而导致轧出厚度 h 发生变化。

6.1.3.2 实际轧出厚度随轧机刚度而变化的规律

轧机的刚度 K_m 随轧制速度、轧制压力、带钢宽度、轧棍的材质和凸度、工作辊与支持辊接触部分的状况而变化。所以，轧机的刚度系数不是固定的常数，而是由各种轧制条件所决定的数值。当轧机的刚度系数由 K_{m1} 增加到 K_{m2}，则实际轧出厚度由 h_1 减小到 h_2，如图 6.5 所示。可见，提高轧机的刚度有利于轧出更薄的带钢。

在实际的轧制过程中，由于轧辊的凸度大小不同，轧辊轴承的性质以及润滑油的性质不同，轧辊圆周速度发生变化，也会引起刚度系数发生变化。就使用油膜轴承的轧机而言，当轧辊圆周速度增加时，油膜厚度会增厚，油膜刚性增大，带钢可以轧得更薄。

6.1.3.3 实际轧出厚度随轧制压力而变化的规律

如前所述，所有影响轧制压力的因素都会影响金属塑性曲线 B 的相对位置和斜率，因此，即使在轧机弹性曲线 A 的位置和斜率不变的情况下，所有影响轧制压力的因素都可以

通过改变 A 和 B 两曲线的交点位置，而影响着带钢的实际轧出厚度。

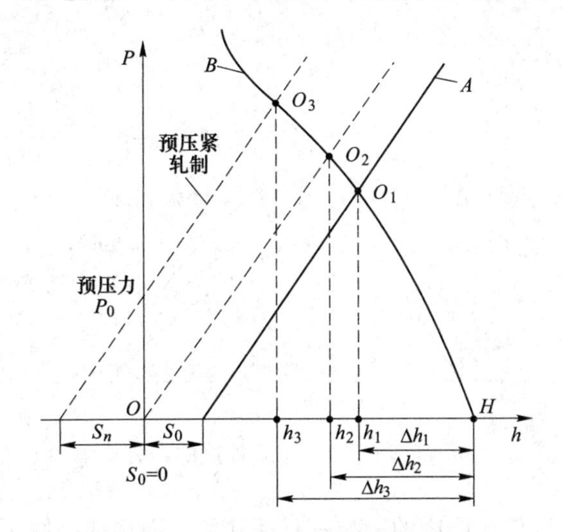

图 6.4　辊缝变化对轧出厚度的影响

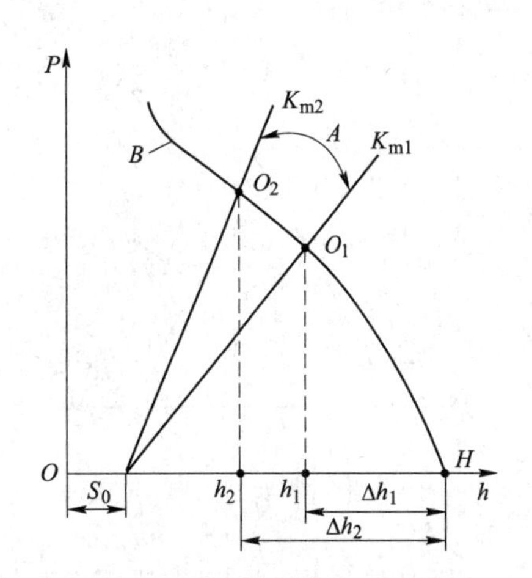

图 6.5　轧机刚度对轧出厚度的影响

当来料厚度 H 发生变化时，便会使 B 曲线的相对位置和斜率都发生变化，如图 6.6 所示。在 S_0 和 K_m 值一定的条件下，来料厚度 H 增大，则 B 曲线的起始位置右移，并且其斜率稍有增大，即材料的塑性刚度稍有增大，故实际轧出厚度也增大，反之，实际轧出厚度要减小。所以，当来料厚度不均匀时，则所轧出的带钢厚度也将出现相应的波动。

在轧制过程中，当减小摩擦系数时，轧制压力会降低，可以使得带钢轧得更薄，如图 6.7 所示。轧制速度对实际轧出厚度的影响，也主要是通过对摩擦系数的影响起作用，当轧制速度增高时，摩擦系数减小，则实际轧出厚度也减小，反之则增厚。

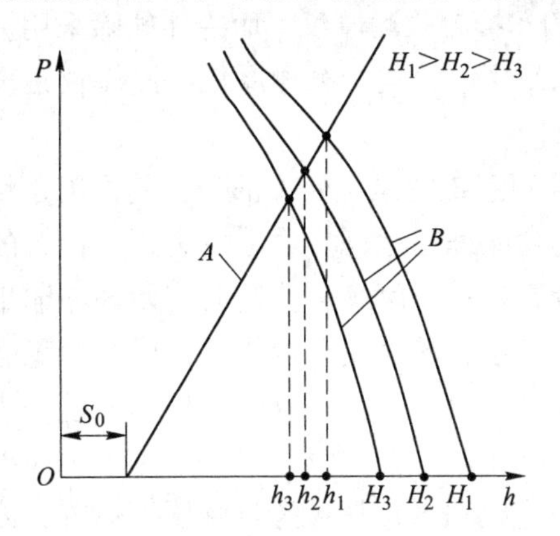

图 6.6　来料厚度对轧出厚度的影响

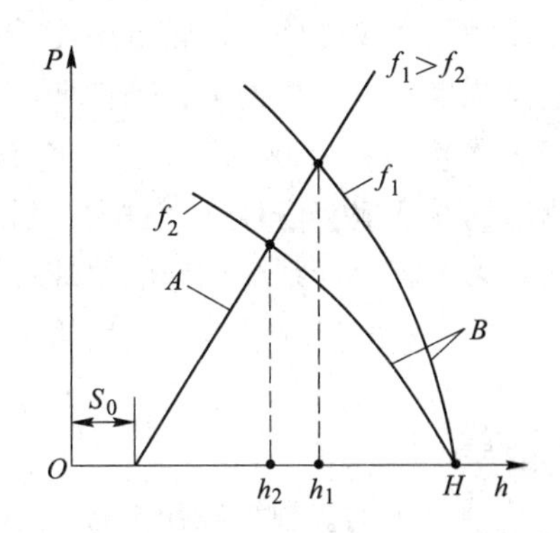

图 6.7　摩擦系数对轧出厚度的影响

当变形抗力 σ_s 增大时，则 B 曲线斜率增大，实际轧出厚度也增厚，反之，则实际轧出厚度变薄，如图 6.8 所示。这就说明当来料机械性能不均或轧制温度发生波动时，金属的变形抗力也会不一样，因此，必然使轧出厚度产生相应的波动。

轧制张力对实际轧出厚度的影响也是通过改变 B 曲线的斜率来实现的，张力增大时，会使 B 曲线的斜率减小，因而可使带钢轧得更薄，如图 6.9 所示。热连轧时的张力微调，冷轧时采用较大张力的轧制，也都是通过对张力的控制，使带钢轧得更薄和控制厚度精度。

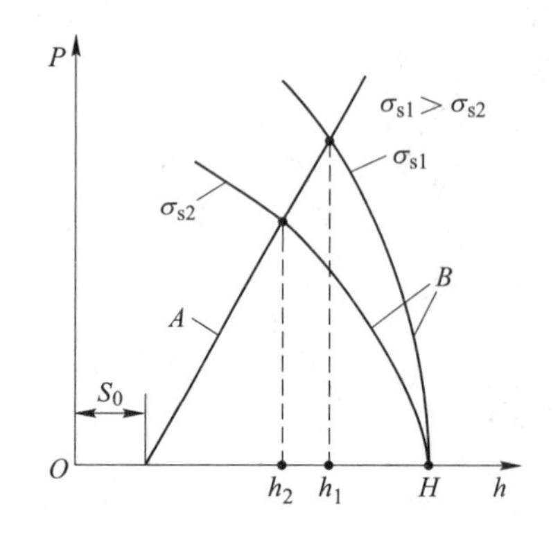

图 6.8 变形抗力对轧出厚度的影响

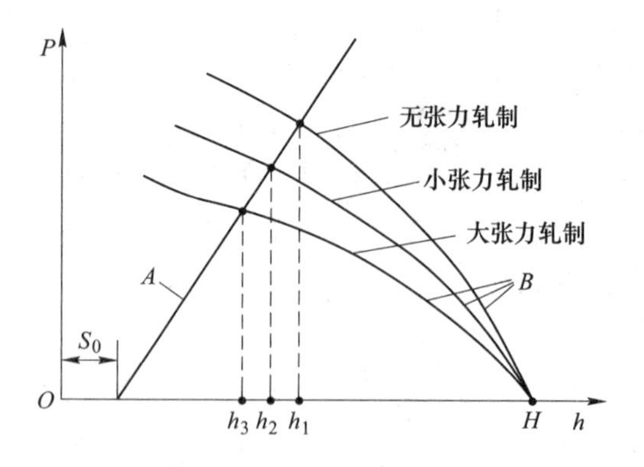

图 6.9 张力对轧出厚度的影响

在实际轧制过程中，以上诸因素对带钢实际轧出厚度的影响不是孤立的，而往往是同时对轧出厚度产生作用。所以，在厚度自动控制系统中应考虑各因素的综合影响。

6.2 厚度自动控制系统的组成及调节方式

6.2.1 厚度自动控制系统的组成

按照过程控制系统方框图，一个厚度自动控制系统应由下列几个部分组成：

（1）厚度检测部分。厚度控制系统能否精确地进行控制，首先取决于一次信号的检测。对热连轧来说测厚仪可以是 X 射线或 γ 射线的非接触式测厚仪，而冷连轧除采用上述两种非接触测厚仪之外，在较低速度情况下还可以采用滚轮式接触测厚仪，测厚仪距离轧机越远监测信号也就越迟钝，惯性调节系数就越大。

（2）厚度自动控制装置。它是整个厚度自动控制系统的运算处理部分，其作用是将测厚仪测出的厚度偏差信号进行放大，后经计算机的功能程序运算，输出控制压下位置的信号。往往为提高执行系统动作的快速性，要用微分算法对任何快速上升的初始偏差输出一个短暂的大一些的启动信号，然后再用积分算法对稳定后的静差进行累积，以减少稳态静差，如果调节对象的干扰规律明显，还可利用计算机采用神经网络或模糊控制，进一步提高控制效果。

（3）执行机构。根据输出的控制信号通过压下电动机或液压装置调整压下位置；或通过主电动机改变轧制速度，调节带钢的张力，来实现厚度的控制，显然这些装置机构都是些大惯性环节，其放大系数和惯性常数与现场设备结构及保养水平都有关。

6.2.2 厚度自动控制的调节方式

AGC 调节方式主要有以下三种。

（1）调压下。改变辊缝是 AGC 控制的主要方式，一般用来消除因轧制压力的波动而造成的厚度偏差。

（2）调张力。通过改变带钢的张力改变轧件变形抗力即塑性曲线斜率以实现厚度自动控制的目的。

（3）调速度。轧制速度的变化将影响到张力、摩擦系数等的变化，即影响轧制压力变化。可通过调速改变轧制压力以实现厚度自动控制的目的。

根据轧制过程中对厚度调节方式的不同，AGC 一般可分为：厚度计式、张力式、速度式厚度自动控制系统。

把轧机机架和轧辊本身当作间接测厚装置，通过所测得的轧制压力和压下量计算出板带厚度来进行厚度控制的系统为轧制压力 AGC 或厚度计式 AGC。

根据轧制过程中控制信息流动和作用情况的不同，厚度自动控制系统可分为反馈式、前馈式、监控式、张力式、金属秒流量式等。

从执行机构来看，可以分为电动 AGC 和液压 AGC。

此外，依据控制目标，可分为以出口厚度设定值为目标的绝对 AGC 控制方式和以头部实际厚度为目标的相对 AGC 控制方式。前者对板厚精确一致的来料较为适应，调整量不大。但如果头部厚度与目标差得多时，需要调整的量就很大，出现板带的楔形厚差，反而不利于带钢质量。后者不论头部是否符合目标，都以此为标准，整板厚度波动小，带卷可用性好。现场两种方法都采用，在板厚波动小的前提下，尽量接近目标尺寸。

6.3 厚度自动控制的原理

6.3.1 反馈式 AGC 的基本原理

用压下位置闭环控制和轧制压力变化补偿的办法，是可以进行压下位置调节的，但是它不能消除轧辊磨损、轧辊热膨胀对空载辊缝的影响以及位移传感器与测压仪元件本身的误差对轧出厚度的影响。为了消除上述因素的影响，必须采用反馈式厚度自动控制才能实现。

图 6.10 是此种厚度控制系统的框图。带钢从轧机中轧出之后，通过测厚仪测出实际轧出厚度 h_{FAC}，并与给定厚度值 h_{REF} 相比较，得到厚度偏差 $\Delta h = h_{REF} - h_{FAC}$，当二者数值相等时，厚度差运算器的输出为零，即 $\Delta h = 0$；若实测厚度值与给定厚度值相比较出现厚度偏差 Δh 时，便将它反馈给厚度自动控制装置，变换为辊缝调节量的控制信号，输出给电动压下或液压压下系统作相应的调节，以消除此厚度偏差。

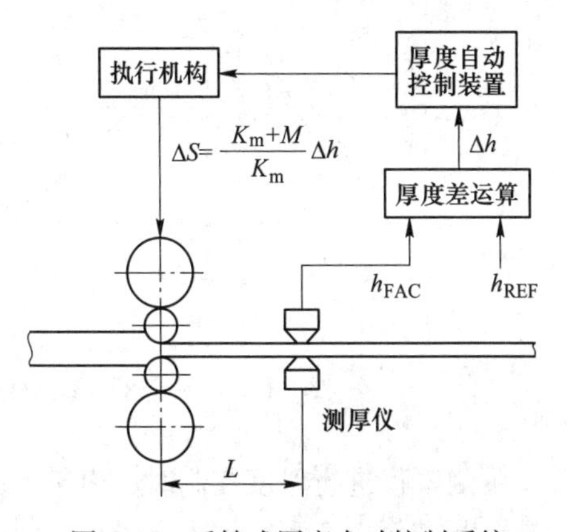

图 6.10 反馈式厚度自动控制系统
h_{FAC}—实测厚度；h_{REF}—给定厚度

为了消除已知的厚度偏差 Δh，所必需的辊缝调节量 ΔS 应是多大呢？为此，必须找出 Δh 与 ΔS 关系的数学模型。根据图 6.11a 所示的几何关系，可以得到：

$$\Delta h = fg = fi/M$$

$$\Delta S = eg = ef + fg = \frac{fi}{K_m} + \frac{fi}{M} = fi\frac{M + K_m}{K_m M}$$

故

$$\frac{\Delta h}{\Delta S} = \frac{\frac{fi}{M}}{fi\frac{M + K_m}{K_m M}} = \frac{K_m}{M + K_m}$$

即

$$\Delta h = \frac{K_m}{M + K_m}\Delta S \tag{6.3}$$

或

$$\Delta S = \frac{K_m + M}{K_m}\Delta h = \left(1 + \frac{M}{K_m}\right)\Delta h \tag{6.4}$$

从式（6.4）可知，为消除带钢的厚度偏差 Δh，必须使辊缝移动 $\left(1 + \frac{M}{K_m}\right)\Delta h$ 的距离。因此，只有当 K_m越大，而 M 愈小，才能使得 ΔS 与 Δh 之间的差别愈小。当 K_m和 M 为一定值时，即 $(K_m+M)/K_m$为常数，则 ΔS 与 Δh 便成正比关系。只要检测到厚度偏差 Δh，便可以计算出为消除此厚度偏差应做出的辊缝调节量 ΔS。

当轧机的空载辊缝 S_0改变一个 ΔS_0时，它所引起的带钢实际轧出厚度的变化量 Δh 要小于 ΔS_0，如图 6.11b 所示。Δh 与 ΔS_0之间的比值 $C=\Delta h/\Delta S_0$称为“压下有效系数”，它表示压下位置的改变量究竟有多大的一部分能反映到轧出厚度的变化上。当轧机刚度较小或轧件的塑性刚度较大时，$\Delta h/\Delta S_0$比值很小，压下效果甚微。换句话说，虽然压下往下移动了不少，但实际轧出厚度却往往未见减薄多少。因而增大 $\Delta h/\Delta S_0$的比值对于实现快速厚度自动控制就有极其重大的意义。所以在实际生产中，增加轧机整体的刚度是增大 $\Delta h/\Delta S_0$的重要措施。

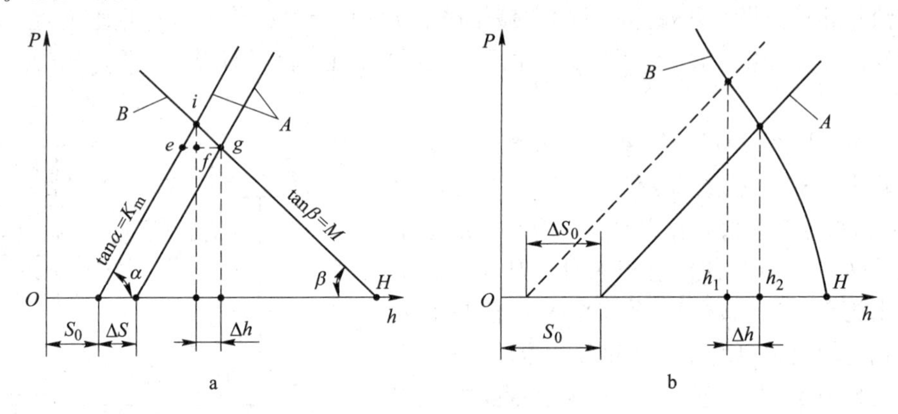

图 6.11 Δh 与 ΔS 关系曲线（a）及空载辊缝对轧出厚度的影响（b）

用测厚仪进行厚度控制时，由于考虑到轧机结构的限制、测厚仪的维护，以及为了防止带钢断带而损坏测厚仪，测厚仪一般装设在离直接产生厚度变化的辊缝较远的地方，约为 700~2000mm。因检出的厚度变化量与辊缝的控制量不是在同一时间内发生的，所以实际轧出厚度的波动不能得到及时的反映，结果使整个厚度控制系统的操作都有一定的时间滞后 τ，用式（6.5）表示：

$$\tau = \frac{L_{ap}}{v} \tag{6.5}$$

式中 τ——滞后时间；

v——轧制速度；

L_{ap}——轧辊中心线到测厚仪的距离。

由于有时间滞后，所以这种按比值进行厚度控制的系统很难进行稳定的控制。为了防止厚度控制过程中的此种传递时间滞后，因而采用厚度计式或前馈式厚度自动控制系统。

6.3.2 前馈式AGC的基本原理

不论用测厚仪还是用“厚度计”测厚的反馈式厚度自动控制系统，都避免不了控制上的传递滞后或过渡过程滞后，因而限制了控制精度的进一步提高。特别是当来料厚度波动较大时，更会影响带钢的实际轧出厚度的精度。为了克服此缺点，在现代化的冷热连轧机上都广泛采用前馈式厚度自动控制系统，简称前馈AGC。

前馈式AGC不是根据本机架（即F_i机架）实际轧出厚度的偏差值来进行厚度控制，而是在轧制过程尚未进行之前，预先测定出来料厚度偏差并往前馈送给下一机架（即F_i机架），以预定时间内提前调整压下机构，以便保证获得所要求的轧出厚度h，如图6.12所示。正由于它是往前馈送信号来实现厚度自动控制，所以称为前馈AGC或称为预控AGC。

它的控制原理就是用测厚仪或以前一机架作为“厚度计”，在带钢未进入本机架之前测量出其入口厚度H_i，并与给定厚度值H_0相比较，当有厚度偏差ΔH时，便预先估计出可能产生的轧出厚度偏差Δh，从而确定为消除此Δh值所需的辊缝调节量ΔS，然后根据该检测点进入本机架的时间和移动ΔS所需的时间，提前对本机架进行厚度控制，使得厚度的控制点正好就是ΔH的检测点。

ΔH、Δh与ΔS之间的关系，可以根据图6.13所示的P-h图来确定，由图可知：

$$\Delta H = bd, \ \Delta h = bc = \frac{gc}{K_m}$$

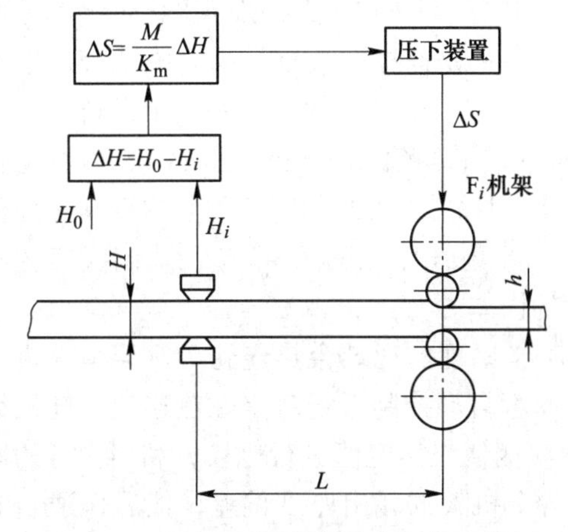

图6.12 前馈式厚度自动控制系统示意图

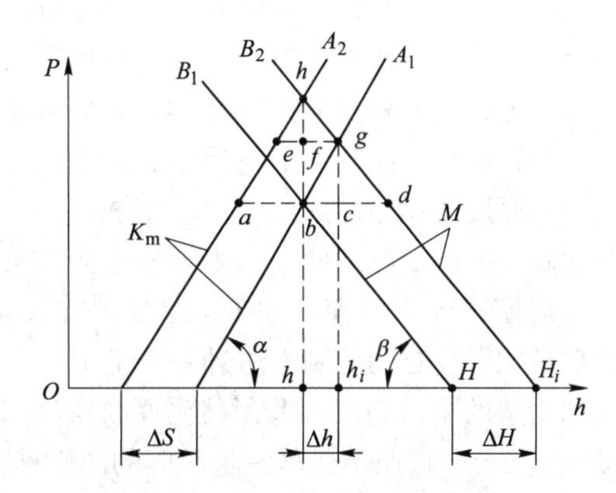

图6.13 ΔH、Δh与ΔS关系曲线

又因
$$bd = bc + cd = \frac{gc}{K_m} + \frac{gc}{M} = \frac{M + K_m}{K_m M}gc = \frac{M + K_m}{M}bc$$

故
$$\Delta h = \frac{M}{K_m + M}\Delta H \tag{6.6}$$

根据式（6.4）的关系，则得

$$\Delta S = \frac{K_m + M}{K_m}\Delta h = \frac{K_m + M}{K_m}\frac{M}{K_m + M}\Delta H = \frac{M}{K_m}\Delta H \tag{6.7}$$

式（6.7）表明，当K_m愈大和M愈小时，消除相同的来料厚度差ΔH压下螺丝所需移动的ΔS也就愈小，因此，刚度系数K_m比较大的轧机，有利于消除来料厚度差对轧件厚度的影响。同时，轧机对来料厚度偏差ΔH有一定的自动纠正能力。特别是带钢在头几个机架中温度比较高，塑性钢度M较小，所以其纠正厚度偏差的能力也就较大。

由于前馈式厚度控制是属于开环控制系统，一般是将前馈式与反馈式厚度控制系统结合使用，所以它的控制效果也只能与反馈式厚度自动控制系统结合在一起进行评定。

6.3.3 监控式 AGC 的基本原理

最早开发应用于实际生产的是以轧机弹跳方程为基础的、得到广泛应用的间接测厚方式的轧制力 AGC。由于这种轧制力 AGC 受到轧辊磨损、轧辊热膨胀、轴承间隙变化、轧辊不圆等因素的影响，会使测量精度进一步下降。例如，在空载辊缝为S_0和轧制压力为P的情况下，轧制的带钢厚度为$h = S_0+P/K_m$。当轧辊磨损以后，辊缝的实际值变为S_1，且$S_1>S_0$，此时的轧制压力实际值为P_1，即$P_1<P$，而轧出的带钢厚度的实际值为$h_1=S_1+P_1/K_m$，且$h_1>h$。但是从压力 AGC 的运算器中却会得出相反的结论，因为此时测量得到的辊缝值S_0没有变，而压力却能测到为P_1，因此由间接测厚得到的厚度名义值为$h_1'=S_0+P_1/K_m$，$h_1'<h$，比原先的反而薄了。为了消除此误差，压力 AGC 要去抬辊，增加辊缝值，这样就是误操作了。本来板厚已经增加，可是压力 AGC 却误认为板厚变薄了，这种现象是压力 AGC 本身无法克服的缺点，称为压力 AGC 的原理性误操作现象。于是就需要用直接测厚的方法来修正此误差。

修正的办法就是用精度较高的 X 射线测厚仪来进行监控，即以末机架出口带钢厚差的平均值来修正前几机架的辊缝。一般有两种方式，一种是监控本块钢，即每隔 3～5m 取这段带钢厚差平均值去调整各机架（或最后两架）的辊缝，保证本块钢能精确地保持在给定厚度值上；另一种是监控下块钢，即将整块钢的厚差平均值用来调整下块钢的预设定辊缝，保证同规格品种的下块钢比上块钢的厚差更小。所以 X 射线测厚仪的监视控制是任何成功的厚度自动控制的一个重要组成部分。但是，X 射线监控的 AGC 应在轧制线工艺状况比较稳定的情况下使用，否则甚至会出现更大的误差。

监控式 AGC 的基本原理就是反馈式 AGC 的基本原理。现结合热连轧 7 机架精轧机组的监控式厚度自动控制方法进一步说明。监控式厚度自动控制系统就是在热连轧精轧机组最末机架的出口侧，将 X 射线测厚仪所测的厚度实测值与设定值进行比较，利用测得的厚度偏差Δh_x，按照金属秒流量相等的原则推算出各个机架的轧出厚度偏差，然后作适当的压下调节或张力调节，对各机架的 AGC 系统进行监控修正，来控制成品带钢的厚度，提高其厚控精度。从控制系统的结构来看，监控式与反馈式控制系统是相同的，但它们的控制方法又各不相同。

一般的反馈控制是指采用即时的反馈信号进行反馈控制，而监控的反馈控制的作用是着重消除系统运行过程中的任何慢漂移和生产过程中可能出现而未被其他控制环节彻底消除的各种误差信号进行反馈控制，以保证提高厚度控制系统的精度。它是起着监视厚度精度控制作用的厚度控制系统。

监控 AGC 之所以能提高厚度控制精度，主要是因为 X 射线测厚仪或同位素测厚仪本身的测厚精度比测压头的检测精度高，所以监控 AGC 的精度也高。在轧制过程中，对各种形式的轧制压力 AGC、张力微调 AGC 以及液压 AGC 等均可采用监控，可以进一步提高其厚度精度。

根据金属秒流量相等的原理，连轧精轧机组各机架的出口厚度偏差为：

$$\Delta h_i = \frac{v_7}{v_i}\Delta h_x \tag{6.8}$$

式中 Δh_i——第 i 机架的出口厚度偏差；

Δh_x——X 射线测厚仪测得的厚度偏差；

v_i，v_7——第 i 机架和第末机架的轧制速度。

测厚仪监视控制是对每个钢卷进行的，当该带钢尾部离开机架时即清除其监视值。

6.3.4 张力式 AGC 的基本原理

张力的变化可以显著改变轧制压力，从而能改变轧出厚度。改变张力与改变压下位置控制厚度相比，前者惯性小反应快并易于稳定。在成品机架，由于轧件的塑性刚度 M 很大，单靠调节辊缝进行厚度控制不易保持板形，效果往往很差，为了进一步提高成品带钢的厚度精度，所以常采用张力 AGC 进行厚度微调。

张力 AGC 就是根据精轧机组出口侧 X 射线测厚仪测出的厚度偏差，来微调机架之间（例如热连轧精轧机组最后两个机架）带钢上的张力，借此消除厚度偏差的厚度自动控制系统。张力微调可以通过两个途径来实现：一是根据厚度偏差值，调节精轧机的速度；另一办法是调节活套机构的给定转矩，其控制框图如图 6.14 所示。由 X 射线测厚仪测出带钢的厚度偏差之后，通过张力调节器 TV，经开关 K_1 和 K_3，依 K_3 的不同位置将控制信号分别传输给电动机的速度调节器或活套张力调节器。

张力 AGC 的控制原理是利用前后张力来改变轧件塑性曲线 B 的斜率对带钢厚度进行控制，张力与厚度的关系如图 6.15 所示。来料厚度为 H_0 时，作用在轧件上的张力为 T_0，塑性曲线为 B_1，工作点 a 对应的厚度为 h，压力为 P_0。当来料厚度有波动时，H_0 变为 H'，塑性曲线由 B_1 变为 B_2，其厚度差为 ΔH。虽然此时作用于轧件上的张力仍为 T_0，但是因来料有 ΔH 的厚差，工作点由 a 变为 b，对应的厚度为 h'，压力为 P'，因此便引起了带钢实际轧出厚度有厚度偏差 Δh。为了消除此厚度偏差，便可以加大作用于带钢上的张力，由 T_0 变为 T，$T>T_0$，使塑性曲线的状态由 B_2 变为 B_3，工作点又由 b 点拉回到 a 点，从而可以在辊缝 S_0 不变的情况下，使轧出厚度保持在所要求的范围之内。

张力变动所引起的厚度变化，可以用弹跳方程与压力方程的增量形式来表达：

$$\Delta P = K_m(\Delta h - \Delta S) \tag{6.9}$$

$$\Delta P=\frac{\partial P}{\partial h}\Delta h+\frac{\partial P}{\partial T}\Delta T \tag{6.10}$$

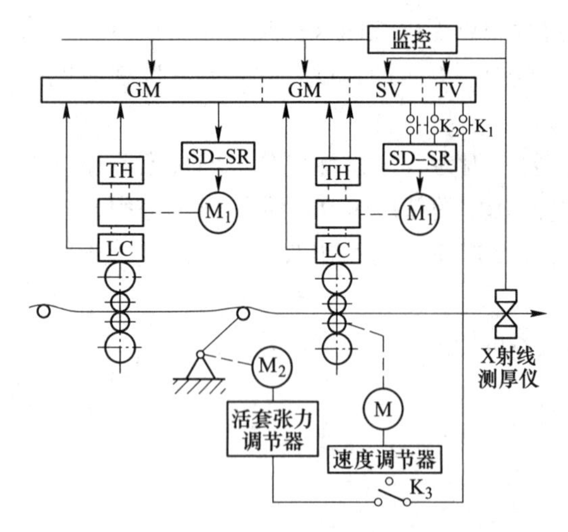

图 6.14 张力 AGC 控制框图

GM—厚度计控制；TV—张力微调控制器；
SV—压下微调控制；TH—顶帽螺丝位置传感器；
LC—压头；SD-SR—压下螺丝速度调节器；
M—主电动机；M_1—压下电动机；
M_2—活套支持器的电动机

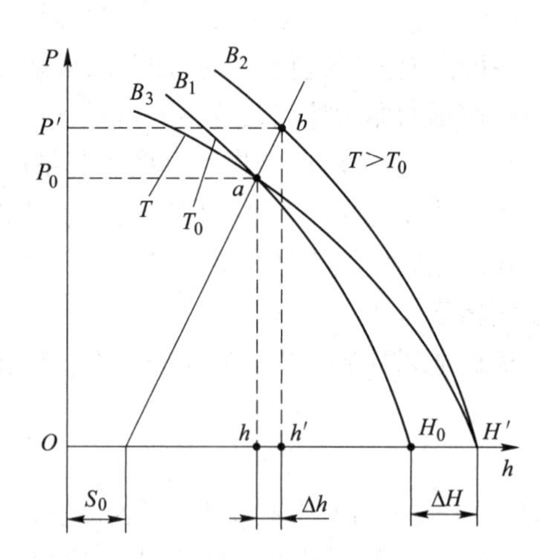

图 6.15 张力与厚度的关系

联解式（6.9）和式（6.10）得

$$\Delta h=\frac{K_{\mathrm{m}}}{K_{\mathrm{m}}-\dfrac{\partial P}{\partial h}}\Delta S+\frac{\dfrac{\partial P}{\partial T}}{K_{\mathrm{m}}-\dfrac{\partial P}{\partial h}}\Delta T \tag{6.11}$$

当辊缝保持不变，即 $\Delta S=0$ 时，则

$$\frac{\Delta h}{\Delta T}=\frac{\dfrac{\partial P}{\partial T}}{K_{\mathrm{m}}-\dfrac{\partial P}{\partial h}} \tag{6.12}$$

方程式（6.12）就是张力 AGC 控制系统的控制方程，式中的$\partial P/\partial T$为张力对轧制压力的影响系数。采用张力控制厚度，由于可以使轧制压力 P 不变，因此可以保持板形不变。但是为了得到一定的厚度调节量，应有较大的张力变化，例如欲使冷轧带钢厚度变化 1.0%，而张力可能就需要变动 10.0%，所以为了保证轧制过程能稳定进行，以及使钢卷能卷得整齐，在厚度变化较大时，不能把张力作为唯一的调节量。一般张力法只用于调节小厚度偏差的情况，作为精调，或者用于因某种原因不能用辊缝作为调节量的情况。例如冷连轧机的末机架为了保证板形、轧制薄而硬的带钢、因轧辊压扁严重等情况，这些不宜用辊缝作为调节量，往往是采用张力法来控制厚度的。热轧厚度较薄的带钢时，为了防止拉窄或拉断，张力的变化也不宜过大，所以热轧厚度控制过程中，张力法往往是与调压下

方法配合使用，当厚度波动较大时，就采用调压下的方法，而当厚度波动较小时，便可采用张力微调进行厚度控制。

6.3.5 金属秒流量 AGC 的基本原理

利用轧制过程中金属秒流量相等的原理进行厚度自动控制的方式称为金属秒流量 AGC。

采用轧机出口侧的测厚仪进行厚度偏差反馈的 AGC 系统，由于测厚仪与辊缝之间有一段较大的距离，因而被检测到的厚度偏差信号具有时间滞后，并且它也无法消除一些呈周期性频繁变化因素对轧件轧出厚度的影响。由于采样和控制周期较长，因此，在每道次开始轧制时，逼近目标厚度所需的控制时间也较长，从而增加了带钢头尾不合格部分的长度，致使成材率降低。

为了克服上述的这些缺点，人们都力图开发出能对出辊缝的带钢厚度进行即时检测和控制的系统。到目前为止，比较成熟的方法有辊缝控制法、厚度计法和秒流量法。在这三种方法中，秒流量法具有设备和系统简单、安装调整方便和控制精度高的特点，所以得到迅速的发展和应用。

6.3.5.1 秒流量法带钢厚度测量原理

图 6.16 是秒流量法带钢厚度测量原理图，秒流量液压 AGC 的关键是精确测量辊缝中的带钢厚度。该方法是将进入辊缝的带钢通过安装在轧机入口的数字式光电码盘分成等长度的区段（50~80mm），然后通过入口测厚仪和安装在出口的数字式光电码盘分别测出每段的轧前厚度和轧后长度，再根据金属秒流量相等的原理，就可以计算出每段的实际轧出厚度。

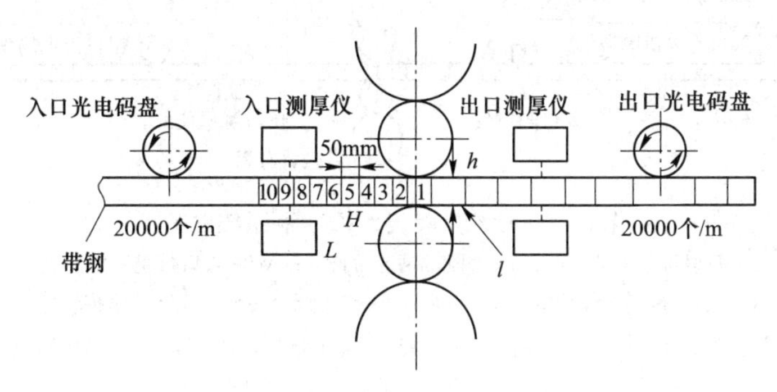

图 6.16 秒流量法带钢厚度测量原理图

L—每段带钢轧前长度；*l*—每段带钢轧后长度；*H*—入口带钢厚度；*h*—出口带钢厚度

设入口测厚仪测量的每段带钢厚度为 H，通过计算机移位储存，然后在该段离开辊缝时取出，轧前的带钢长度 L 由入口光电码盘测出，与此同时，该段轧后的长度 l 由出口光电码盘测出。根据金属秒流量相等的原理（忽略宽展），便可以计算出该段带钢的实际轧出厚度。

$$h = H \cdot L/l \quad 或 \quad h = v_H \cdot H/v_h \tag{6.13}$$

式中 H——入口段带钢厚度；

h——出口段带钢厚度；

L——入口段带钢长度；

l——出口段带钢长度；

v_H——入口带钢速度；

v_h——出口带钢速度。

厚控系统的取样、信息存储移位、数据输出、计算和控制周期的控制（此处的周期为长度，不是时间）都由入口光电码盘控制。假若光电码盘的脉冲数为 20000 个/m，则 50mm 带钢长度便对应于 1000 个脉冲。当入口光电码盘脉冲记数由 0 达到 1000 时，便自动发出指令，执行上述功能，然后再接着开始下一次的脉冲记数。

6.3.5.2 秒流量液压 AGC 系统的组成及基本原理

一套完整的秒流量 AGC 系统应由厚度前馈（预控）环、按金属秒流量相等原则计算出的轧出厚度的厚度反馈环和厚度监控环组成。图 6.17 为秒流量液压 AGC 控制系统框图。

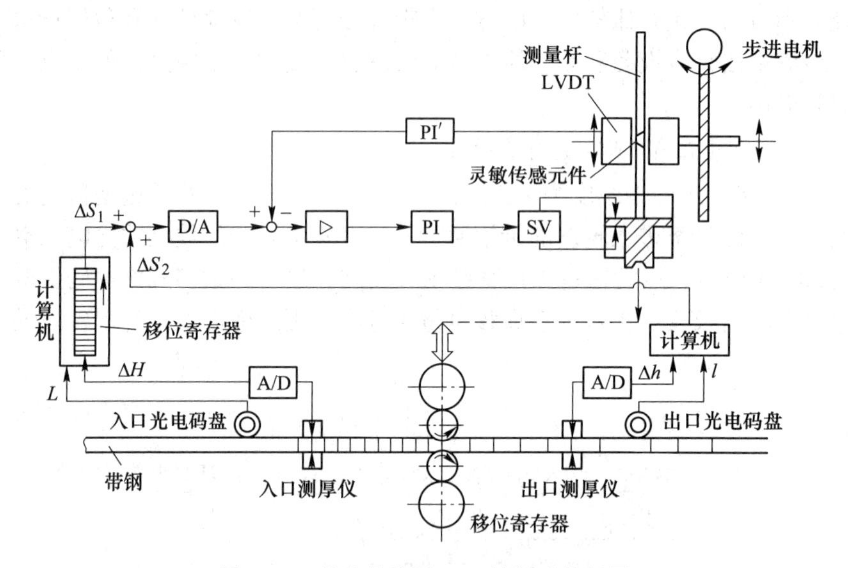

图 6.17 秒流量液压 AGC 控制系统框图

L—每段带钢轧前长度；l—每段带钢轧后长度；ΔH—入口带钢厚度偏差；Δh—出口带钢厚度偏差；ΔS_1—前馈辊缝控制量；ΔS_2—反馈辊缝控制量；A/D—模数转换器；D/A—数模转换器；PI—液压比例积分调节器；PI′—LVDT 比例积分调节器；LVDT—差动变压器；SV—伺服阀

秒流量控制的基本原理就是利用轧机入口和出口带材长度及带材入口厚度几个测量结果，计算出轧出的带材厚度，从而减少了测量出口厚度时所造成的反馈滞后现象。根据计算出的带材出口厚度偏差值，再计算压下位置修正量，最后对压下控制装置进行压下位置的设定，使其能在各种条件下得到精确的目标厚度。

厚度前馈环是系统中必不可少的环节，其原因是按金属秒流量相等原理计算出的带钢厚度虽然为辊缝处的厚度，但是依据此厚度及其偏差对下一段带钢进行控制时，它仍属于滞后反馈控制，只是这种滞后较小而已。而前馈环是马前卒，它可以在具有厚度偏差的带钢进入辊缝之前，就知其厚度偏差的大小，当带钢进入辊缝时，控制系统便可以根据此厚度偏差适时调节辊缝，以此来消除其厚度偏差。

如前所述消除入口厚差 ΔH 相应的辊缝控制量：

$$\Delta S_1 = M/K_m \cdot \Delta H \tag{6.14}$$

式中　K_m——轧机刚度系数；

M——轧件塑性刚度系数；

ΔH——入口带钢厚度差。

根据金属秒流量方程推算出的轧后厚度，可以看作是对厚度的一种间接测量方式，它与 P-AGC 系统间接测厚的不同点是这种间接测厚方式是在轧件未进入辊缝之前就已测算出轧后厚度，因而能使控制系统提前操作，能对其厚度进行及时控制，所以秒流量 AGC 控制也是一种预控方式的控制。

在厚度反馈环中，消除出口厚差 Δh 相应的辊缝控制量为：

$$\Delta S_2 = (K_m + M)/K_m \cdot \Delta h \tag{6.15}$$

厚度前馈环和厚度反馈环同时工作，其控制周期均由入口侧光电码盘控制，两个控制环节的纠偏信号（$\Delta S_1+\Delta S_2$）叠加后送到压下液压缸伺服调节器进行控制。

监控环是借助于出口侧测厚仪所组成的，它实际相当于秒流量反馈控制环的外环，主要用来消除秒流量反馈控制环不能消除的较小厚度偏差，以及秒流量计算过程中的系统误差，如测量辊的磨损和零漂等。出口侧测厚仪分别测出各段带钢的厚度，然后计算其平均值，再与其目标厚度进行比较，最后根据这一厚度偏差定期对秒流量计算模型进行监控修正。

厚度前馈环和秒流量测厚反馈环所给出的压下位移调节信号 ΔS_1 和 ΔS_2 是通过压下位置闭环系统来实现的。液压缸压下位移是通过两种控制方式实现：一是通过精密丝杆由步进马达上下移动差动变压器中的测量杆来实现，该方式主要是用于手动操作或压下行程较大时，如初始设定辊缝、事故快抬等；二是通过图 6.17 所示的电液伺服系统，主要用于轧制过程中的厚度自动控制，在此方式中系统响应频率高，并且由于位移行程不大，保证了差动变压器的分辨率。

过去常规测带钢长度的方法是将光电码盘安装在轧机前后导向辊的轴上，由于导向辊的直径比较大，所以惯性也比较大，在加减速轧制过程中，带钢与导向辊之间会出现打滑现象，会影响测量精度。现在采用的方法是将测量带钢长度的光电码盘安装在轧机前后的专用测量辊的轴上，可以克服上一种方法的缺点。随着科学技术的发展，现在已有采用激光测速方法进行秒流量 AGC 控制，其效果更佳。

6.3.6　液压式 AGC 的基本原理

6.3.6.1　电动压下系统的局限性

液压压下系统之所以得到迅速发展，其原因是电动压下系统有一些难以克服的缺点，不能完全适应各种厚度控制的要求。按照厚度自动控制的要求，电动压下厚控系统的效果受着下列三个物理因素的限制。

（1）在轧制压力的作用下，压下所需的力矩（扭转力矩）使电动机械压下系统的压下螺丝产生弹性扭转，其弹性变形会引起滞后。在位置滞后范围内，尽管厚度自动控制系统已发出了调节信号，电动机已开始转动，且表明压下系统已运转了，但实际上压下系统的压下位移并没有起作用。

（2）由于电动机械压下系统结构上的原因，会产生各种不同的摩擦损失，使得压下系统的总效率降低。这些摩擦损失主要发生在压下螺丝的螺纹区、蜗杆和蜗杆轴承上。

（3）由于对板带材厚度精度要求不断地提高，因此要求厚度控制系统做相对小的压下位置调节，因而加速和减速时间便成为总压下调节时间的主要部分。但电动机转矩和轧制力矩在加速时各不相同，故要求加速度值不能超过 2mm/s²。

由上可知，电动机械压下系统达到所要求额定位置的精度低、再现性能差、动态响应速度慢是上述物理因素影响的必然结果。为了克服电动机械压下系统的缺点，只能通过液压压下系统来实现。

6.3.6.2　液压压下系统的一般结构

现代化液压压下系统的一般结构和信号流程如图 6.18 所示，其一般特性是：液压压下系统的加速度能达到 500mm/s²，加速和减速时间仅为几十毫秒。加速大约在 10ms 的空载之后开始，8ms 后能使最大速度达到 4mm/s，经过 17ms 的匀速调节之后便开始减速，再经 8ms 后压下系统制动。

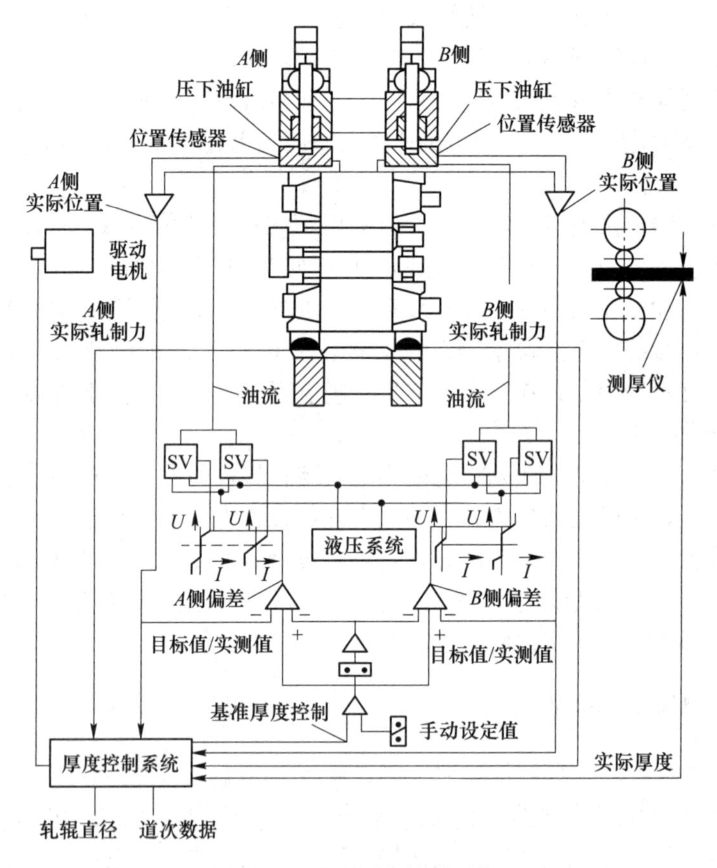

图 6.18　液压厚度控制系统

液压压下系统由具有伺服阀的定位控制电路组成，伺服阀既是定位器，又是对实际压下位置进行反馈的位置传感器，被加速的物质是液压缸内的油。500mm/s²以上的加速度是通过液压缸内的工作压力和蓄势器压力之间的压力差来实现的。压下位置的测量是直接在液压缸上进行的，这样，滞后现象便被消除掉了。

为了防止因液压缸倾斜而出现测量误差，将两个压下位置传感器以180°错开排列方式进行安装，因此送给位置控制系统的实际位置值，便是两个位置传感器所测结果的平均值。

伺服放大器用于确定实际位置与目标位置（给定位置）的偏差，然后将此偏差信号直接送给伺服阀的功率放大器，经伺服阀去调节流入液压缸的油量，使之增加或减少，以便实现压下位置的改变。

轧机的传动侧和操作侧都装有单独的位置控制回路，如图6.18所示。按给定位置的目标值进行控制，保证两边轧辊平行工作。速度同步一般是由外加的同步控制器来保证。

6.3.6.3　液压AGC的轧机刚性可变控制

液压AGC就是借助于轧机的液压系统，通过液压伺服阀调节液压缸的油量和压力来控制轧辊的位置，对带钢进行厚度自动控制的系统。

图6.19是液压压下装置示意图，为了实现厚度控制，首先应解决实际辊缝值的精确测定问题。在现代化的液压轧机上，都广泛采用位置传感器来检测辊缝位置的变化。轧辊位置传感器6装设在机架窗口的内侧，用于检测下支撑辊轴承座上表面的位置，以轧机的中心为基准，在支撑辊轴承座上表面左右两个地方检测其位置的变化量，然后将此二处的位置检测信号送入控制装置9，并计算其平均值，作为下支撑辊的位置，再与压头7检测出的弹跳量的信号进行比较运算，然后根据此运算结果通过伺服阀8来调节油压缸5的油量和压力对厚度实现控制。

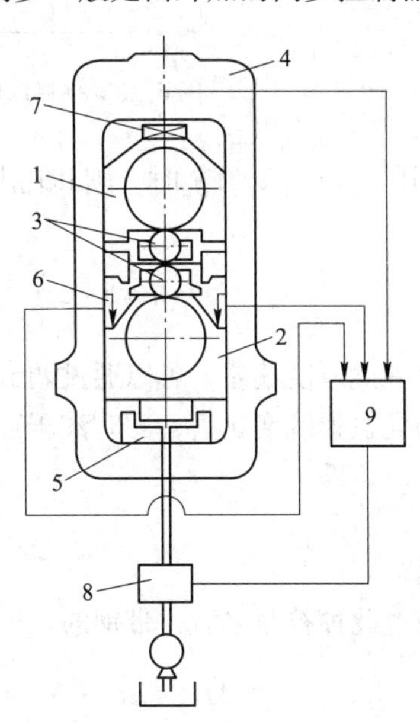

图6.19　具有位置传感器的液压压下装置
1—上支撑辊轴承座；2—下支撑辊轴承座；
3—上、下工作辊；4—机架；5—油压缸；
6—位置传感器；7—压头；8—伺服阀；9—控制装置

液压AGC是按照轧机刚性可变控制的原理来实现厚度的控制。假设预调辊缝值为S_0，轧机的刚度系数为K_m，来料厚度为H_0，此时轧制压力为p_1，如图6.20所示，则实际轧出厚度h_1应为：

$$h_1 = S_0 + \frac{p_1}{K_m} \tag{6.16}$$

当来料厚度因某种原因有变化时，由H_0变为H'，其厚度差为ΔH，因而在轧制过程中必然会引起轧制压力和轧出厚度的变化，压力由p_1变为p_2，轧出厚度为：

$$h_2 = S_0 + \frac{p_2}{K_m} \tag{6.17}$$

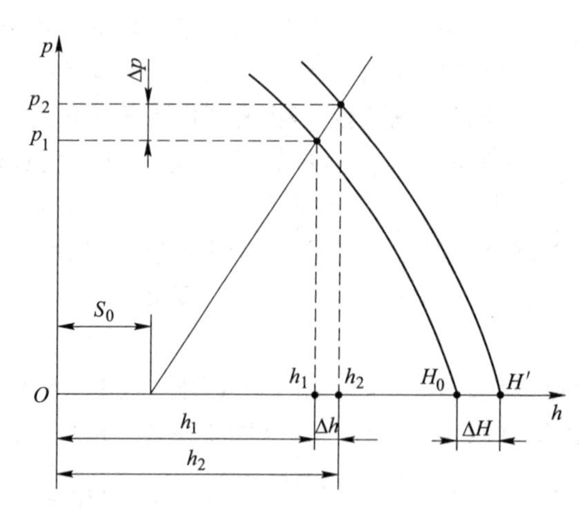

图 6.20　来料厚度差 ΔH 对轧出厚度的影响

当轧制压力由 p_1变为 p_2时，则其轧出厚度的厚度偏差 Δh 正好等于压力差所引起的弹跳量，即

$$\Delta h = h_2 - h_1 = \frac{1}{K_m}(p_2 - p_1) = \frac{1}{K_m}\Delta p \tag{6.18}$$

为了消除此厚度偏差，可以通过调节液压缸的流量来控制轧辊位置，补偿因来料厚度差所引起的轧机弹跳变化量，此时液压缸所产生的轧辊位置修正量应与此弹跳变化量成正比，方向相反，即

$$\Delta x = -C\frac{1}{K_m}\Delta p \tag{6.19}$$

轧机经过此种补偿之后，带钢的轧出厚度偏差便不是 Δh，而变小了，变成为：

$$\Delta h' = \Delta h - \Delta x = \frac{\Delta p}{K_m} - C\frac{\Delta p}{K_m} = \frac{\Delta p}{\dfrac{K_m}{1-C}} = \frac{\Delta p}{K_E} \tag{6.20}$$

式中　$\Delta h'$——轧辊位置补偿之后的带钢轧出厚度偏差；

C——轧辊位置补偿系数；

K_E——等效的轧机刚度系数，$K_E = K_m/(1-C)$；

Δx——轧辊位置修正量。

此式是轧机刚度可变控制的基本方程，由此可知，所谓轧机刚度可变控制，实质也就是改变轧辊位置补偿系数 C，即改变 K_E，以此来减小带钢轧出厚度偏差。液压 AGC 就是通过改变等效的轧机刚度系数 K_E，来实现厚度自动控制的。

通过以上分析可知，只要改变轧辊位置补偿系数 C 的数值，便可以达到轧机刚度可控的目的。这种轧机刚度可变控制的原理，近年来在现代化的冷连轧轧机上得到日益广泛的应用，而在热连轧轧机上目前已在精轧机组上采用。

图 6.21 是轧机刚度可变控制系统框图，当轧机不受外界干扰作用时，其给定的轧制压力为 p_1。当轧机受到外来干扰作用时，如来料厚度发生变化，其轧制压力由 p_1变为 p_2，p_1与 p_2进行比较之后，便得到一定的轧制压力差 Δp，并据此计算出相应的轧机弹跳增量：

$$\Delta h = \frac{1}{K_m}(p_1 - p_2) = \frac{1}{K_m}\Delta p \tag{6.21}$$

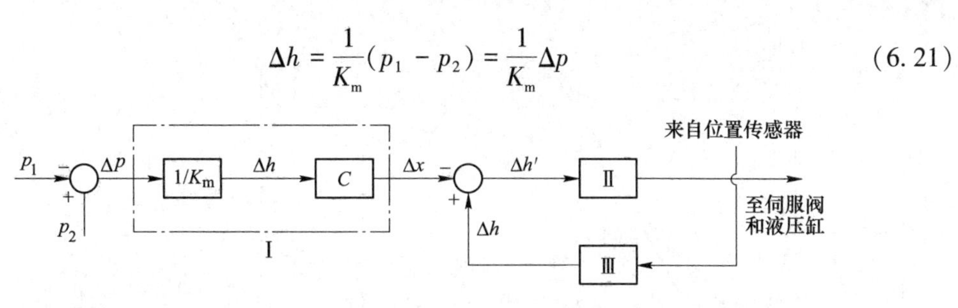

图 6.21　轧机刚度可变控制系统框图

Ⅰ—定值器；Ⅱ—控制装置；Ⅲ—位置检测器

通过轧机刚度可变控制的设定器，改变轧机参数，即改变轧辊位置补偿系数 C 的数值，使轧机的刚度变为超硬特性、硬特性、软特性或自然特性，便可以得到与轧机弹跳增量 $\frac{1}{K_m}\Delta p$ 成正比的，由液压流量来补偿的轧辊位置修正量给定值 $C\frac{\Delta p}{K_m}$。然后将它与由位置传感器检测到的辊缝实际位置信号值 $\Delta h = \frac{1}{K_m}\Delta p$ 进行比较，便可以得到轧辊实际位置偏差信号 $\Delta h'$，然后通过控制装置Ⅱ，去控制伺服阀和液压缸柱塞的位置，使辊缝作相应的调节。

6.3.7　轧制力 AGC(P-AGC) 的基本原理

在实际轧制过程中，由于轧机负荷辊缝的实时直接测量至今尚未得到解决，因此过去都是通过检测轧制压力和辊缝位置信号，根据轧机弹跳方程计算出轧件厚度来实现厚度控制。由于轧制力 AGC 是利用轧机机架的弹跳方程直接计算得到板厚的方法，它相当于运用机架作为厚度计（Gauge Meter），无滞后时间测得厚度，所以又称它为厚度计法，其厚度控制系统被称为厚度计厚度控制系统，简称为 GM-AGC。

图 6.22 的曲线表示一台典型四辊轧机的弹跳值（或机架的伸长）与轧制力的关系曲线。由图可见，在小轧制力的范围内，曲线是非线性的（这是由于轧辊及其轴承的弹性变形所致），但曲线的主要部分仍属线性，其斜率即相当于轧机模数（轧机刚度系数）K_m。若轧机在曲线的线性段内工作，则轧机的弹跳值可由 S_0+p/K_m 计算出，式中，S_0 为曲线直线段的外推部分，它表示轧机弹跳在横轴上的截距；p 为总轧制压力。

如果轧辊事先互相分开一个距离 S（称为原始辊缝），那么在此工作条件下的辊缝即为：$S+S_0+p/K_m$，如图 6.23 所示。

于是西姆斯（B. R. Sims）最早提出的弹跳方程为：

$$h = S_0 + p/K_m \tag{6.22}$$

$$h = S + S_0 + p/K_m \tag{6.23}$$

式中　h——计算出的轧件厚度；

S_0——预设定的辊缝；

S——原始辊缝；

p——实测轧制压力；

K_m——轧机刚度系数。

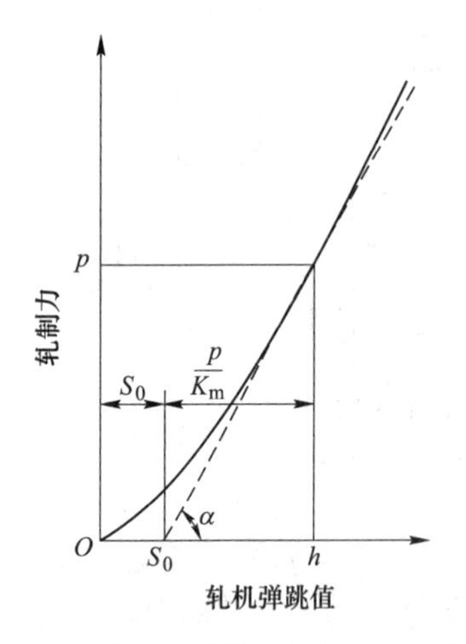

图 6.22 轧机弹跳值与轧制力关系曲线

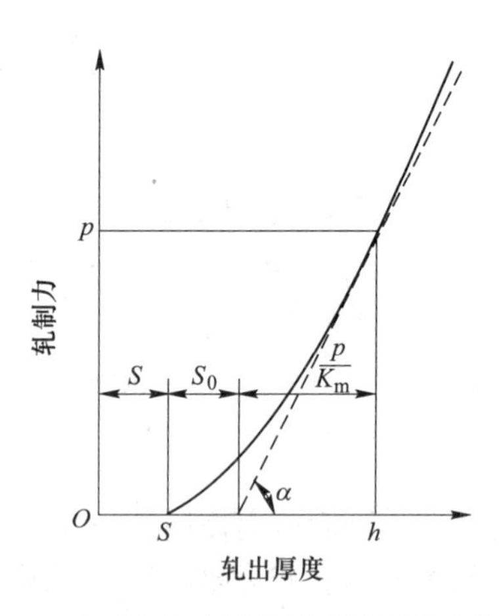

图 6.23 表示如何由轧机模数计算厚度的曲线

为了推导出使带钢纵向厚度均匀一致的 AGC 控制模型，其基本假设是：轧机弹跳方程为精确的线性方程，即轧机刚度系数 K_m 为常数；轧件的塑性方程也为精确的线性方程，即轧件塑性系数 M 为常数；辊缝和轧制力信号准确；辊缝位置压下系统动态响应无限快，即本步辊缝调节值能一步调节精确到位。符合上述假设条件的轧制过程被称为理想的线性化轧制过程，在此所说的线性化就是指轧机刚度系数和轧件塑性系数均为常数，即在 p-h 图中的轧机曲线和轧件塑性曲线是两条直线。

轧制力 AGC 实质上是一种轧机模型控制方法，其理论基础是轧机弹跳方程。提高轧制力 AGC 厚度控制精度有三个难点：一是轧机弹跳量与轧制力是非线性关系，特别是在小轧制力段，更为明显，这是由于轧机各部分零件以及轴承之间存在间隙和接触变形所致；二是位置检测仪对某些原因造成的实际辊缝变化检测不到，如轧辊热凸度变化、轧辊磨损、油膜轴承的油膜厚度、轧辊偏心等，从而产生厚控偏差；三是，由于位置控制系统 APC 与厚度控制系统 AGC 构成内外双闭环系统，AGC 模型形式会直接影响控制系统的响应特性，所以对轧制力 AGC 模型来说，其系统的动态响应特性也是非常重要的衡量指标，理想的轧制力 AGC 系统应具有与 APC 系统同样的动态响应特性，但是实际上也不容易做到完全一样。所以，也可以说长期以来这三个难点制约了厚度控制精度的提高。

6.3.8 相对值 AGC（锁定 AGC）控制系统的基本原理

相对值 AGC 就是取带钢头部某一实际轧制厚度值作为目标厚度（即锁定厚度），然后在轧制过程中，以检测出口辊缝值和轧制压力的增量信号来控制厚度，使带钢的厚度都被控制在该目标厚度范围之内，从而使后续带钢（同一块带钢）达到控制同板差目的的厚控系统。由于它控制的厚度为相对于目标厚度的某个锁定厚度，而不是实际的目标厚度，所以称它为相对值 AGC 系统，也有的称它为跟踪 AGC、锁定 AGC（LKON-AGC）或称为狭义的 BISRA-AGC。

何时锁定为好，各厂家有所不同，有的是采用锁定在钢板头部经给定时间（0.2～0.6ms）后通过轧机测得的轧制压力作为基准轧制压力。

其控制模型如下：

$$\Delta h = \Delta S + \Delta p/K_m \tag{6.24}$$

系统达到平衡时，期望厚度偏差 $\Delta h=0$，为了使 Δh 接近零，则辊缝应向减小的方向压下，于是辊缝改变量应为：

$$\Delta S = -\Delta p/K_m \tag{6.25}$$

此式即为轧制力 AGC 的控制模型，BISRA 厚度自动控制系统结构如图 6.24 所示。

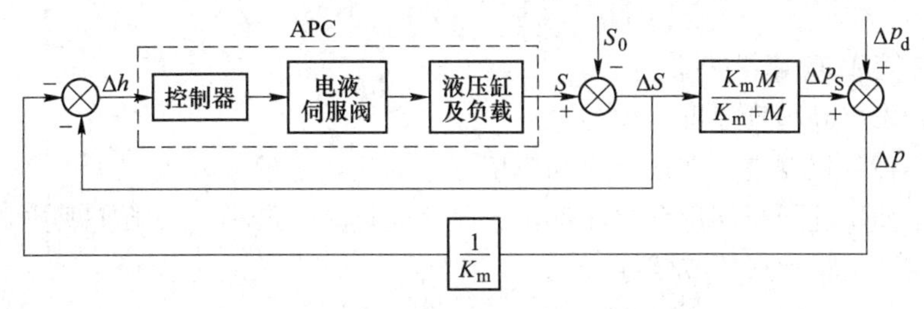

图 6.24　BISRA 厚度自动控制系统框图

APC—压下位置自动控制系统；ΔS—辊缝调节量；Δp_S—调节辊缝引起的压力变化量；Δp_d—压力扰动量；K_m—轧机刚度系数；M—轧件塑性系数

相对值 AGC 一般在带钢穿带完成后参与控制，其控制的基准值是采样的平均值。当有阶跃扰动时，经过此控制系统多次调节之后，最后是可以收敛到 $\Delta h=0$。因此，这种 AGC 方式比较稳定，对生产过程的稳定性有利，同时也可以得到较好的带钢同板差。但是这种方式不能够保证良好的异板差，得到的实际带钢厚度有可能与所需要的带钢厚度相差很大。由于该种厚度控制系统没有考虑到轧机压下效率补偿问题，因此系统的动态响应也不理想。将轧机弹跳方程看成是线性的，也会影响轧件厚度控制精度。另外，这种最初的轧制力 AGC 其收敛速度很慢。

由于开始时的相对值 AGC 有这些不足之处，因此迫使进行绝对值 AGC 控制系统的新开发。

6.3.9　绝对值 AGC（ABS-AGC）控制系统的基本原理

6.3.9.1　绝对值 AGC 的控制思路

通过使所轧板材之间厚度差（绝对厚度变化）和同板差减至最小的方式，可以改进所轧板材厚度的精度，为了达到这一目标，常规轧制的做法是：

（1）用轧制表来决定每一道次的轧件厚度，并预摆辊缝、利用轧制力模型、厚度计模型和自适应模型等来获得目标厚度；

（2）用 AGC 系统控制辊缝，使轧件进入轧机之后立即维持所轧厚度不变（即锁定厚度），所用的 AGC 系统就是相对值 AGC。

由此可知，在这种常规厚度控制方法中，所轧板材之间的厚度变化（异板差）取决于预设定模型，而同板差的控制则取决于 AGC。在此种情况下，板厚、辊缝与轧制力之间的关系就是厚度计原理，也就是板厚=辊缝+轧机伸长变化（轧制力的函数）。这种常规方法，只有当预设定的轧制力等于锁定时的实际轧制力时，才能得到轧制的目标厚度，也就是说其厚度精度主要取决于轧制力模型的精度。然而由于所轧金属变形抗力的变化很难预报误差在 5%以内的轧制力，因此，就制约着厚度控制精度的提高。

考虑到厚度计模型可以获得远高于常规轧制力模型的精度，从这点出发，日本 M. Saito等开发的绝对值 AGC 于 1976 年在鹿岛 5500mm 厚板轧机上首次得到工业使用。他们的基本出发点是认为所轧板材的厚度精度只取决于厚度计模型，通过增加厚度计模型的精度，避免了由轧制力模型误差所造成的轧制厚度误差的问题。在此系统中，过程计算机同时向 AGC 提供目标厚度及预设定辊缝，并且应用厚度计原理，使 AGC 调整辊缝得到目标厚度。

实现绝对值 AGC 装置的要点是：

（1）要开发出高精度厚度计模型；

（2）用高精度仪器进行在线测量和模型变量的数据处理；

（3）为了使所轧板材端部和水印部位的厚度变化减到最小，必须实现控制系统的快速响应（如采用液压驱动来调节辊缝）。

6.3.9.2 绝对值 AGC 控制模型的开发

为了估计轧机轧出的板厚，按常规采用的是 BISRA 厚度计公式：

$$h = S + \frac{p}{K_m} + S_{ZER} + \delta \tag{6.26}$$

式中 h——轧出厚度；

S——轧制时辊缝；

S_{ZER}——轧板调零时辊缝；

δ——考虑轧机热膨胀、轧辊磨损的系数。

在有扰动信号作用下，其控制模型为：

$$\Delta h = \Delta S + \Delta p/K_m \tag{6.27}$$

上述这一控制模型，只有在考虑轧制条件存在微小偏差时才有意义。但是当讨论有几十微米的较大厚度偏差时，用 K_m 等于常数代入上述公式是不能接受的。因此，开发的绝对值 AGC 必须采用高精度厚度计模型取代常规采用的 BISRA-AGC 模型。

在新开发的高精度厚度计模型中，是将辊缝（板厚）、轧机变形模型、轧辊热膨胀与轧辊磨损分开进行估计的。

A 轧机变形模型的确定

轧机变形可以分成两部分进行考虑，其中一部分由板宽来决定；另一部分是与板宽无关的部分。在这个模型的组成中，用高精度仪表测量的数据取代由分析结果起主要作用的数据，至于其他部分仍采用了基于弹性的理论模型。

轧机变形模型是表示轧机轴向位移、轧辊弯曲位移和轴承油膜厚度位移的线性组合，其中，轴承油膜厚度位移将在 AGC 线路中作特别处理。轧机轴向位移仅由轧制力来决定，其轴向位移包括有：机架伸长、压下螺丝变位和轧辊压扁，用 $f_a(P)$ 表示，它是通过测量压靠时轧制力与液压缸位置的 x-y 记录仪画出的轧机伸长变形曲线（见图 6.25）求出的。从图中的曲线可以清楚看出，曲线在小轧制力范围内有一个非线性段，这部分只能由直接测量得出，不能通过任何计算求得。

轧辊弯曲位移对于控制板形也很重要，在轧制时，基本上可以作为两端支承，在宽向按有分布载荷梁的挠曲问题来求解，用 $f_b(B, x)$ 表示。考虑结合件与支持辊的几何转动惯量，这一项在使用时要用实际数据加以修正。因此，轧机变形模型可以用轧机轴向位移 $f_a(P)$ 和轧辊弯曲位移 $f_b(B,x)$ 等几部分组成，如式（6.28）所示：

$$h(x,S,P,B) = S + f_a(P) + Pf_b(B,x) - f_a(P_{ZER}) \tag{6.28}$$

式中 $f_a(P)$——轧机的弹性变形；

$f_a(P_{ZER})$——调零时引起的轧机变形；

$f_b(B,x)$——轧辊弯曲变形。

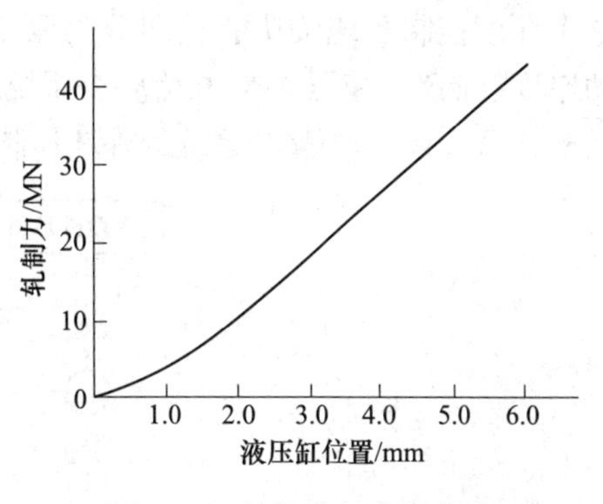

图 6.25 轧机伸长变形曲线

B 轧辊热膨胀与磨损模型的确定

大多数轧机是在换辊之后，利用每一轧板宽度的累计总轧制长度来估计工作辊的表面形状，然后再考虑每个工作辊的材质差别和轧辊间热膨胀的不一致。但是用上述的这种方法作为精度保持在 10μm 以内在线计算模型时，其精度会受到限制，因此，日本 M. Saito 等开发出了一种新的辊形跟踪方法。

该方法是采用两台 γ 射线测厚仪测量所轧钢板同一断面上中心和边缘厚度，设想的依据是利用式（6.28）计算出的厚度计厚度与 γ 射线测厚仪厚度之间的观测差值是对应于所轧钢板横向各点测量厚度的轧辊热膨胀和磨损值 Δ_j。

C 高精度厚度计模型

综合轧机变形模型和轧辊热膨胀与磨损模型，便可以得到高精度厚度计模型：

$$h(x,S,P,B) = S + f_a(P) + P \cdot f_b(B,x) + \delta(x) - f_a(P_{ZER}) \tag{6.29}$$

式中 $\delta(x)$——考虑轧辊和磨损的凸度值。

用这个高精度厚度计模型便可以确定所轧钢板横断面任何点的厚度。这种方法不仅能用于厚度控制，而且也能用于高精度的板形和凸度控制。

轧机刚度系数 K_m 是 AGC 中的重要参数，可以用式（6.30）计算获得：

$$K_m = \left(\left. \frac{\partial h}{\partial p} \right|_{x=\frac{B}{2}} \right)^{-1} \tag{6.30}$$

从上面的分析可以看出，高精度厚度计模型，排除了各组成部分之间的干扰影响，由于它是以轧机的实测数据为基础建立的，因此便于掌握和保持轧制特性的动态变化。

绝对值 AGC 系统的精度取决于组成厚度计方程变量的测量精度，根据这一点，在轧机上可安装具有现代技术水平高精度和高分辨率的传感器，如顶帽传感器、液压缸位置传感器、压力传感器、γ 射线测厚仪等。

绝对值 AGC 系统的概念不仅适用于板带轧机，而且也适用于任何其他形式的轧机，这个系统的完全工业应用代表了轧制技术的一个新发展，是轧制系统完善程度的一个标志。

6.4 带钢热连轧厚度自动控制系统实例

6.4.1 厚度控制系统的组成

某公司 1500mm 7 机架带钢热连轧精轧机组厚度控制系统的基本组成如图 6.26 所示。

整个厚度控制系统按功能被划分为两个部分，即液压 APC（自动位置控制）和 AGC（自动厚度控制）。液压 APC 作为整个系统的内环控制部分，负责完成位置闭环和压力闭环调节任务，而 AGC 作为整个系统的外环控制部分，负责完成厚度闭环调节和各种补偿计算任务。

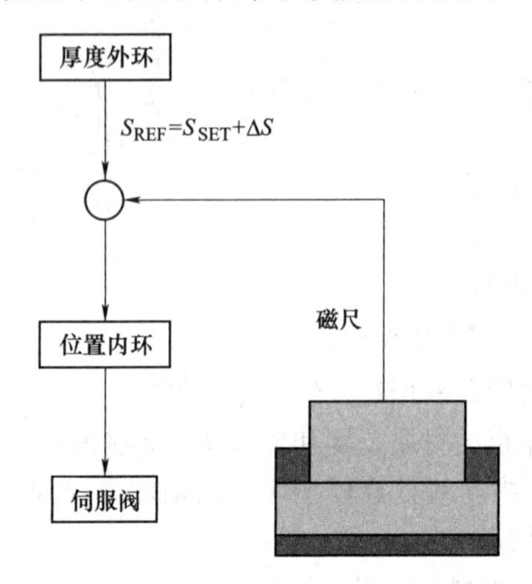

图 6.26 1500mm 热连轧机 AGC 系统框图

S_{REF}—位置环设定值；S_{SET}—模型设定的辊缝位置值；ΔS—为了消除厚差所增加的辊缝调节量

该 AGC 系统包括相对值 AGC，即锁定 AGC。首先要确定好一个目标厚度，才有控制的基准，把某一时刻的实际板厚视为目标值，以后的板厚变化量也相应于开始时的目标值，从而便于系统调节。所谓锁定就是指把实际头部厚度视为目标板厚的处理过程，习惯上把此时的板厚值称为锁定值。锁定方式有以下三种，即：（1）人工锁定；（2）自动 1 锁定；（3）自动 2 锁定。

当锁定方式（Lock on Mode）选择在自动 1 位置时，某机架 F_i 负荷继电器接通以后，经过表 6.1 中的延迟时间后先采样然后自动锁定（延迟时间视现场调试时具体情况可调）。

表 6.1 选择自动 1 位置锁定延迟时间表

机架号	F_1	F_2	F_3	F_4	F_5	F_6	F_7
延迟时间/s	1.0	1.0	0.8	0.8	0.6	0.6	0.5

当锁定方式（Lock on Mode）选择在自动 2 位置时，带钢头部使精轧出口的第一个热金属检测器（HMD70）接通，经过一定的时间延迟后，以 16ms 为采样周期，当下式成立时，即开始锁定。

$$\overline{X} \leqslant K_{DEV} \tag{6.31}$$

$$\overline{X} = \frac{1}{10}\sum_{i=1}^{10} X_i \tag{6.32}$$

式中 i——扫描计数值；

X_i——第 i 次扫描的 X 射线偏差；

K_{DEV}——锁定常数，$H<2500\mu m$ 时，$K_{DEV}=100\mu m$；$H \geqslant 2500\mu m$ 时，$K_{DEV}=100+(H-2500)\cdot\alpha\ (\mu m)$，$\alpha=2\%$。

从开始锁定时，以 16ms 为周期，对各机架的辊缝值、轧制力、反馈板厚等进行采样，并求其四次（几次也可根据生产调整）采样的平均值存入 AGC 锁定值表中。此种方式是 AGC 投入锁定以后，每隔 16ms，根据轧制力和压下位置，利用弹跳方程所算出的机架板厚与目标板厚（即锁定板厚）进行比较，根据出现的厚度偏差大小，反馈回去控制轧机的压下量。

锁定板厚并非是我们所要求的成品厚度，而达到成品厚度的要求则是生产中的真正目的。为此要根据实测厚差反馈回去进行补偿，同时对于轧制中的一些缓慢变化因素的影响（如轧辊的磨损及其热膨胀）以及计算中的误差和残留偏差的存在，也需要通过 X 射线测厚偏差量作为监控量，反馈到各个机架进行补偿。X 射线测厚是一种滞后环节的系统，引入了积分环节。当成品厚度和设定值有偏差时将此偏差值积分后反馈到每个机架的 AGC 系统中。

由此可见，该 AGC 系统除了包括锁定 AGC，还包含了反馈 AGC 和监控 AGC。在三种基本厚度控制方式共同作用下，结合多种补偿控制，最终保证了板带钢产品厚度的精度。控制原理前文已介绍，这里不再赘述。

6.4.2　AGC 系统的补偿控制

该 AGC 系统除了锁定 AGC、反馈 AGC 和监控 AGC 外，还设有多种补偿控制，如尾部补偿功能（TEC-AGC）、轧辊偏心补偿功能（REC-COMPEN）、冲击补偿功能（IMPACT-COMPEN）、活套补偿功能（LPC-COMPEN）、油膜补偿功能（OIL-COMPEN）、弯辊补偿功能（BEND-COMPEN）、宽度补偿功能（WIDTH-COMPEN）等。

6.4.2.1　活套补偿

当 AGC 系统移动压下而改变辊缝进行调厚时，必将使压下率变化，改变带钢出（入）口速度，这将破坏秒流量平衡而影响活套的工作，而活套的动态调节又将反过来影响调厚效果。为此，现代 AGC 系统设有活套补偿功能，即当调整压下时，先给主速度一个补偿信号，以减轻 AGC 对活套系统的扰动。计算机根据已压下的辊缝位置偏差来调节主机马达的速度，这样减轻了活套的动作负担，故有活套补偿之称。

6.4.2.2　尾部补偿

当带材尾部离开上一机架时，出现尾部失张，造成带材变厚。为了消除厚差，则采取压尾的方法叫作尾部补偿。对于尾部变厚，意味要多压一点，即相当于把现有的厚度偏差放大后加以调节，而放大量的大小就是要求的补偿值。补偿值的大小由下面经验公式给出：

$$T_{\alpha} = \frac{M + m(\mathrm{GT} - 1)}{M} \cdot \Delta h \tag{6.33}$$

式中　GT——尾部偏差补偿增益；

Δh——厚度偏差；

T_{α}——厚度偏差放大量。

只有当 $\Delta h>0$ 时才进行尾部压下补偿。当尾部出现负偏差时，不应补偿，AGC 也不用控制，此时让尾部失张而造成的厚度变化进行自然抵消。

6.4.2.3　其他补偿

支撑辊轴承的油膜厚度取决于油的黏度和温度、轧制力及轧制速度，它们的变化都会影响厚度计模型。在这些参数中，黏度和温度可以保持在一个恒定状态，因此，油膜厚度通常表示为轧制力和轧制速度的函数。然而，油膜厚度的详细测量证明，不能解释为它仅是轧制力和轧制速度的静态函数，它还取决于轧制的加速度，这种现象不能忽视。

油膜补偿量 ΔS_0 指的是油膜厚度变化对辊缝影响的修正量，它是轧制力和轧辊转速的函数，其值随轧制压力的增大而减小，随支撑辊转速的提高而增大。考虑到轧机的零调及油膜厚度对辊缝的影响，实际轧出厚度 h 取决于压下位置 S、轧机的弹性变形 ΔS、油膜厚度补偿量 ΔS_0，则有下式：

$$h = S + \frac{p - p_0}{K_E} - (O - O_Z) \tag{6.34}$$

式中，$\Delta S = \frac{p - p_0}{K_E}$，$p$ 为轧制力，p_0 为零调轧制力；$\Delta S_0 = O - O_Z$，O 为油膜对辊缝修正量的实测值，O_Z 为油膜对辊缝修正量的零调量。

另外，对于一些不可测因素，如轧辊的热膨胀、磨损以及检测和计算中的误差，以 X 射线偏差 X_{MN} 体现出来，也影响到实际板厚。因此构成最后的公式为：

$$h = S + \frac{p - p_0}{K_E} - (O - O_Z) + X_{MN} \tag{6.35}$$

考虑到比例因子，则

$$h = S + \frac{p - p_0}{K_E} \cdot SF - (O - O_Z) + X_{MN} \tag{6.36}$$

其中，SF 为比例因子，表示真正轧机常数与 AGC 用轧机常数之比，是计算机控制中引入的一个调节参数。

7 板形控制理论与技术

7.1 板形基础理论

7.1.1 板形的基本概念

所谓板形，直观地说是指板带材的翘曲程度；其实质是指轧后板带材沿宽度方向上（纵向）内部残余应力的分布。板形实际上包含板带材横截面几何形状（轮廓）和在自然状态下板带材的平直度两个方面，因此要定量描述“板形”就将涉及这两个方面的多项指标。定量的表示板形，既是生产中衡量板形质量的需要，也是研究板形问题和实现板形自动控制的前提条件。

7.1.2 断面轮廓形状

实际的板带材板廓形状千差万别，但在工程实践中可以用凸度、楔形、边部减薄及局部高点四个指标对板廓的基本形状进行概括。在一般情况下，除板带材边部以外，板廓形状在大部分区域内具有二次曲线的特征，而在边部一段区域，带材厚度急剧减小。轧机在板带材的生产过程中往往产生挠曲变形的现象，该现象的发生通常对轧件的二次曲线形状造成一定的影响，常规的做法是采用“凸度”定量表示板带材与轧机挠曲变形对应的横截面部位。板凸度是最为常用的模向板形代表性指标。

在轧件的边部区域，经常存在轧件厚度急速变薄的状况，板带材横向约束减弱和工作辊压扁增强均对这种状况有着促进的作用。“边部减薄”常用来对这种轧件厚度急速变薄的状况进行定量表示。如果轧制过程中轧机的两侧压下不均匀，轧后板带材还会表现出整体形状的楔形。板带材板廓示意图如图 7.1 所示。

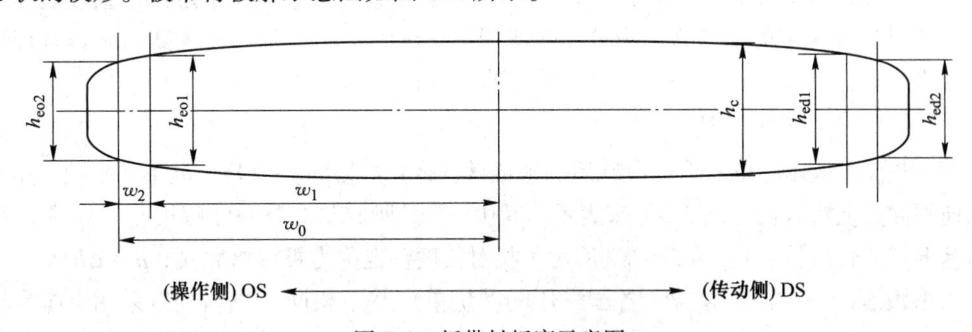

图 7.1　板带材板廓示意图

凸度、楔形、边部减薄及局部高点的具体定义如下。

（1）凸度。凸度定义为在宽度中点处厚度与两侧边部标志点平均厚度之差。

$$CR = h_c - \frac{h_{ed1} + h_{eo1}}{2} \tag{7.1}$$

式中 CR——带材凸度，mm；

h_{ed1}——传动侧的标志点厚度，mm；

h_{eo1}——操作侧的标志点厚度，mm；

h_c——带材宽度方向中心点的厚度，mm。

（2）楔形。楔形，即板带材操作侧与传动侧标志点厚度之差。

$$CT = h_{ed1} - h_{eo1} \tag{7.2}$$

（3）边部减薄。边部减薄是指轧制过程中与板带材接触的轧辊产生弹性压扁变形，而该压扁变形在板带材边部存在过渡区造成带材边部厚度急剧下降。

边部减薄，为板带边部两标志点处厚度的差值。考虑到实际轧制过程中，板带操作侧与传动侧的边部减薄会不同，为此边部减薄量取两侧计算的平均值。

$$E = \frac{h_{eo1} - h_{eo2}}{2} + \frac{h_{ed1} - h_{ed2}}{2} \tag{7.3}$$

式中 E——边部减薄量，mm；

h_{ed1}——传动侧的标志点厚度，mm；

h_{eo1}——操作侧的标志点厚度，mm；

h_{ed2}——传动侧边部减薄区外侧厚度，mm；

h_{eo2}——操作侧边部减薄区外侧厚度，mm。

（4）局部高点。局部高点是指横截面上局部范围内的厚度凸起。

7.1.3 平直度

平直度，俗称浪形，是指板带材不受张力时表面的翘曲程度。

7.1.3.1 平直度的表示方法

为了对带钢的板形实现检测和控制，首要的问题是如何把板形缺陷用数学形式表达出来。冷轧板带材生产中轧机的入口和出口一般要施加比较大的张力。在外张力作用下，板带材横向的张应力分布将会表现出与其横向相对长度差分布规律相同的曲线形态。因此，测量板带材在轧机中的出口张应力分布是实现平直度测量的一条可行之路，并具有理论上的严谨性。根据测量方式的不同，平直度可有不同的表示方法。

A 相对长度差表示法

相对长度差表示法就是取一段轧后的板带材，将其沿横向裁成若干纵条并平铺，用板带材横向不同点上相对长度差 $\Delta L/L$ 来表示。其中，L 是所取基准点的轧后长度，ΔL 是其他点相对基准点的轧后长度差，如图 7.2 所示。相对长度差也称为板形指数 ρ_v，$\rho_v = \Delta L/L$。

板形没有统一的国际单位，各国采用的度量单位并不相同。我国一般采用 I 作为板形单位。一个 I 单位相当于长度差 10^{-5}。轧后带材翘曲是由于边部或中部较大的延伸而产生严重边浪或中浪。一般定义 I 为负时是边浪，I 为正时是中浪。

B 波形表示法

在翘曲的板带材上测量相对长度来求出长度差很不方便，所以人们采用了更为直观的

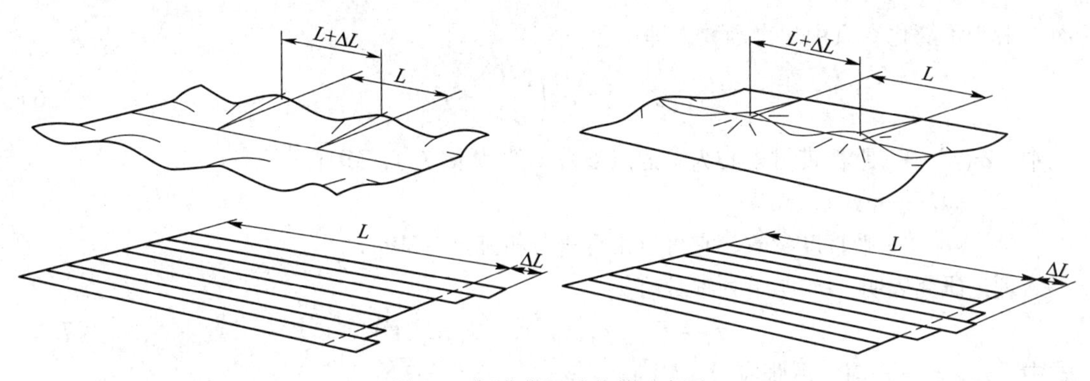

图 7.2　翘曲带钢及裁剪示意图

方法，即以翘曲波形来表示平直度，称之为波浪度 d_v。将板带材切取一段置于平台之上，如将其最短纵条视为一直线，最长纵条视为一正弦波，则如图 7.3 所示，可将板带材的波浪度表示为：

$$d_v = \frac{R_v}{L_v} \times 100\% \tag{7.4}$$

式中　R_v——波高，mm；

L_v——波长，mm；

d_v——波浪度，%。

这种方法直观，易于测量，所以现场多采用这种方法。

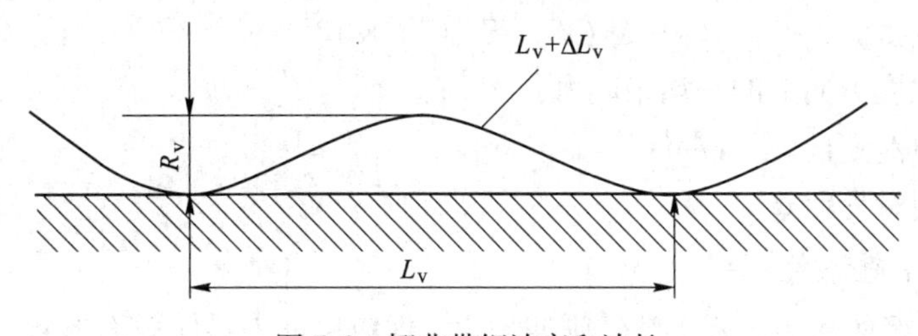

图 7.3　翘曲带钢波高和波长

设在图 7.3 中与长为 L_v 的直线部分相对应的曲线部分长为 ΔL_v+L_v 并认为曲线按正弦规律变化，则可利用线积分求出曲线部分与直线部分的相对长度差。波浪度与相对长度差间的关系如式（7.5）所示：

$$\frac{\Delta L_v}{L_v} = \frac{\pi^2}{4} \times d_v^2 \tag{7.5}$$

因此波浪度可以作为相对长度差的代替量。只要测出板带材的波浪度，就可求出相对长度差。

C　残余应力表示法

板带材平直度不良实质上是由其内部残余应力横向的分布不均所造成的，所以在理论研究和板形控制中用板带材内部的残余应力表示板形更能反映问题的实质。一般将板带材内部残余应力表示为其横向相对位置的函数，x 是所研究点距离板带材中心的距离，B 是宽度。经验表明，要精确表示残余应力分布，需要用四次函数，而在凸度设定及前馈控制

时一般为了简化，只用二次函数，即

$$\sigma(x) = \sigma_T \left(\frac{2x}{B} \right)^2 + C \tag{7.6}$$

式中 $\sigma(x)$——距板带材中心为 x 的点处发生的残余应力，MPa；

C——常数，MPa；

σ_T——平直度参数，它可以由理论分析确定，MPa。

理论研究表明，σ_T 与下列参数有关

$$\sigma_T = f(\tau_b, \tau_f, h_0, h, v, C_w, C_b, F) \tag{7.7}$$

式中 τ_b，τ_f——前、后张应力，MPa；

h_0，h——轧前、轧后厚度，mm；

C_w，C_b——工作辊、支承辊的凸度，mm；

v——轧制速度，m/s；

F——液压弯辊力，kN。

D 张应力差表示法

当使用剖分式张力辊平直度测量仪时，获得的结果为实测板带材宽度方向上的张应力分布（其积分值为总张力），而张应力的不均匀分布将会导致内应力的存在。因此张应力的不均匀分布形态，实质上反映了内应力的分布形态。设实测张应力为 $\tau_f(x)$，而 $\Delta\tau(x)$ 为：

$$\Delta\tau(x) = \tau_f(x) - \tau_{fm} \tag{7.8}$$

则

$$\Delta\tau(x) = E\rho_w(x) \times 10^5 \tag{7.9}$$

式中 τ_{fm}——宽度方向上的平均张应力，MPa；

E——弹性模量，N/mm^2；

$\rho_w(x)$——相对长度差。

7.1.3.2 平直条件

为了获得良好的板形，要求轧件延伸均匀，即应保证来料横截面形状与承载辊缝的几何形状相匹配，从而使轧件横向上每一点的纵向延伸均匀，轧件的轧前与轧后断面各处尺寸比例恒定。图 7.4 是带钢轧制变形前、后的横断面形状，H_c 和 H_e 分别表示带钢变形前中部和边部厚度；h_c 和 h_e 分别表示带钢变形后中部和边部厚度。则带钢在变形前和变形后的凸度 Δ 和 δ 分别为：

$$\Delta = H_c - H_e \quad 和 \quad \delta = h_c - h_e \tag{7.10}$$

为了获得平直的带钢，应使带钢中部和边部有相等的延伸量，应保证：

$$\frac{H_c}{h_c} = \frac{H_e}{h_e} = \mu \tag{7.11}$$

$$\frac{H_e + \Delta}{h_e + \delta} = \frac{H_e}{h_e} = \mu \tag{7.12}$$

由此可得：

$$\frac{\Delta}{\delta} = \frac{H}{h} = \mu \tag{7.13}$$

也可以写成：

$$\frac{\Delta}{H}=\frac{\delta}{h} \tag{7.14}$$

为了说明轧件厚度与板平直度和板凸度之间的关系，引入比例凸度的概念。比例凸度 C_p 表示为板凸度与轧件厚度的比值，即

$$C_p=\frac{\delta}{h} \tag{7.15}$$

由此可见，要想满足均匀变形的条件，保证带钢平直，必须使带钢的轧前比例凸度 $\left(\frac{\Delta}{H}\right)$ 等于轧后比例凸度 $\left(\frac{\delta}{h}\right)$，即保持比例凸度恒定的原则，此为带钢良好板形的理论条件。

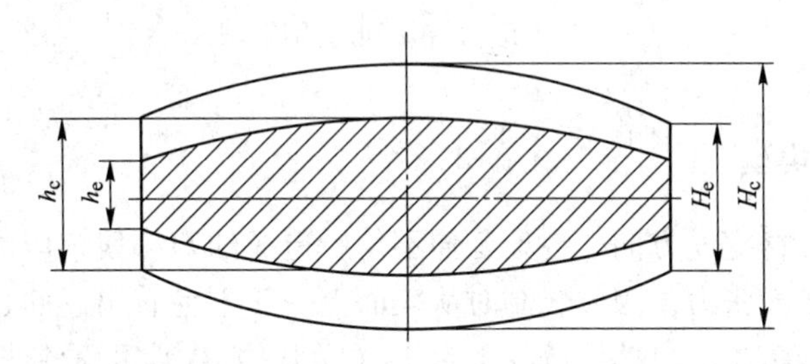

图 7.4　带钢轧制前后断面变化

值得注意的是，并不是说比例凸度的差值 ΔC_p 不等于 0 时，就一定会出现板形缺陷。只要带钢宽度方向上各点的不均匀延伸不超过一定的限度，内部残余应力尚未超过带钢产生翘曲的极限应力，带钢仍会维持自身平直的稳定状态。所以根据板壳的弹性稳定理论，实际带钢良好板形条件应写成：

$$|\Delta C_p|=\left|\frac{\delta}{h}-\frac{\Delta}{H}\right|\leqslant K\left(\frac{h}{B}\right)^2 \tag{7.16}$$

式中　K——带钢的稳定系数，与带钢自身特性有关；

　　　B——带钢轧前宽度。

考虑到带钢边部和中部稳定性条件的不同，因此，带钢良好板形条件式通常写为：

$$-K_c\left(\frac{h}{B}\right)^2\leqslant\frac{\delta}{h}-\frac{\Delta}{H}\leqslant K_e\left(\frac{h}{B}\right)^2 \tag{7.17}$$

式中　K_e，K_c——带钢边部和中部的稳定性系数。

由此可见，实际上带钢良好板形条件是一个区域，该区域的大小取决于带钢的规格和性能。带钢越薄越宽，则良好板形区域越窄，越容易发生板形不良。针对热轧和冷轧的不同，图 7.5 给出了带钢热轧和冷轧板形类别区域分布情况。从板形良好范围看，由于在热轧精轧 $F_1\sim F_3$ 机架对应区域存在一个较大的喇叭口，说明允许在 $F_1\sim F_3$ 机架改变轧制前后的比例凸度，将来料带钢比例凸度控制到接近成品所要求的比例凸度值，然后在 $F_4\sim F_7$ 机架注意保持带钢平直条件即可获得所要的成品凸度，同时获得良好的平直度。对于冷轧 $C_1\sim C_5$ 机架来说，由于板形良好范围非常窄，冷轧时无法随便改变来料的比例凸度，必须严格按比例凸度恒定的原则来控制各机架出口的比例凸度。因此，为了同时保证成品凸度

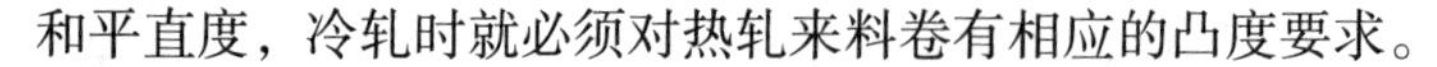

和平直度，冷轧时就必须对热轧来料卷有相应的凸度要求。

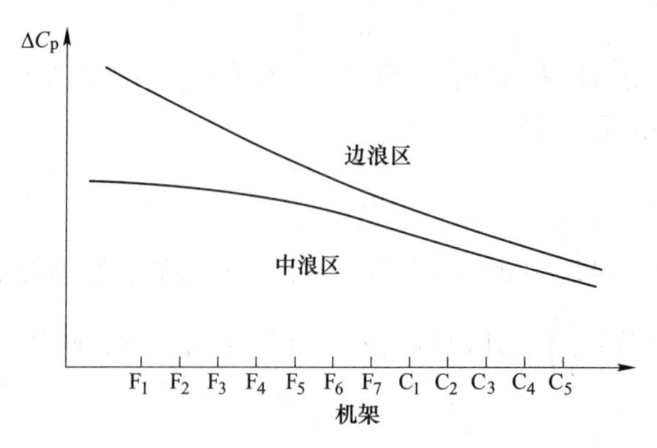

图 7.5 带钢板形类别区域

7.1.4 板形缺陷的类型

翘曲是由于板带材宽度方向上各处延伸不均所造成的内部残余应力分布。由于在轧制过程中前后将施以较大张力，因此轧制时从表面上一般不易看出翘曲、起浪等现象，但当取一定长度的成品板带材，自然地放在平台上（无张力），常可看到板带材的翘曲。冷轧板带材常见的板形缺陷如图 7.6 所示。

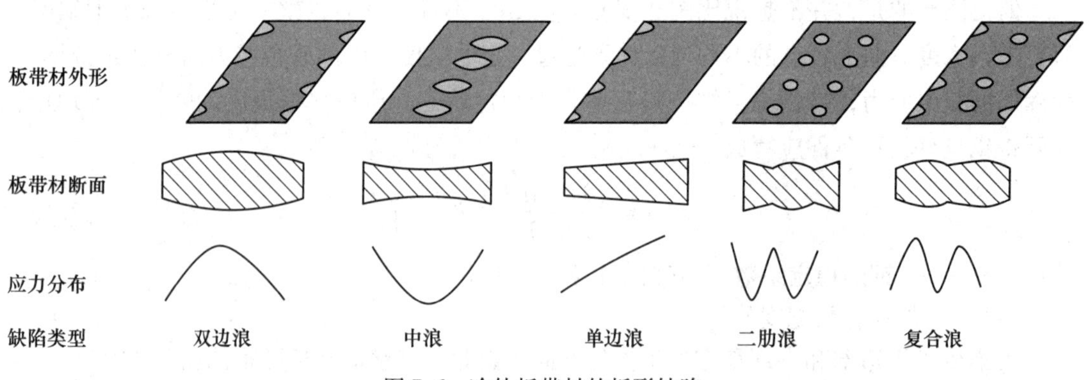

图 7.6 冷轧板带材的板形缺陷

根据是否有外观浪形产生，平直度缺陷又可被分为潜在缺陷（隐性板形）和表观缺陷（显性板形）。所谓显性板形，指残余应力足够大，带钢轧后宽度方向的长度差显而易见的板形。隐性板形则指带钢残余应力还不足以引起带钢的浪形，但在后续加工如纵切分条后才显现出来。

7.2 板形的影响因素

有载辊缝的形貌必须与板带材断面形貌保持匹配，才能保证板形质量。影响有载辊缝形貌的因素很多，主要可归纳为张力、轧制力波动、轧辊凸度变化、轧辊的弹性压扁以及来料厚度分布等。

7.2.1 来料厚度分布

来料厚度分布对板带材板形的影响也很大。在辊缝形状一定的情况下，来料凸度的变化、厚度不均匀以及来料出现楔形，都会导致出口板带材产生一定的板形缺陷。

在辊缝形状一定的情况下，沿辊缝宽度方向上，板带材厚度较大的部分会产生更大压下量，导致更多的纵向延伸，因此，板带材厚度分布不均对板形控制的影响可以通过其局部压下量和延伸量之间的关系来说明。

例如某卷板带材宽度方向上存在厚度较大的纵条，在轧制过程中，将该卷板带材沿长度方向划分为若干段，每段平均压下量为 Δh_i，导致的纵向延伸为 Δl_i，考虑轧制过程中板带材两向受压应力，一向受拉应力，忽略宽展，由体积不变原理可得

$$\Delta l_i = \frac{\Delta h_i}{h_i - \Delta h_i} \cdot l_i \tag{7.18}$$

式中 i——沿板带材长度方向划分的段序号；

l_i——第 i 段板带材的长度，m；

h_i——第 i 段板带材的平均厚度，m；

Δh_i——第 i 段板带材轧后的压下量，m；

Δl_i——第 i 段板带材轧后的延伸量，m。

同理，该段板带材沿宽度方向上厚度较大的纵条伸长量为：

$$\Delta l_i' = \frac{\Delta h_i'}{h_i' - \Delta h_i'} \cdot l_i \tag{7.19}$$

式中 h_i'——第 i 段板带材沿宽度方向上厚度较大的纵条的平均厚度，m；

$\Delta h_i'$——第 i 段板带材沿宽度方向上厚度较大的纵条的压下量，m；

$\Delta l_i'$——第 i 段板带材沿宽度方向上厚度较大的纵条的延伸量，m。

由于轧机辊缝是连续的曲线形貌，且辊缝刚度分布均匀，因此沿宽度方向上厚度较大的纵条必然比其他区域有更大的相对压下量，即：$\frac{\Delta h_i'}{h_i'-\Delta h_i'}>\frac{\Delta h_i}{h_i-\Delta h_i}$，则沿宽度方向上厚度较大的纵条必然比其他区域有更长的延伸。

在轧制力作用下，轧后沿宽度方向上厚度较大的纵条相比其他区域延伸量的增加为：

$$\Delta L_i = \left(\frac{\Delta h_i'}{h_i' - \Delta h_i'} - \frac{\Delta h_i}{h_i - \Delta h_i}\right) \cdot l_i \tag{7.20}$$

式中 ΔL_i——第 i 段板带材沿宽度方向上厚度较大的纵条比其他区域增加的延伸量，m。

从式（7.20）可以看出，只要某处的板带材有较大的相对压下量，就会有相应的比其他区域延伸的增加量，整个板带材长度方向上的延伸增加量为：

$$\Delta L = \sum_{i=1}^{N} \Delta L_i = \sum_{i=1}^{N} \left(\frac{\Delta h_i}{h_i - \Delta h_i} - \frac{\Delta h_i'}{h_i' - \Delta h_i'}\right) \cdot l_i \tag{7.21}$$

式中 ΔL——板带材宽度方向上厚度较大的纵条在整个板带材长度内增加的总延伸量，m；

N——板带材长度方向划分的板带材段数。

从式（7.21）可以看出，由于沿板带材长度方向上的纵向延伸是个累加值，沿宽度方

向上的来料厚度不均造成的相对压下量不均对板带材的纵向延伸分布会造成很大影响。沿板带材长度方向上的每一小段板带材在宽度方向上的厚度不均对该段板带材的纵向延伸产生的影响不大，但是在整个板带材长度范围内这种影响是累计的，当这种延伸差的累积达到一定程度，就会导致板带材出现浪形。假设轧后一卷板带材长3000m，入口板带材厚度为1mm，而沿板带材宽度方向上某个纵条的板带材厚度为1.002mm，且沿板带材长度范围内该纵条厚度一致，经过轧制后，出口板带材厚度为0.8mm，由于该纵条较其他区域厚，使该处的轧辊有较大的弹跳量和压扁量，该纵条板带材厚度并不能跟出口板带材厚度保持一致，假设其出口厚度为0.801mm，则相比其他区域有0.001mm的压下量增加，代入式（7.21）可得该纵条会比其他区域的板带材延伸量增加2.778m。可见，很小的厚度分布不均都会导致板带材延伸量最终出现较大的不均，且随着板带材长度的增加，这种延伸不均更加突出。

7.2.2 轧制力波动

板带材在轧辊的压力作用下产生塑性变形，但在轧制力的作用下，轧辊会发生挠曲变形。轧制力越大，轧辊的挠曲变形越严重，导致板带材边部的厚度与中心处的厚度差越大，板带材的正凸度越大。从板形控制的角度看，可以将轧制力的大小和板形之间的关系形象地描述如下：轧制力减小，相当于增加一个正弯辊力，板形有从边浪向中浪过渡的趋势，过渡的趋势取决于轧制力减小的幅度；反之，轧制力增大，板形有从中浪向边浪过渡的趋势。轧制过程中，轧制力受到板带材的变形抗力、来料厚度、摩擦系数以及入口出口张力分布等诸多因素的影响，某些因素的变化会引起轧制力的变化。同时由于轧辊热膨胀、轧辊磨损等无法准确预知因素的影响，为了保证轧后厚度精度，AGC系统需要不断地调整辊缝，也会导致轧制力在很大的范围内发生变化。轧制力的变化会影响到轧辊的弹性变形，也就是影响轧辊的挠曲程度，从而影响到所轧板带材的板形。

7.2.3 轧辊压扁

轧辊在轧制力的作用下发生弹性压扁，这种弹性压扁状况既会发生在轧辊之间，也会发生在工作辊与板带材之间。弹性压扁的存在，直接会影响到辊缝的形状，进而对板形产生影响。

在轧件宽度与工作辊辊面宽度之比较小的情况下，无论辊间的接触压扁，还是变形区出口侧工作辊压扁，其最大值均位于辊面的中部，并从中部朝两端部逐渐减小。这种分布与轧辊的弹性挠曲变形叠加起来，加剧了辊缝正凸度的增大，不利于板带材板形的控制，并加剧边部减薄。如果增加板带材宽度，情况则朝有利于板形控制的方向发展，因为随着宽度比的增大，端部压扁值逐渐增加，当宽度比达到一定程度时，轧辊压扁最大值会出现在两端部。轧辊压扁这种分布能够补偿由于轧辊弹性变形造成的轧件边部压下过大，有利于使轧件厚度沿宽度方向上均匀分布。

7.2.4 轧辊凸度变化

造成轧辊本身凸度发生变化的因素主要有轧辊热凸度和轧辊磨损。金属塑性变形会产生热量，金属与轧辊的摩擦也会产生热量，这些热量一部分被冷却水带走，另一部分则滞留在轧辊里，使轧辊产生热变形，偏离原来设计的辊形，使轧辊辊形呈一定的热凸度。热凸度使得轧辊的凸度增加，这与正弯辊力的功能是一致的。工作辊辊形的变化将直接导致辊缝形状的改变，进而影响轧机的出口板带材板形质量。影响轧辊热凸度的主要因素很多，主要有轧制速度、冷却液的换热能力、轧制力、轧制摩擦系数和冷却液的温度。一般而言，由于轧辊边部区域较中部区域散热快，因此，通常是轧辊中部热膨胀较大，两边热膨胀较小。

在轧机机型确定的情况下，辊形是影响板形控制的最直接、最活跃的因素。轧辊磨损是轧辊服役过程中影响轧辊辊形变化的重要因素。轧辊磨损会直接影响到轧辊的初始凸度，从而与热凸度、机械凸度和轧辊的弹性变形一同影响到板凸度和板形。与热凸度和轧辊的弹性变形相比，磨损凸度具有更多的不确定性和难以控制性，且磨损一旦出现，便不可恢复，不能在短期内加以改变。

7.2.5 张力

在轧制过程中，施加张力是调整板形、保证轧制过程顺利进行的重要手段。20 世纪 70 年代末，意大利的 M. Borghesi 首次提出用改变后张力的方法改善板形。他们研究了各种输入张力对板形的影响，当输入张力的横向分布形式由均匀到抛物线变化时，输出的张应力分布由抛物线形变化到均匀分布，即板形由边浪到平直，由此可见张力对板形的影响。户泽等人的研究则指出，辊缝中的金属流动受所加外张力的影响较显著。张力对轧辊的热凸度、轧制力分布以及金属横向流动都会产生影响。既然可以通过改变张力来改善板形，反之，如果张力控制不好，则会导致板形缺陷的产生。

增大张力可以减小金属的横向流动，有利于板形控制。在生产中为了促进板带材均匀变形，保证板形质量，应在设备允许的条件下，优先采用大张力轧制工艺。

7.3 板形控制方法

板形控制的实质就是改变轧制过程中有载辊缝的形状。因此，凡是能改变轧机有载辊缝的手段，例如改变轧辊弹性变形和改变轧辊原始凸度的方法，均可作为改善板形的手段。从工艺上，通过改善热轧来料的原始凸度、设定初始辊缝、改变轧制规程以及调整张力分布等方法控制板形，取得了一定的效果，但是有的方法往往响应速度慢，不能实现实时调整。因此人们更多的是从设备上考虑，通过改进设备来获得对板形的控制。现阶段利用设备方法的主要板形控制技术有：原始辊形设计技术、液压弯辊、轧辊窜辊、压下倾斜、轧辊交叉技术、轧辊液压胀形技术以及轧辊分段冷却技术等。

7.3.1 原始辊形设计技术

无论采用什么样的新设备、新工艺、新技术，正确合理的原始辊形都是获得良好板形的基本条件。同时，原始辊形设计也是一种重要的、有效的板形调节手段，合理的辊形可以缓解辊间接触压力的不均匀分布状况，减少轧制过程中的磨损或者均匀化磨损，直接降低成本，同时降低不良产品率，提高板形质量。

合理的原始辊形，配合轧制过程中正确的控制和调整，才能使轧制过程顺利进行，满足变形的相似原理，即在轧机两个工作辊之间形成的辊缝与原料的轮廓形状相匹配。但是由于轧辊受力后所产生的挠度、工作辊辊身温差所造成的热膨胀、工作辊的弹性压扁、合金种类、道次压下量等诸多变形条件的影响，工作辊的原始辊形应根据轧制力引起辊身中部与边部的挠度差、轧辊的弹性压扁量、轧辊热膨胀造成的热凸度等因素的代数和来确定。

以薄带材冷轧过程为例，轧辊基本辊形曲线有两种：抛物线型曲线（见图 7.7a）和余弦曲线（见图 7.7b）。抛物线型曲线与轧辊挠度曲线相近，对板形控制较为有利；余弦曲线其起始部位相对抛物线型曲线来说较为平缓，则有利于消除或改善肋部波浪，改变余弦曲线角度可以消除或改善肋部不同部位的波浪，余弦曲线常用角度为 72°。

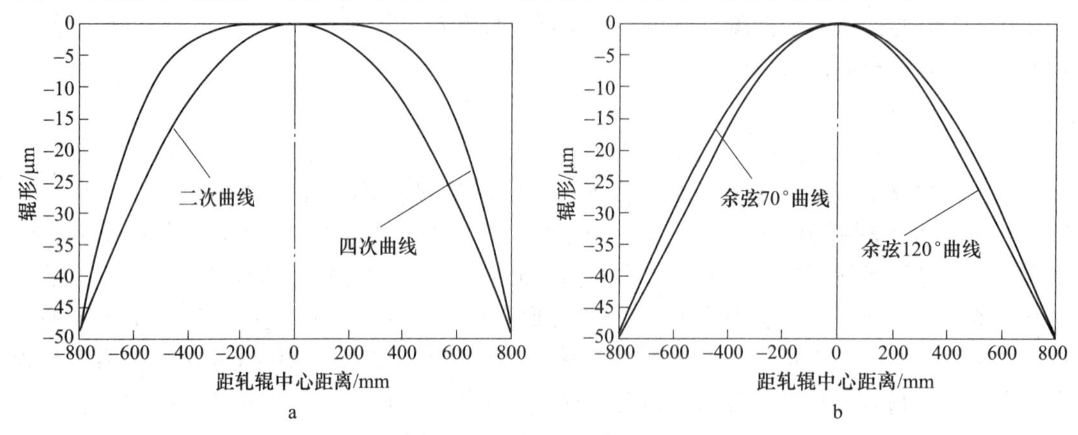

图 7.7　工作辊辊形曲线

a—抛物线型曲线；b—余弦曲线

有学者认为抛物线型曲线适用于辊身长度为 1600mm 以下的轧机，余弦曲线适用于辊身长度 1600mm 以上的轧机，轧辊曲线角度的选择，企业可根据自身设备情况、工艺习惯决定。但不管选用哪一种曲线，辊形角度均应以辊身长度的中点使曲线左右两边对称。同时因加工材料不同、道次加工率不同，轧制力不同，产生的变形热不同，造成轧辊的热膨胀不同，工作辊采用一种固定的原始辊形是无法满足这一要求的，必须根据不同的合金、不同的原始板形、不同的宽度、不同的加工率磨制不同凸度的辊形，根据实践经验，极薄带/箔材工作辊凸度约为 0.03~0.08mm。

7.3.2　液压弯辊技术

自 20 世纪 60 年代，液压弯辊技术逐渐发展起来，成为改善板形最有效和最基本的方法，其原理是通过液压弯辊系统对工作辊或中间辊（六辊轧机）端部施加一可变的弯曲力，通过改变轧辊弯曲状态，使轧辊瞬时凸度量在一定范围内迅速地变化来实现凸度控制，以校正板带材的板形。

液压弯辊结构简单、响应速度快、能连续进行调整、板形控制效果明显以及便于与其他控制手段相结合等优点，使其便于实现板形调整的自动化，广泛应用于现代化板带材轧制生产过程中。但由于需给轧机、轧辊轴承和轧辊本身增加附加载荷，因而影响了轧机能力的充分发挥。

按照弯辊力作用部位，弯辊通常可以分为工作辊弯辊、中间辊弯辊（六辊轧机）和支撑辊弯辊；按照弯辊力作用面，弯辊可以分为垂直面（VP）弯辊和水平面（HP）弯辊；根据弯辊力作用方向，还可以分为正弯辊和负弯辊。液压弯辊的形式如图 7.8 所示。

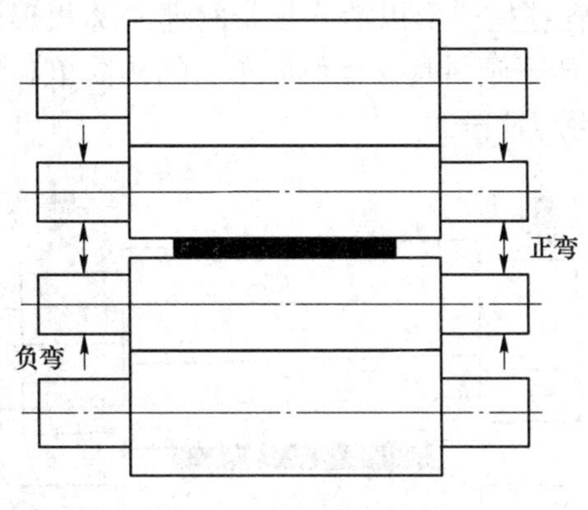

图 7.8 轧辊弯辊控制

在宽幅带材轧制过程中，由于工作辊辊径小，使其长径比较大，理论计算和实践检验均证实了工作辊弯辊使接触力沿辊身改变呈“M”形，弯辊力控制效果无法深入到工作辊轴向的中间部位。

7.3.3 轧辊窜辊技术

轧辊窜辊是另一项重要的板形控制技术，早在 20 世纪 50 年代就被应用于二十辊的森吉米尔轧机第一排中间辊上。但将其作为板形控制的手段，则是在 1972 年日立公司推出的 HC 轧机之后。HC 轧机通过中间辊的窜辊消除了四辊轧机中工作辊和支撑辊在板宽以外的接触，工作辊弯曲不再受到这部分的阻碍，因而液压弯辊本身的板形控制能力明显增强。中间辊窜辊技术的实现，使轧机的板形控制能力发生了一个飞跃，其在扩大板带材凸度控制范围、改变轧机刚度、实现自由程序轧制、消除辊间有害接触弯矩对工作辊的影响、改善边部减薄的状况等方面均取得了显著效果。

如今，窜辊技术已得到了广泛的应用，如 CVC，UCMW 轧机，锥形工作辊窜辊轧机 T-WRS（Taper Work Roll Shifting Mill）等。典型六辊轧机轧辊窜辊示意图如图 7.9 所示。

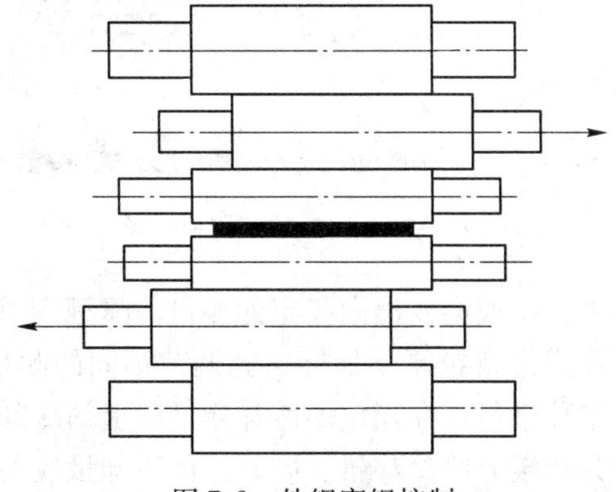

图 7.9 轧辊窜辊控制

7.3.4 辊系压下倾斜技术

辊系压下倾斜技术的原理是对轧机两侧的压下装置进行同步控制，通过在轧辊两侧施加不同的压下量，从而使辊缝呈楔形以消除板带材非对称板形缺陷如“单边浪”“镰刀弯”等。如图 7.10 所示，压下倾斜具有操作简单、结构简单和响应速度快等特点，广泛应用于四辊、六辊板带材生产过程中。

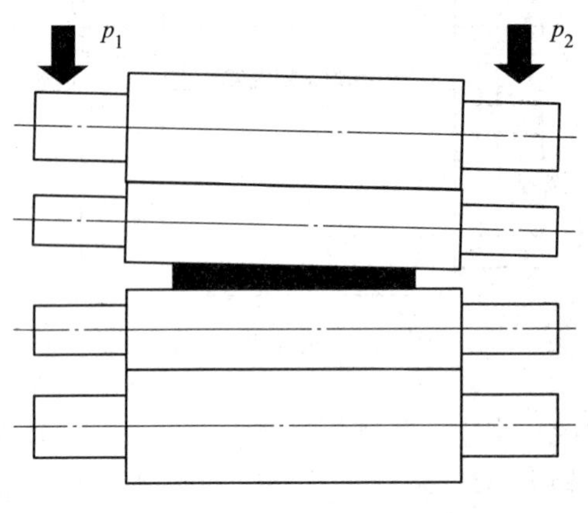

图 7.10 轧辊倾斜控制

7.3.5 工作辊分段冷却技术

工作辊分段冷却技术是通过控制工作辊热轧凸度实现板形控制的方法。将冷却系统沿工作辊轴向划分为与板形测量段相对应的若干区域，每个区域安装若干个对应的冷却液喷嘴。控制各个区域冷却液喷嘴打开和关闭的数量和时间，通过调节沿辊身长度冷却液流量的分布来改变轧辊温度的分布，从而调节热凸度的大小和分布，达到改变辊缝形状控制板形的目的。图 7.11 为工作辊分段冷却控制示意图。

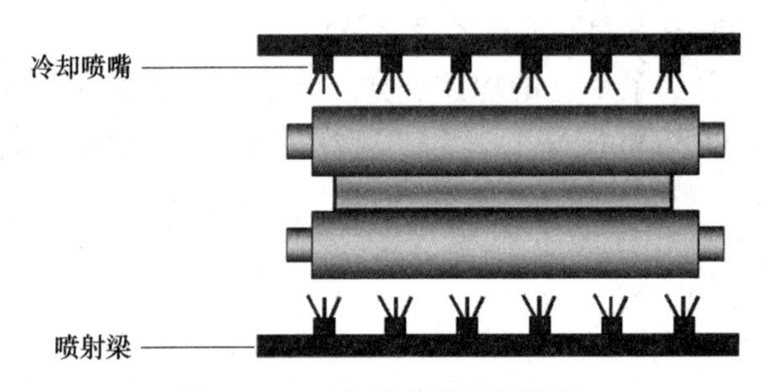

图 7.11 工作辊分段冷却控制

工作辊分段冷却过程中，一般会发出向指定的测量段喷洒润滑液和冷却剂的指令，进而对该测量段上的轧辊热膨胀进行控制，最终达到调节不同的测量段上轧辊凸度的效果，每个冷却区的控制都可以单独进行。在指定的冷却测量段上的冷却设定值需要通过数学模型计算，主要考虑的因素为轧辊分段冷却量。同时，该冷却量应与测量段上的板带材张力一一对应。在实际板带材的生产中，必须让所有冷却区域的基本冷却量不为零，该基本冷却量为最大冷却量的三分之一。

下级控制装置首先接收在每个测量段上的冷却输出，其中，冷却输出为基本冷却量与冷却量设定值共同作用的结果，最后控制阀被控制装置关闭或打开指定的时间。在板带材轧制过程中，轧件变形及轧件与轧辊摩擦产生的热量会使轧辊发生不均匀热膨胀，轧辊的分段冷却技术就是对轧辊分段喷射冷却液，使每段轧辊上的热凸度按照要求发生变化，以控制板带材相应段纵向上的延长率。

采用分段冷却来调节热凸度，还可补偿一小部分轧辊的磨损量，但存在调节范围小、功能不稳定，尤其是存在响应速度慢的缺点，因此仅仅依靠这种缓慢而又不准确的调温控制法，显然不能满足对板形质量的要求。

7.3.6 轧辊液压胀形技术

1974 年日本住友公司开发出了一种凸度可变轧辊，称为 VC 轧辊（Variable Crown Roll System）或液压胀形轧辊。液压胀形轧辊由芯轴与辊套组成，如图 7.12 所示。在芯轴与辊套之间设有液压腔，高压液体经高速旋转的高压接头由芯轴进入液压腔。在高压液体的作用下，辊套外胀，产生一定的凸度。调整液体压力的大小，可以连续改变辊套凸度，迅速校正轧辊的弯曲变形，一方面对高压液体起密封作用，另一方面在承受轧制载荷时，传递所需的扭矩，并保证轧辊的整体刚度。

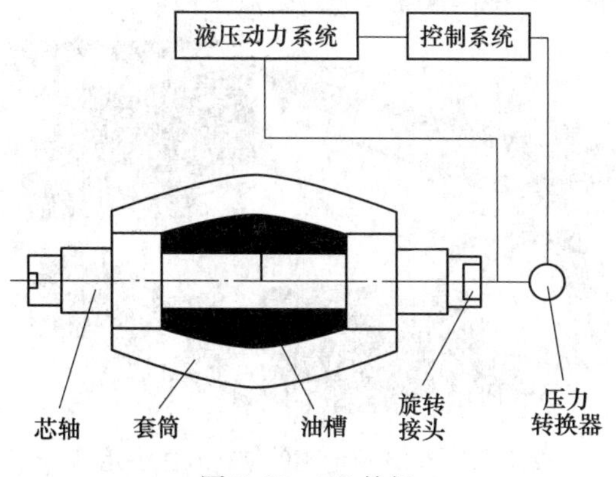

图 7.12 VC 轧辊

DSR 轧辊（Dynamic Shape Roll）是法国 CLECIM 公司开发的一种轧辊，由旋转辊套、固定芯轴及调控两者之间相对位置的七个液压缸组成。七个可伸缩压块液压缸透过承载动静压油膜可调控旋转辊套的挠度及其对工作辊辊身各处的支持力度（即辊间接触压力），进而实现对辊缝形状的控制。DSR 技术通过直接控制辊间接触压力分布可以使轧机实现轧辊凸度可变条件下低横刚度的柔性辊缝控制、低轧辊凸度条件下高横刚度的刚性辊缝控制以及辊间接触压力均布控制，但同一时间 DSR 技术只能实现其中的一种控制。

采用液压胀形技术的轧辊能更为方便地改变沿轧辊的凸度分布，是一种非常灵活的板形控制方法，但是由于采用了液压方式，使得轧辊的结构变得复杂，维护困难。

7.4 接触式板形检测方法

带钢板形检测仪器分为接触式和非接触式两大类。作为所检测的内容，一种是测量带钢平直度（纤维长度），以检测带钢的显性板形；另一种是检测带钢的隐性板形。热轧带钢的板形检测仪要求在高温、潮湿的恶劣环境中工作，采用非接触式板形检测仪直接检测带钢的显性板形即可。冷轧带钢板形检测仪必须能够检测出带钢的隐性板形，只有精确地检测出内部的张应力分布，才能及时通过轧机自动控制系统进行板形调整，采用最多的是接触式板形仪。本节主要介绍的是接触式板形辊的结构及工作原理。

7.4.1 压磁式板形辊

压磁传感器板形辊的生产厂家以瑞典 ABB 公司为典型代表，经过多年的实验和改进推广，其产品已经成熟地应用于工业生产。国内某些科研机构也初步开发出了压磁式板形辊，并应用到了国内一些冷轧生产线上。

7.4.1.1 压磁式板形辊的结构

ABB 公司生产的压磁式板形辊由实心的钢质芯轴和经硬化处理后的热压配合钢环组成，芯轴沿其圆周方向 90°的位置刻有 4 个凹槽，凹槽内安装有压力测量传感器。ABB 板形辊的结构和主要组件如图 7.13 所示。

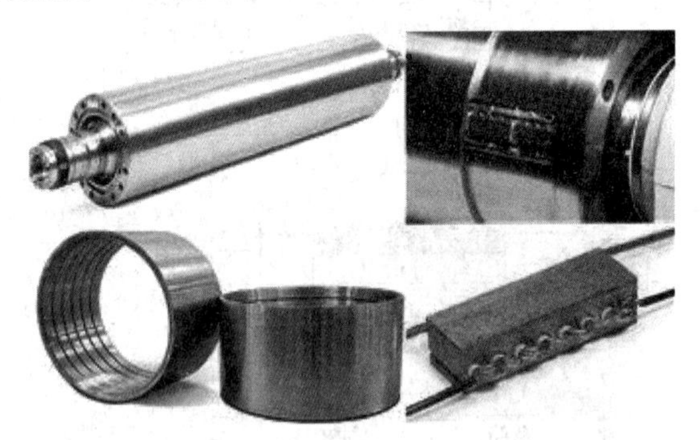

图 7.13 ABB 板形辊的结构及主要组件

位于板形辊圆周对称凹槽内的两个测量元件用作一对，当其中一个位于上部时，另一个恰好位于下部，这样就可以补偿钢环、辊体以及外部磁场的干扰。每个分段的钢环标准宽度为 26mm 或者 52mm，称为一个测量段。测量段的宽度对测量的精确性有较大影响，一般测量段越窄，测量精度就越高。在带钢边部区域，由于带钢板形变化梯度较大，为有利于精确测量，测量段宽度为 26mm。中部区域带钢板形波动不大，测量段宽度一般为 52mm。板形辊的辊径一般为 313mm，具体辊身长度根据覆盖最大带钢宽度所需的测量段数及测量段宽度而定。板形辊的测量传感器为磁弹性压力传感器，可测量最小为 3N 的径向压力。钢环质硬耐磨，具有足够的弹性以传递带钢所施加的径向作用力。为保证各测量段的测量互不影响，各环间留有很小的间隙。

为了满足各种不同的冷轧生产条件和测量精度的要求，ABB 公司在标准分段式板形辊的基础上开发了高灵敏度板形辊和表面无缝式板形辊，如图 7.14 所示。

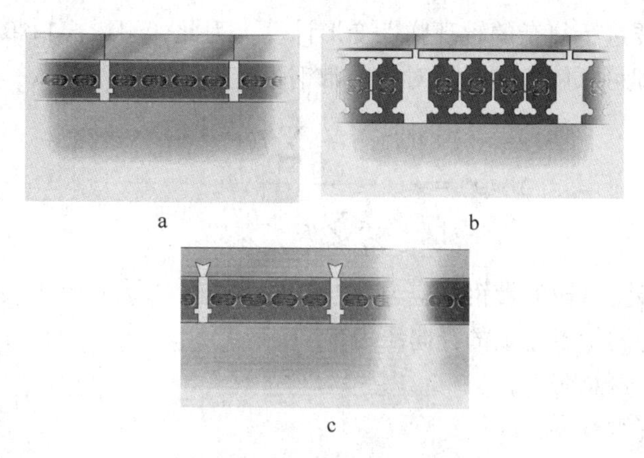

图 7.14　ABB 板形辊的种类

a—普通型；b—加密型；c—无缝型

在这三种结构的 ABB 板形辊中，标准分段式板形辊一般用于对带材表面质量要求不高，灵敏度要求一般的普通冷轧带钢生产线上。高灵敏度板形辊适用于箔材轧制、超薄带钢轧制等对板形辊灵敏度有较高要求的生产线上。表面无缝式板形辊主要应用于对轧材表面要求较高的轧制生产线上。

7.4.1.2　压磁式板形辊的板形检测原理

压磁传感器由硅钢片叠加而成，其上缠绕有两组线圈，一组为初级线圈，另一组为次级线圈。初级线圈中有正弦交变电流，在它的周围产生交变的磁场，如果没有受到外力作用，磁感方向与次级线圈平行，不会产生感应电流；当硅钢片绕组受到压力时，会导致磁感方向与次级线圈产生夹角，次级线圈上就会产生感应电压，通过检测该感应电压来确定机械压力大小，如图 7.15 所示。

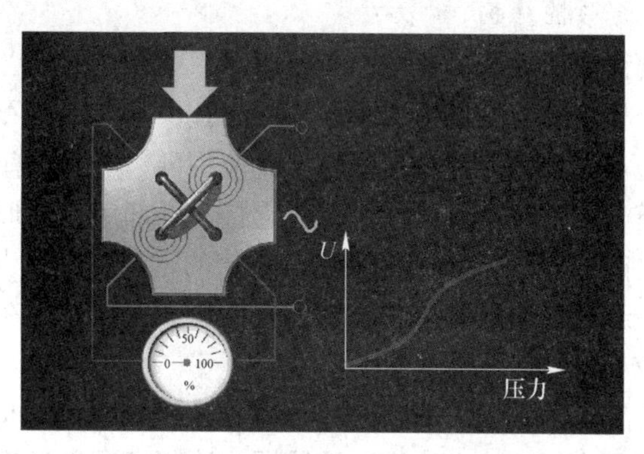

图 7.15　压磁式传感器的工作原理

轧制过程中，带钢与板形辊相接处，由于带钢是张紧的，因而会对板形辊产生一个径向压力，通过板形辊身上安装的压磁式传感器可测得该径向压力大小。由于 ABB 板形辊的传感器被辊环覆盖，因此传感器所测的径向力并不是带钢作用在板形辊上的实际径向力值。实际径向力中的一部分转化成了导致辊环发生弹性变形的作用力，被辊环变形所吸收，剩余的部分才是传感器所测的径向力。如果通过板形辊包角和径向力测量值计算带钢张应力分布，则需要进行复杂的辊环弹性变形计算。为此，引入出口带钢总张力，再根据带钢的宽度、厚度即可求解各测量段对应的带钢张应力，即

$$\Delta\sigma(i)=\frac{f(i)-\frac{1}{n}\sum_{i=1}^{n}f(i)}{\frac{1}{n}\sum_{i=1}^{n}f(i)}\cdot\frac{T}{w\cdot h} \tag{7.22}$$

式中 $\Delta\sigma(i)$——各测量段的带钢张应力，Pa；

$f(i)$——各测量段测量的径向压力，N；

T——带钢总张力，N；

w——带钢宽度，m；

h——带钢厚度，m；

i，n——测量段序号和总的测量段数。

根据延伸率与张应力的关系可得各测量段对应的带钢板形值为：

$$\lambda(i)=\frac{\Delta L(i)}{L}\cdot 10^5=\frac{-\Delta\sigma(i)}{E}\cdot 10^5 \tag{7.23}$$

式中 $\lambda(i)$——各测量段测量的板形值，I。

式（7.22）中求解张应力分布的方法不需要知道板形辊包角，但需要得到出口带钢的总张力数据。

7.4.2 压电式板形辊

压电石英传感器板形辊最早由德国钢铁研究所（BFI）研制成功，这类板形辊也称为BFI板形辊。这类板形辊具有较好的精度与响应速度，在轧制领域有着广泛的应用。

7.4.2.1 压电式板形辊结构

压电式板形辊主要由实心辊体、压电石英传感器、电荷放大器、传感器信号线集管以及信号传输单元组成。在辊体上挖出一些小孔，在小孔中埋入压电石英传感器，并用螺栓固定，螺栓对传感器施加预应力使其处于线性变化范围内。所有这些孔中的传感器信号线通过实心辊的中心孔道与板形辊一端的放大器相连接。外部用一圆形金属盖覆盖保护着传感器，保护盖和辊体之间有10~30μm的间隙，间隙的密封采用的是Viton-O-环。由于传感器盖与辊体之间存在缝隙，因此相当于带钢的径向压力直接作用在了传感器上。压电式板形辊的结构如图7.16所示。

板形辊上的每个传感器对应一个测量段，测量段的宽度有26mm和52mm两种规格。传感器沿辊身分布状况是中间疏，两边密，这是因为边部带钢板形梯度较大，中间部分带钢板形梯度较小。为了节省信号传输通道，这些压电石英传感器沿辊身的分布并不是直线排列的，而是互相错开一定的角度，这样在板形辊旋转过程中不在同一个角度上的若干个传感器就可以共用一个通道传递测量信号。由于传感器彼此交错排列，因此发送的信号也是彼此错开的。例如，若沿板形辊圆周方向划分为9个角度区，每个角度区对应的传感器数目最大为12个，因此板形辊只需要有12个信号传输通道就可以同时传输一个角度区上各个传感器所测得的板形测量值，如图7.17所示。

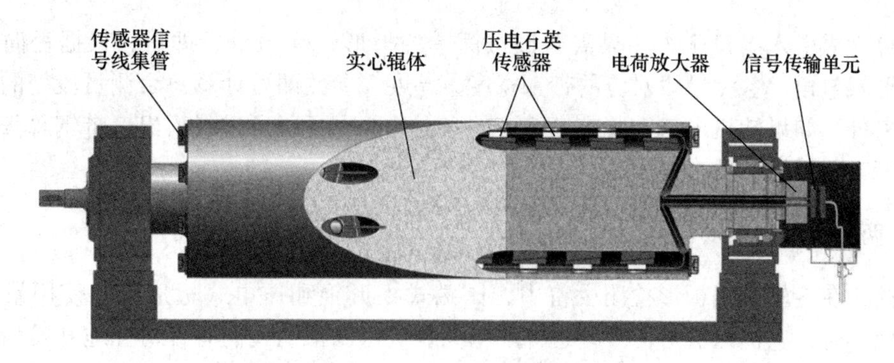

图 7.16　压电式板形辊的结构

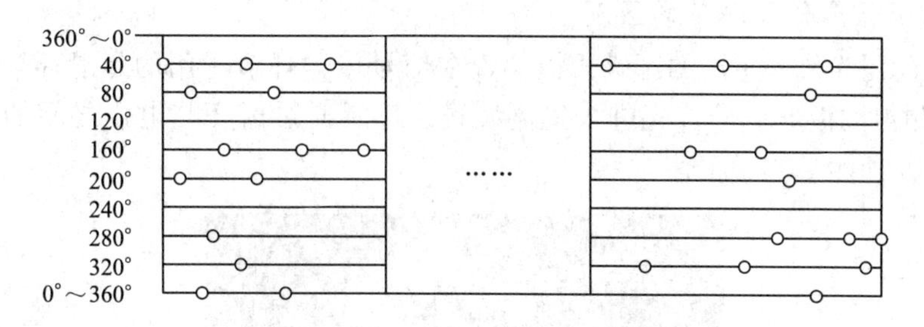

图 7.17　压电式板形辊传感器沿辊面分布展开

7.4.2.2　压电式板形辊的板形检测原理

一些离子型晶体的电介质（如石英、酒石酸钾钠、钛酸钡等）在机械力的作用下，会产生极化现象，即在这些电介质的一定方向上施加机械力使其变形时，就会引起它内部正负电荷中心相对转移而产生电的极化，从而导致其两个相对表面，即极化面上出现大小相等、符号相反的束缚电荷，且其电位移与外加的机械力成正比。当外力消失时，又恢复原来不带电的状态。当外力变向时，电荷极性随之改变。这种现象称为正压电效应，或简称为压电效应。压电式板形辊采用的就是具有压电效应的传感器进行板形测量的。压电式板形辊的传感器如图 7.18 所示。

图 7.18　压电式板形辊上的压电石英传感器

压电石英传感器在带钢径向压力作用下产生电荷信号，这些电荷信号经过电荷放大器转变为电压信号，通过测量该电压信号的值就可以换算出带钢在板形辊上施加的径向压力。与 ABB 板形辊不同的是，由于压电式板形辊不存在辊环，压电石英传感器所测径向压力值就是带钢作用在传感器受力区域上的实际径向压力大小。因此，压电式板形辊测量值的计算无需引入出口张力，只需要进行简单的板形辊受力分析即可，根据径向力测量值、板形辊包角、各测量段对应的带钢宽度、厚度等参数即可计算每个测量段处的带钢板形值。另外，如果轧机出口安装有高精度的张力计，也可以通过引入出口带钢总张力按照式（7.22）计算张应力分布。

7.4.3 两种板形辊板形信号处理的区别

目前，在冷轧带钢板形检测设备中，压磁式板形辊和压电式板形辊的使用量是最大的。因此，研究它们在板形信号处理上的不同特点可以帮助我们有针对性地开发精确的板形测量模型，提高板形测量精度。

7.4.3.1 信号传输环节的区别

以 ABB 公司为代表生产的压磁式板形辊在信号传输环节采用的是滑环配合电刷的方式，传感器测得的板形信号首先进入集流装置，然后通过滑环与电刷之间的配合进行传输，如图 7.19 所示。

图 7.19 压磁式板形辊的信号传输方式

这种传输方式的优点是输出信号大、过载能力强、寿命长、抗干扰性能好、结构简单及测量精度较高，传感器在压力的作用下产生相应的电压信号，电压信号直接通过滑环传输到控制系统的 A/D 模板，减少了信号传输环节的失真与信号转换误差。但是，这种传输方式也存在着缺点。因为信号传输通过电刷完成，容易在铜环和电刷之间产生磨损，长时间运行后产生摩擦颗粒附着在铜环与电刷之间，使板形测量信号失真。

BFI 类型的板形辊分为固定端和转动端，在信号传输环节采用无线传输模式，如图 7.20 所示。

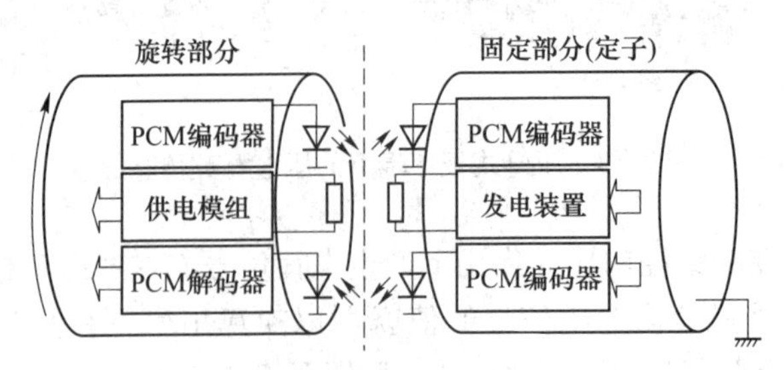

图 7.20 压电式板形辊的信号传输方式

压电式板形辊的信号无线传输具有通道少、测量精度高的优点，同时也避免了由滑环和电刷的磨损造成的信号失真。但是，压电式板形辊的板形信号处理流程较长，增大了信号处理难度，需要在每个处理环节上都要制定完善的方案，保证每个环节的信号精度。压电石英传感器在带钢径向压力作用下产生电荷信号，这些电荷信号经过电荷放大器转变为电压信号，再经滤波、A/D 转换、编码，然后通过红外传送将测量信号由旋转的辊体中传递到固定的接收器上，再经解码后传送给板形计算机，压电式板形辊的信号处理过程如图 7.21 所示。

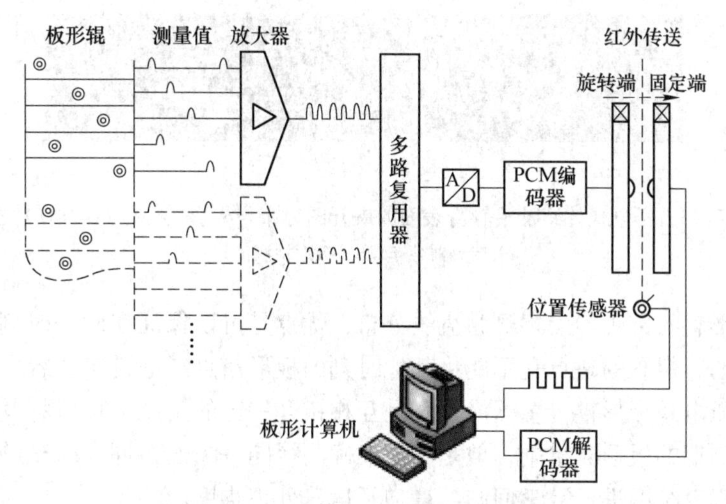

图 7.21　压电式板形辊的信号处理过程

7.4.3.2　信号处理方式的区别

由于压磁式板形辊上传感器沿辊身的分布与压电式板形辊不同，因此，它们所测量的板形信号的形式也是不一样的。压磁式板形辊的传感器沿辊身轴向分布，每隔 90°沿轴向有一排传感器，因此，它测量的带钢板形是实时的带钢横断面板形分布。压磁式板形辊的传感器分布与板形测量信号分布对应关系如图 7.22 所示。

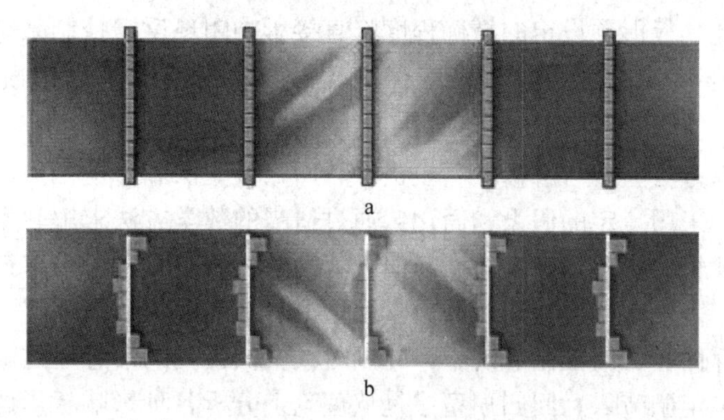

图 7.22　压磁式传感器沿辊身表面的展开图分布与板形信号分布的对应关系
a—传感器分布；b—板形检测信号

对于压电式板形辊而言，由于压电石英传感器沿辊身是互相错开一个角度分布的，因此，板形信号并不是实时带钢横断面的板形分布。压电式板形辊的传感器分布与板形测量信号分布的对应关系如图 7.23 所示。

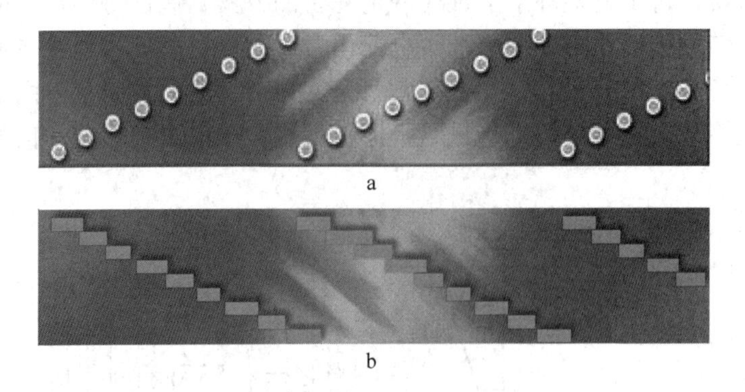

图 7.23　压电式传感器沿辊身表面的展开图分布与板形信号分布的对应关系
a—传感器分布；b—板形检测信号

压磁式板形辊的传感器沿辊身为直线分布，优点是可以保证在同一时刻测到的板形是同一个断面上的，但它的缺点是不能将其他时刻的板形信息考虑进来，容易漏掉局部离散的板形缺陷。压电式板形辊传感器沿辊身是互相错开一定的角度，可以将其他时刻的板形信息考虑到本周期的板形测量中，但是不能准确测得同一断面在同一时刻的板形分布，而需要在信号处理系统中进行数学回归，增加了信号处理难度。

7.5　板形预设定控制

当带钢准备轧制或者来料带钢变规格时，因为轧机的闭环反馈控制不能投入，需要根据带钢钢种、带钢厚度以及带钢宽度预先设置轧机板形控制执行机构的控制量来保证这一段时间的板形，例如中间辊弯辊力、工作辊弯辊力、中间辊横移量等，给出这些预设定控制量即是板形预设定控制的主要任务。当反馈控制模块投入工作时，预设定值就是反馈控制的初始值，因此，板形预设定的精确程度将直接影响闭环反馈控制系统中被控制的实际板形达到目标值的收敛速度和收敛精度，以及每一卷带钢的头部切损长度即带钢的成材率。

预设定的计算方法主要有解析法、表格法、回归模型法和影响函数法。其中，解析法是根据物理模型，采用一定的假设和简化，通过适当的数学方法求解轧辊挠度曲线的微分方程，得出关于轧辊的变形和带钢轧后断面形状的解析表达式，最终求得合理的板形控制机构的预设定值。表格法是根据离线的数学模型或者在线收集的数据经过人工经验值的修正以表格的形式存储在二级控制系统中，轧制时，根据带钢的信息通过查表直接得到板形控制执行机构的设定调节量。回归模型法是从理论上分析各种影响板形的因素，然后根据理论计算分析的结果，确定板形设定计算的模型具体表达式，采用大量的理论计算结果通过回归出计算模型的相关系数，并采用现场的实际生产数据的修正系数，得到板形的预设定计算模型。板形预设定计算的组成和功能框图如图 7.24 所示。

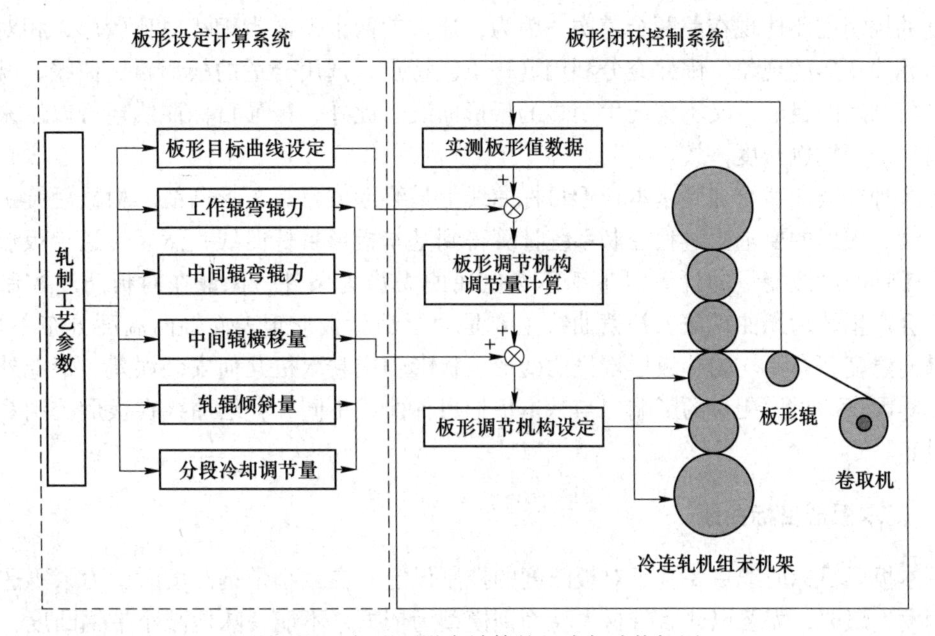

图 7.24 板形预设定计算的组成与功能框图

7.5.1 板形目标曲线

所谓板形目标曲线，即是板形控制系统调节带钢板形应达到的目标。确定合理的目标板形是实现板形控制的前提。目标曲线是板形控制闭环回路工作时反馈控制的初始值，其设定精度直接影响系统调整板形达到目标曲线的收敛速度和精度，从而直接影响板形控制的质量。板形目标曲线的设定随设备条件（轧机刚度、轧辊材质、尺寸）、轧制工艺条件（轧制速度、轧制压力、工艺润滑）及产品情况（尺寸、材质）的变化而不同，总的要求是使最终产品的板形良好，并降低边部减薄。制定板形目标曲线的原则主要是：

（1）目标曲线的对称性。板形目标曲线在轧件中心线两侧要具有对称性，曲线要连续而不能突变，正值与负值之和基本相等。

（2）板形板凸度综合控制原则。带钢的平直度和板凸度（横向厚差）两种评价指标相互制约、相互影响。在板形控制中，不能一味地控制板形而不考虑板凸度的控制，带材的板凸度也是衡量最终成品带钢质量和附加值的重要指标。板凸度控制主要在前几道次进行，平直度控制主要在末道次进行。

（3）补偿附加因素对板形的影响。主要考虑卷取形状补偿、边部减薄补偿、带钢横向温度补偿以及板形调节机构的手动附加补偿，消除这些因素对板形测量造成的影响，以及减轻边部减薄。

（4）满足后续工序的要求。板形目标曲线的制定需要考虑后续加工工序或下游产业对带钢板形以及板凸度的要求，如对“松边”及“紧边”等板形质量的要求。

当来料带钢和其他轧制工艺条件一定时，一定形状的板形目标曲线不但对应着一定的板形，而且对应着一定的板凸度，因为板形与板凸度之间存在着密切的联系。实际生产中选用不同的板形目标曲线，最终成品带钢将会得到不同的板形和板凸度。板形目标曲线对板凸度的控制主要体现在前两个道次。因为，通常前两个道次带钢相对比较厚，相对难发生轧后翘曲变形的现象，因此充分利用这一工艺特点，选用合适的板形目标曲线，既可达到控制板凸度的目的，又不会产生明显的板形曲线。此外，板形目标曲线还可以用来保持中间道次的等比例凸度一致。

由各种补偿曲线叠加到基本板形目标曲线上最终形成目标板形曲线。根据后续工序对带钢凸度、板形的要求由过程控制系统计算得到基本板形目标曲线，然后传送给板形控制系统。带钢凸度改变量的计算以带钢不发生屈曲失稳为条件，保证在对板凸度控制的同时，不会产生轧后瓢曲现象。补偿曲线主要是为了消除板形辊表面轴向温度分布不均匀、带钢横向温度分布不均匀、板形辊挠曲变形、板形辊或卷取机几何安装误差、带卷外廓形状变化等因素对板形测量的影响。与基本板形目标曲线不同，补偿曲线在板形控制系统中完成设定。

7.5.2　基本板形目标曲线

基本板形目标曲线主要基于对板凸度的控制设定。在减小带钢凸度时，为了不造成轧后带钢发生瓢曲，需要以轧后带材失稳判别模型为依据，不能一味地减小带钢凸度，必须保证板形良好。根据残余应力的横向分布，判别带材是否失稳或板形良好程度，从而决定如何进一步调整板凸度和板形。带材失稳判别模型是一个力学判据，机理是轧制残余应力沿板宽方向分布不均匀而发生屈曲失稳的结果。

基本板形目标曲线的设定以轧后带材失稳判别为依据，还要考虑来料带材凸度以及后续工序对带钢板形的要求。基本板形目标曲线的形式为二次抛物线，由过程控制系统计算抛物线的幅值，并传送给板形控制系统。基本板形目标曲线的形式为：

$$\sigma_{\text{base}}(x_i) = \frac{A_{\text{base}}}{x_{\text{os}}^2} \times x_i^2 - \bar{\sigma}_{\text{base}} \tag{7.24}$$

式中　$\sigma_{\text{base}}(x_i)$——每个测量段处带钢张应力偏差的设定值，$N/m^2$；

A_{base}——过程控制系统依据带钢板凸度的调整量以及带材失稳判别，模型计算得到的基本板形目标曲线幅值，其符号与来料形貌有关，N/m^2；

x_i——以带钢中心为坐标原点的各个测量段的坐标，带符号，操作侧为负，传动侧为正；

x_{os}——操作侧带钢边部有效测量点的坐标；

$\bar{\sigma}_{\text{base}}$——平均张应力，Pa。

平均张应力计算公式为：

$$\bar{\sigma}_{\text{base}} = \frac{1}{n}\sum_{i=1}^{n} \frac{A_{\text{base}}}{x_{\text{os}}^2} \cdot x_i^2 \tag{7.25}$$

式中　n——板形有效测量段数。

基本板形目标曲线的设定方法有多种，主要可以分为逐段设定法、参数设定法、模式—幅值设定法和多项式系数设定法几种。本文采用模式—幅值设定法，板形控制系统中将板形目标曲线固定为以下的 n 次多项式形式：

$$f(x) = A(a_0 + a_2x^2 + \cdots + a_nx^n) \tag{7.26}$$

通过给定不同的系数 $a_0 \sim a_n$ 而得到不同的板形目标曲线形式（模式），并保存在板形控制系统内存中，操作人员可以通过选择曲线的模式和修改幅值 A 的大小来改变板形目标曲线，这种方法称为模式—幅值设定法。模式—幅值设定法设定更为简单，只需输入曲线模式（曲线编号）和幅值即可。

在 1450mm 冷连轧机的板形控制系统中，板形辊共有 38 个测量段，因此带钢上最大有效测量段数为 38。基本板形目标曲线的形式为二次和四次曲线，在每个道次开始时，板形控制系统接收到过程控制系统发送的幅值后，首先判断带钢是否产生跑偏，然后根据传动侧和操作侧的带钢边部有效测量点来确定总的有效测量点数，并按照式（7.24）逐段计算每个有效测量点处的张应力设定值，最终形成完整的基本板形目标曲线，如图 7.25 所示。

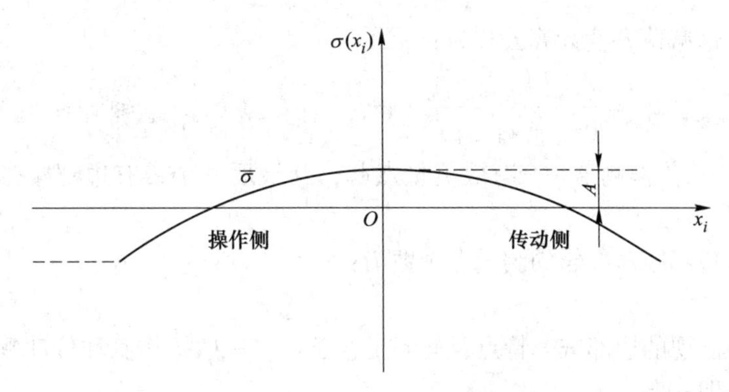

图 7.25　基本板形目标曲线

7.5.3　板形目标曲线补偿设定模型

7.5.3.1　卷取形状补偿

卷取形状补偿是由于带钢横向厚度分布呈现正凸度形状，卷取机上的钢卷卷径会随着轧制的进行不断增大，致使卷取机上钢卷外轮廓沿轴向呈凸形或者卷取半径沿着宽度方向不等，这导致带钢在卷取时沿着横向产生速度差，使带钢在绕卷时沿着宽度方向存在着附加应力，卷取附加应力的计算公式为：

$$\sigma_{\text{cshc}}(x_i) = \frac{A_{\text{cshc}}}{x_{\text{os}}^2} \times \frac{d - d_{\min}}{d_{\max} - d_{\min}} \times x_i^2 \tag{7.27}$$

式中　A_{cshc}——卷形修正系数，N/m^2；

d——当前卷取机卷径，m；

$d_{\max}$——最大卷径，m；

$d_{\min}$——最小卷径，m。

7.5.3.2　边部减薄补偿

冷轧带钢的横截面轮廓形状，除边部附近区域外，中间区域的带钢断面大致具有二次曲线的特征，而在接近边部处，厚度突然迅速减小，形成边部减薄。边部减薄直接影响到带钢边部切损的大小，与成材率有密切的关系，是带钢重要的断面质量指标。为了降低边部减薄，根据实际生产中带钢边部减薄的情况，在操作侧和传动侧各选择若干个测量点进行补偿，制定了边部减薄补偿模型，操作侧补偿计算公式为：

$$\sigma_{os\_edge}(x_i)=\frac{A_{edge}+A_{man\_edge}}{(x_{os}-x_{os\_edge})^2}\cdot(x_i-x_{os\_edge})^2(x_{os}\leqslant x_i\leqslant x_{os\_edge}) \tag{7.28}$$

式中　A_{edge}——边部减薄补偿系数，根据实际带钢生产中出现的带钢边部减薄情况确定，由过程控制系统计算得到，发送给板形控制系统；

A_{man_edge}——边部减薄系数的手动调节量，由斜坡函数生成，并经过限幅处理；

x_{os_edge}——从操作侧第一个有效测量点起，到最后一个带有边部减薄补偿的测量点坐标。

操作侧进行边部减薄补偿的测量点个数为：

$$n_{os}=|x_{os}-x_{os\_edge}| \tag{7.29}$$

传动侧的边部减薄补偿计算公式为：

$$\sigma_{ds\_edge}(x_i)=\frac{A_{edge}+A_{man\_edge}}{(x_{ds}-x_{ds\_edge})^2}\cdot(x_i-x_{ds\_edge})^2(x_{ds\_edge}\leqslant x_i\leqslant x_{ds}) \tag{7.30}$$

式中　x_{ds_edge}——从传作侧第一个有效测量点起，到最后一个带有边部减薄补偿的测量点坐标。

操作侧进行边部减薄补偿的测量点个数为：

$$n_{ds}=|x_{ds}-x_{ds\_edge}| \tag{7.31}$$

根据生产中出现的边部减薄特点及轧制工艺条件，一般操作侧和传动侧边部补偿的测量点数目相同，即 $n_{os}=n_{ds}$。

7.5.3.3　带钢横向温度补偿

生产在线板形和离线实际板形之间总有一定的差别，本来轧制时以为板形良好的带钢卷，因为会有几道后续工序，卸卷、冷却、开卷后板形又变坏了。引起这种变化的主要因素是轧后带材温度的横向分布不均。因此采用与温度影响趋势相反且幅度大小相等的板形目标曲线，即可抵消温度对板形的影响，这就是温度补偿的目的。不均匀温度分布引起的附加应力与相应的温度差成正比，即

$$\Delta\sigma_t(x)=k\cdot f_t(x) \tag{7.32}$$

式中　k——比例系数；

$f_t(x)$——温度差分布函数。

采用测温仪测量轧机出口处离线带材的表面温度。现场实测温度分布如图 7.26 所示。

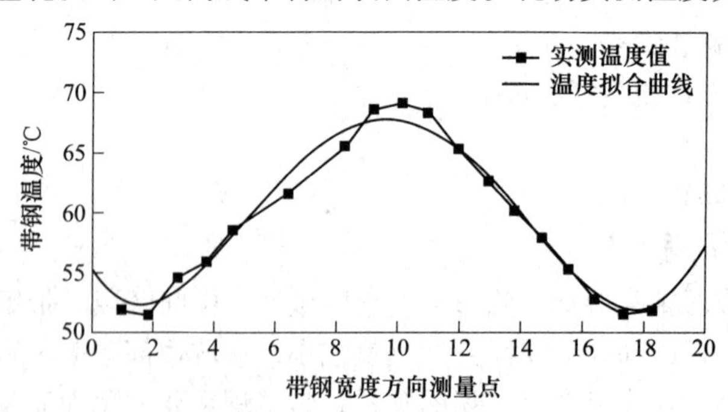

图 7.26　带钢温度实测值与温度拟合曲线

经多项式拟合得出轧件温度差分布：

$$f_t(x) = ax^4 + bx^3 + cx^2 + dx + m \tag{7.33}$$

式中 a，b，c，d，m——曲线拟合后的温度分布函数系数；

x——带钢宽度方向坐标。

则用于抵消带钢横向温度差产生的附加应力曲线为：

$$\sigma_t(x_i) = -2.5(ax_i^4 + bx_i^3 + cx_i^2 + dx_i + m) \tag{7.34}$$

7.5.3.4 板形调节机构的手动调节附加补偿

为了应对不同的带钢规格，适应实际生产的灵活性，得到更好的实际板形控制效果，除了补偿各种影响因素对板形测量造成的影响，还根据 UCM 轧机具有的板形调节机构对板形控制的特性和工作特点，分别制定了弯辊和轧辊倾斜手动调节附加曲线，可以根据实际生产中出现的板形问题，由操作工在线调节板形目标曲线。

A 弯辊手动调节附加曲线

$$\sigma_{bend}(x_i) = \frac{A_{man\_bend}}{x_{os}^2} \cdot x_i^2 \tag{7.35}$$

式中 A_{man_bend}——弯辊手动调节系数，不进行手动调节时值为0，调节时由斜坡函数生成，并经过限幅处理。

B 倾斜手动调节附加曲线

$$\sigma_{tilt}(x_i) = -\frac{A_{man\_tilt}}{2 \cdot x_{os}} \cdot x_i \tag{7.36}$$

式中 A_{man_tilt}——轧辊倾斜手动调节系数，不进行手动调节时值为0，调节时由斜坡函数生成，并经过限幅处理。

实际用于冷轧板形控制的目标板形曲线是在基本板形目标曲线的基础上叠加补偿曲线和手动调节曲线形成的。具体方法为：首先计算各个有效测量点的手动调节量及补偿量的平均值，然后将各个测量点的补偿设定值减去该平均值得到板形偏差量，将板形偏差量叠加到基本目标板形曲线上即可得到板形目标曲线。各个有效测量点补偿量及手动调节量的平均值为：

$$\begin{aligned}\bar{\sigma} = \frac{1}{n}\sum_{i=1}^{n}[&\sigma_{cshc}(x_i) + \sigma_{os\_edge}(x_i) + \sigma_{ds\_edge}(x_i) + \\ &\sigma_t(x_i) + \sigma_{bend}(x_i) + \sigma_{tilt}(x_i)]\end{aligned} \tag{7.37}$$

则板形目标曲线为：

$$\begin{aligned}\sigma(x_i) = &\sigma_{base}(x_i) + \sigma_{cshl}(x_i) + \sigma_{os\_edge}(x_i) + \sigma_{ds\_edge}(x_i) + \\ &\sigma_t(x_i) + \sigma_{bend}(x_i) + \sigma_{tilt}(x_i) - \bar{\sigma}\end{aligned} \tag{7.38}$$

在板形控制系统中，与板形测量值的插值转换过程相同，为了简化数据处理过程，将各个有效测量点沿着宽度方向插值为若干个特征点，然后计算每一个特征点处的张应力设定值，作为板形控制的张应力分布的目标值。

7.5.4 板形调节机构设定计算的流程

7.5.4.1 离散化及辊缝凸度目标值计算

为提高计算速度，根据轧制过程的对称性，一般在实际计算时只取一半辊系和一半带钢进行计算。

在计算过程中首先将轧辊和带钢在辊缝宽度方向上离散化，即沿轴线方向分成 n 个单元，各单元的编号分别为 1，2，3，…，n。编号的方式有两种，第一种是以带钢中心位置为 0 点，从中心向边部编号；第二种是以带钢边部为 0 点，从边部向中心编号。第二种方法计算时表达式较为复杂。

目标辊缝凸度即出口厚度，由带钢的入口凸度、入口板形、目标出口板形、入口厚度和出口厚度计算而来：

$$C'_s(i) = C_1(i) = \left\{\left[\frac{C_0(i)}{h_0} + \lambda_0(i)\right] - \lambda_1(i)\right\} \cdot h_1 \tag{7.39}$$

式中 i——轴向单元序号；

$C'_s(i)$——目标辊缝凸度，mm；

$C_1(i)$——带钢的出口凸度，mm；

$C_0(i)$——带钢的入口凸度，mm；

$\lambda_1(i)$——带钢的出口板形，I；

$\lambda_0(i)$——带钢的入口板形，I；

h_1——带钢的出口厚度，mm；

h_0——带钢的入口厚度，mm。

7.5.4.2 板形调控机构的影响系数计算

当将辊间压力或轧制力等分布力离散化为一系列集中力后，应用影响函数的概念可得出集中力 $p(1)$，$p(2)$，…，$p(n)$ 引起第 i 单元的位移，如图 7.27 所示。

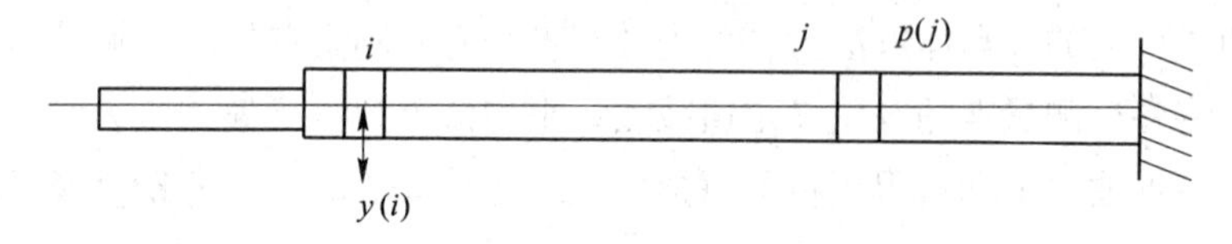

图 7.27 影响函数法的计算原理

第 i 单元的位移可以按下式叠加：

$$y(i) = \sum_{i=1}^{n} \mathrm{eff}(i,j) \cdot p(j) \tag{7.40}$$

式中 $y(i)$——分布力作用下轧辊在第 i 单元处产生的挠曲变形，mm；

$\mathrm{eff}(i, j)$——在 j 单元处的分布力对轧辊第 i 单元挠曲变形的影响系数，mm/kN；

$p(j)$——j 单元处的分布力，kN。

式 (7.40) 中 $y(i)$ 就是离散化了的变形量，它表示在载荷系列 $p(1)$，$p(2)$，…，$p(n)$ 作用下 i 单元的中点所产生的总变形。可以看出，分布力的影响系数为一个二维数组。

同理，也可以定义弯辊力、轧辊横移量、PC 轧辊交叉角等板形调控手段对辊缝的影响系数 eff(i)，也称为效率因子。此时，影响系数为一维数组：

$$C_s(i) = \mathrm{eff}(i) \cdot F \tag{7.41}$$

式中 $C_s(i)$——板形调控机构作用下辊缝在第 i 单元处产生的改变量，mm；

eff(i)——板形调控机构对辊缝第 i 单元的影响系数，mm/kN（弯辊），mm/mm（轧辊横移），$\dfrac{180 \cdot \mathrm{mm}}{\pi \cdot \theta}$（轧辊交叉）；

F——板形调节机构的调节量，kN（弯辊），mm（轧辊横移），$\dfrac{\pi \cdot \theta}{180}$（轧辊交叉）。

影响系数的大小可以根据材料力学的理论，可以由卡氏定理求出，也可以由简化方法近似计算得出。

7.5.4.3 实际辊缝凸度计算及与目标辊缝凸度偏差计算

利用计算得到的影响系数，实际辊缝凸度可以由式（7.42）求出：

$$C_s(i) = y_r(i) + r_{sr}(i) - k(i) + k(0) + y_l(i) + r_{sl}(i) - k(i) + k(0) \tag{7.42}$$

式中 $C_s(i)$——实际辊缝凸度，mm；

$y_r(i)$——工作辊右侧挠曲变形轴线；

$r_{sr}(i)$——工作辊右侧初始凸度，mm；

$r_{sl}(i)$——工作辊左侧初始凸度，mm；

$y_l(i)$——工作辊左侧挠曲变形轴线；

$k(i)$——工作辊压扁量，mm；

$k(0)$——工作辊中心点处的压扁量，mm。

工作辊的初始凸度为：

$$r_s(i) = c(i) + c_t(i) + c_w(i) \tag{7.43}$$

式中 $c(i)$——工作辊原始凸度，mm；

$c_t(i)$——工作辊热凸度，mm；

$c_w(i)$——工作辊磨损凸度，mm。

实际辊缝凸度和目标辊缝凸度的偏差可以由式（7.44）计算：

$$C_{dev}(i) = C_s(i) - C'_s(i) \tag{7.44}$$

式中 $C_{dev}(i)$——实际辊缝凸度和目标辊缝凸度的偏差，mm；

$C'_s(i)$——目标辊缝凸度，mm。

该辊缝凸度偏差 $C_{dev}(i)$ 用于计算板形调控机构的设定值。

7.5.4.4 板形调节机构设定值计算

计算板形调控机构设定值的方法一般选用最小二乘法建立最优评价函数。最小二乘法的基本原理是使板形偏差的控制误差平方和达到最小。令最优评价函数为 U，则有：

$$U = \sum_{i=1}^{n} [C_{dev}(i) - \mathrm{eff}(i) \cdot F]^2 \tag{7.45}$$

对式（7.45）求偏导：

$$\frac{\partial U}{\partial F} = 0 \tag{7.46}$$

求出设定值的表达式为：

$$F = \frac{\sum_{i=0}^{n} C_{\mathrm{dev}}(i) \cdot \mathrm{eff}(i)}{\sum_{i=0}^{n} \mathrm{eff}\,(i)^2} \tag{7.47}$$

通过式（7.47）即可求出用于板形预设定的各个板形调节机构的设定值。

7.6 冷轧板形闭环控制系统

现代板带轧机的板形自动控制系统包括过程自动化和基础自动化的二级自动控制。过程自动化级的主要任务为从生产管理系统接受钢卷的生产信息，经过一定触发后开始钢卷轧制工艺参数的设定计算，当设定值计算完成后将这些设定值发送给基础自动化级执行相应的控制。完整的板形控制系统由板形预设定系统、板形闭环反馈控制系统和前馈控制系统组成。图 7.28 为典型的冷轧板形控制系统原理图。

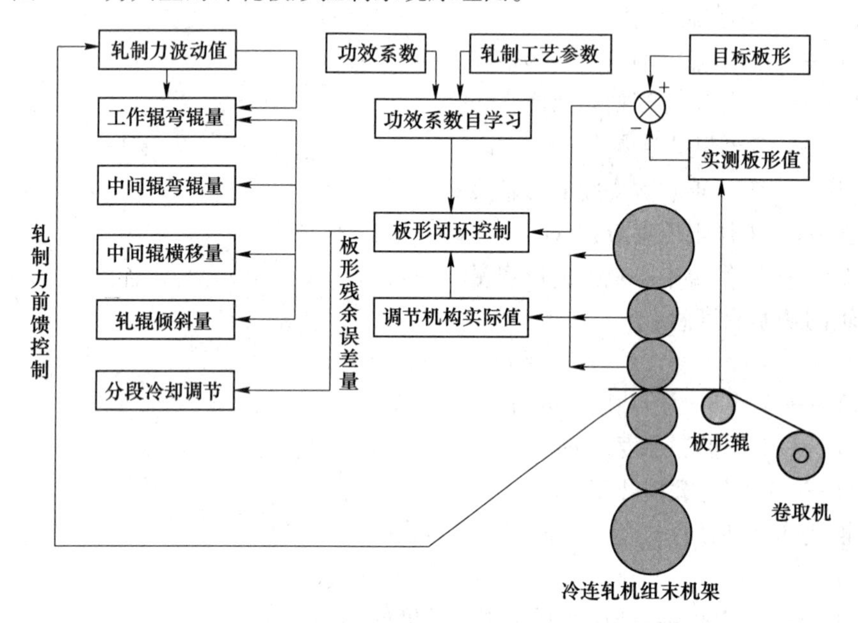

图 7.28 冷轧板形控制系统原理图

7.6.1 板形闭环控制策略选择

板形闭环反馈控制系统是冷连轧机中最为复杂的控制系统，也是板形控制系统中最关键的部分，其控制精度直接决定着轧后带钢的板形质量，代表了该冷连轧机的板形自动化控制水平。一个典型的六辊冷轧机板形反馈控制系统的结构如图 7.29 所示，板形闭环反馈控制系统是在建立稳定轧制的条件下，以板形仪检测的板形信号为反馈信息，计算实际板形和目标板形的偏差，并通过反馈计算模型分析计算消除这些板形偏差所需的板形调控手段的调节量，然后通过实时不断地对轧机的各种板形调节机构发出调节指令，不断地对板形执行机构进行动态实时调节，使轧机能够对轧制中的带钢板形进行连续的、动态的调节，最终使冷轧带钢产品的板形达到要求偏差之内，获得良好的板形质量。

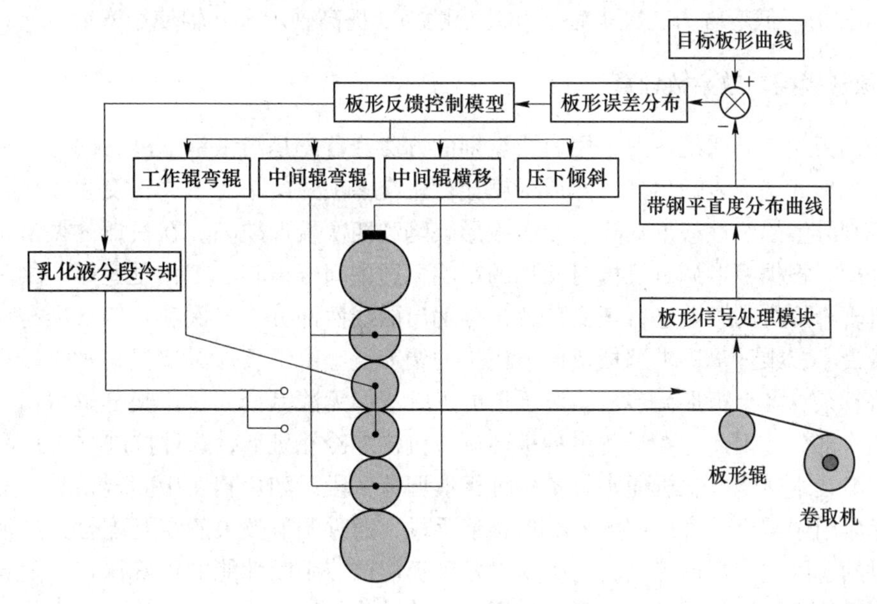

图 7.29 板形闭环反馈原理图

某冷连轧生产线板形控制系统的控制策略为分层次接力控制，首先根据各个调节机构响应时间的快慢与调控板形的特点确定其不同的控制层次。处在同一层次的调节手段根据优先级，处在较高的优先级先进行调控，当高优先权的板形调控执行机构的调节量达到极限值，但板形误差还没有达到要求并且此时还有控制手段可以调节，剩下的板形误差则由具有优先权的执行机构进行调节，依次类推直到板形误差达到产品要求或全部执行机构投入使用。各调节机构优先级选取，一般原则为按照响应时间长、灵敏度小的、轧制过程中不可动态调节的调节机构先调。因为在轧制过程中，操作工或者闭环反馈控制系统还要根据来料和设备状态的变化情况，动态调节板形调控手段，因此希望响应快、灵敏度高的调节机构的设定值处于中间值时，再进入下一个调控手段的计算。否则，在轧制过程中还需要进一步调节，就只能调节响应慢的调节机构，影响了调节的速度和效率。

以 UCM 轧机为例，其板形调控手段有中间辊横移、工作辊弯辊、中间辊弯辊、轧辊倾斜和乳化液分段冷却。该轧机板形控制策略是首先计算实测板形与目标板形之间的偏差，获得各板形调节机构的板形调控功效系数之后，板形控制系统通过板形偏差和各个板形调节机构功效系数做最优计算，按照接力方式计算各个板形调节机构的调节量。首先根据板形偏差计算出轧辊的倾斜量，然后从板形偏差中减去轧辊倾斜所调节的板形偏差，再从剩余的板形偏差中计算中间辊的横移量，按照这种接力方式依次计算出工作辊弯辊量、中间辊正弯量。最后残余的板形偏差由分段冷却消除。另外，控制板形调节机构调节量需要注意的是：

（1）由于带钢在连轧入口阶段相对较厚，不易发生屈曲，板凸度的控制安排在前两道次进行，使其尽快达到成品带钢要求范围内，后几道次着重控制板形一般只要保持带材比例凸度变化量在很小范围即可；

（2）以中间辊横移作为板形控制的粗调节手段，在中间辊位置确定之后，根据目标板形的要求设定中间辊弯辊力和工作辊弯辊力的最佳值；

（3）尽量降低弯辊力，减少轴承和轧辊磨损，提高轴承和轧辊使用寿命。

7.6.2 板形调控功效系数计算

早期的板形控制系统一般采用模式识别的方法。首先是沿带钢宽度方向上对板形偏差使用一个多项式函数表达出来，然后用勒让德正交多项式或车比雪夫正交多项式进行正交分解，分别分解出线性板形缺陷、二次板形缺陷和四次板形缺陷。在板形的调节机构上做同样的处理，根据板形调节机构对板形的影响，即中间辊横移、工作辊弯辊、中间辊弯辊等对轧机辊缝形貌的影响进行正交分解，分解出的线性部分、二次项、四次项与相应的板形缺陷做最小二乘计算，求解板形调节机构的调节量。由于板形调节机构种类较多，模式识别算法复杂，各个板形调节机构对板形的影响规律无法完全通过正交分解得出一次、二次以及四次部分，因此，在具备多种板形调节机构的冷轧机上，这种控制方法并不适用。

现代高技术带钢冷轧机通常具备多种板形调节手段，如弯辊、中间辊横移、压下倾斜等。实际应用中需要综合运用各种板形调节手段，通过调节效果的相互配合达到消除板形偏差的目的，因此，板形控制的前提是对各种板形调节手段性能的正确认识。随着工程计算、计算机技术及测试手段的进步，利用调控功效函数描述轧机的性能成为可能。调控功效作为闭环反馈控制系统的基础，是板形调节机构对板形影响规律的量化描述，调控功效系数受轧制参数的影响，如带钢宽度、轧制力、张力、中间辊横移位置以及弯辊力大小等。

7.6.2.1 板形调控功效系数控制思想的特点

由于不再对带钢的板形偏差和板形调节机构对板形的影响规律做正交分解和模式识别，而是研究各个板形调节机构对各个测量段处板形的影响规律，以此为基础，再结合各个测量段处的板形偏差做整体的最优控制计算，求解各个板形调节机构的最优调节量。这种算法既简化了计算过程，又避开了模式识别过程中出现的误差，不做正交分解的特点可以使其满足具有各种板形调节机构轧机的板形控制。

目前板形调控功效系数基本上是通过有限元仿真模拟计算和轧机实验两种方法确定。

7.6.2.2 板形调控功效系数定义

板形调控功效系数是在一种板形控制手段的单位调节量作用下，轧机的承载辊缝形状沿带钢宽度上各处的变化量，可表示为：

$$E_{i,j} = \frac{\Delta gf_i(x_i)}{\Delta S_j} \tag{7.48}$$

式中 x_i——带材宽度坐标，mm；

$E_{i,j}$——第 j 种板形调节执行机构在宽度 x_i 处板形调控功效系数；

ΔS_j——第 j 种板形执行机构的调节量，kN 或者 mm；

$\Delta gf_i(x_i)$——第 j 种板形执行机构在 ΔS_j 调节量引起的在宽度 x_i 处承载辊缝的变化量。

承载辊缝的变化量可以用带材纵向纤维的相对延伸差的变化量平直度表示：

$$\text{eff}_i = \frac{\Delta S_e}{\Delta a_i} \tag{7.49}$$

式中 S_e——板形偏差分布；

eff_i，a_i——第 i 种调节手段的功效系数与实际输出量；

Δa_i——引起的板形偏差的改变量。

7.6.2.3 板形调控功效系数先验值的获得

为获得基本功效系数，在现场对轧机调试时，选择几种不同规格尺寸的带钢进行轧制，轧机板形控制系统不投入，当出现板形缺陷时，手动调节各个板形调节机构来调节板形，板形控制系统记录由板形辊测得的带钢宽度方向上各个测量点的板形改变量。根据板形调节机构的调节量与板形变化量之间的关系，计算出各个测量点处调节器对板形的影响系数，这些影响系数就是各个板形调节机构的调控功效系数基本值。

在轧制不同宽度规格的带钢时，这些先验值并不准确，要通过功效系数的自学习过程获得精确的板形调控功效系数。

图 7.30 为由实测板形数据计算得到的某个轧制工作点（轧制力为 6000kN，带钢宽度为 1000mm）处的板形调控功效系数曲线，由图中数据可知对称性的弯辊和中间辊横移对板形的影响基本是对称的，可以用来消除二次和高次板形缺陷；轧辊倾斜调节对板形的影响是非对称性的，可以用来消除一次板形缺陷。在板形影响因素中，轧制力波动对板形的影响较大。

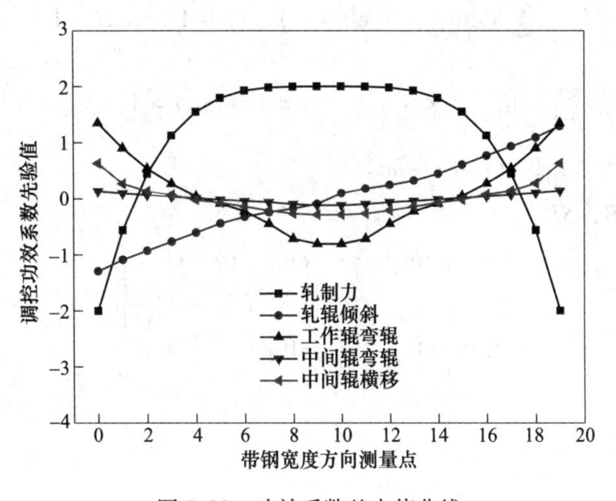

图 7.30 功效系数基本值曲线

7.6.3 多变量最优板形调控功效闭环控制

7.6.3.1 多变量最优数学计算模型

由上述讨论可得，功效系数和板形偏差分布具有一致的表现形式。因此，在以功效系数为基础的冷轧机板形控制模型中，板形控制目标就可以确定为将板形剩余偏差最小化。设轧机同时具备 m 种板形调节机构，则该控制目标可表示为：

$$Q = S_e - \Delta a_1 \times \text{eff}_1 - \cdots - \Delta a_m \times \text{eff}_m \Rightarrow \min \tag{7.50}$$

式中　　　　Q——剩余板形偏差；

$\Delta a_1 \times \text{eff}_1 \sim \Delta a_m \times \text{eff}_m$——$m$ 种板形调节手段的调节量。

将式（7.50）中的功效系数 eff_m 进行离散化处理，然后将带钢在宽度方向上的功效系数分布转化为 n 个带钢覆盖区段上的离散值，通过这样的处理以适应最小二乘计算的要求。计算中所涉及的板形控制手段数目 m 依轧机的配置而定。因此可以得到：

$$Q = \sum_{k=1}^{n} [S_{e[k]} - \sum_{i=1}^{m} (\Delta a_{[i]} \times \text{eff}_{[i][k]})]^2 \tag{7.51}$$

各控制手段调节量 $\Delta a_{[i]}$ 应满足以下条件：

$$\frac{\partial Q}{\partial \Delta a_{[i]}} = 0 \quad (i = 1 \sim m) \tag{7.52}$$

由式（7.52）可得到以下线性方程组：

$$\begin{cases} l_{11}b_1 + l_{1j}b_j + \cdots + l_{1m}b_m = l_{1y} \\ \qquad\vdots \\ l_{i1}b_1 + l_{ij}b_j + \cdots + l_{im}b_m = l_{iy} \\ \qquad\vdots \\ l_{m1}b_1 + l_{mj}b_j + \cdots + l_{mm}b_m = l_{my} \end{cases} \tag{7.53}$$

式（7.53）中，有关参数具有如下定义：

$$\begin{aligned} & l_{ij} = l_{ji} = \sum_{k=1}^{n} (\text{eff}_{[i][k]} \times \text{eff}_{[j][k]}) \quad (i = 1 \sim m, j = 1 \sim m) \\ & l_{iy} = \sum_{k=1}^{n} (\text{eff}_{[i][k]} \times S_{e[k]}) \quad (i = 1 \sim m, j = 1 \sim m) \\ & b_j = \Delta a_{[j]} \quad (j = 1 \sim m) \end{aligned} \tag{7.54}$$

定义矩阵 $\boldsymbol{E}$，$\boldsymbol{B}$，$\boldsymbol{SE}$：

$$\boldsymbol{E} = \begin{bmatrix} \text{eff}_{11} & \cdots & \text{eff}_{i1} & \cdots & \text{eff}_{m1} \\ \vdots & & \vdots & & \vdots \\ \text{eff}_{1k} & \cdots & \text{eff}_{ik} & \cdots & \text{eff}_{mk} \\ \vdots & & \vdots & & \vdots \\ \text{eff}_{1n} & \cdots & \text{eff}_{in} & \cdots & \text{eff}_{mn} \end{bmatrix}$$

$$\boldsymbol{B} = \begin{bmatrix} b_1 \\ \vdots \\ b_j \\ \vdots \\ b_m \end{bmatrix} \qquad \boldsymbol{SE} = \begin{bmatrix} S_{e1} \\ \vdots \\ S_{ek} \\ \vdots \\ S_{en} \end{bmatrix} \tag{7.55}$$

由式（7.54）和式（7.55）的定义，可以把式（7.53）表示为：

$$\boldsymbol{E}^{\mathrm{T}}\boldsymbol{SE} = (\boldsymbol{E}^{\mathrm{T}}\boldsymbol{E})\boldsymbol{B} \tag{7.56}$$

若（$\boldsymbol{E}^{\mathrm{T}}\boldsymbol{E}$）为可逆方阵，方程组（7.56）的非零解存在且唯一：

$$\boldsymbol{B} = (\boldsymbol{E}^{\mathrm{T}}\boldsymbol{E})^{-1}\boldsymbol{E}^{\mathrm{T}}\boldsymbol{SE} \tag{7.57}$$

矩阵 $\boldsymbol{B}$ 中的各项对应各板形控制手段相对于本次板形偏差调节量。一般情况下，各板形控制手段的功效系数是线性无关的，此时针对某一板形偏差 $\boldsymbol{SE}$ 总可以找到唯一一组与板形控制手段相对应的调节量 $\boldsymbol{B}$，使得板形控制效果达到最优。

7.6.3.2 多变量最优板形调控功效闭环控制算法

本书研究的冷连轧机的板形测量辊沿板宽方向板形测量点有 38 个，液压伺服板形调节机构有 4 个，分别是工作辊弯辊、中间辊正弯辊、中间辊横移、轧辊倾斜。轧制力波动对出口带钢板形的影响也通过调控功效来表达，因此板形调控功效系数矩阵大小为 38×38，即

$$\mathbf{Eff} = \Delta \boldsymbol{Y} \Delta \boldsymbol{U} = \begin{bmatrix} \Delta y_1 \\ \Delta y_2 \\ \vdots \\ \Delta y_{38} \end{bmatrix} \cdot \begin{bmatrix} \dfrac{1}{\Delta u_1} & \dfrac{1}{\Delta u_2} & \cdots & \dfrac{1}{\Delta u_5} \end{bmatrix}$$

$$= \begin{bmatrix} \text{eff}_{1,1} & \text{eff}_{1,2} & \cdots & \text{eff}_{1,5} \\ \text{eff}_{2,1} & \text{eff}_{2,2} & \cdots & \text{eff}_{2,5} \\ \vdots & & \ddots & \vdots \\ \text{eff}_{38,1} & \text{eff}_{38,2} & \cdots & \text{eff}_{38,5} \end{bmatrix} \tag{7.58}$$

该板形闭环反馈控制采用的计算模型是根据最小二乘评价函数的板形控制模型。它以板形调控功效为基础，使用各板形调节机构的板形调控功效系数及板形辊各测量段实测板形值运用线性最小二乘原理建立板形控制效果评价函数，求解各板形调节机构的最优调节量。评价函数为：

$$J = \sum_{i=1}^{m} \left[g_i \left(\Delta y_i - \sum_{j=1}^{n} \Delta u_j \cdot \text{eff}_{ij} \right) \right]^2 \tag{7.59}$$

式中 J——评价函数；

m——测量段数；

g_i——板宽方向上各测量点的权重因子，代表调节机构对板宽方向各个测量点的板形影响程度，边部测量点的权重因子要比中部区域大；

n——板形调节机构数目；

Δu_j——第 j 个板形调节机构的调节量；

eff_{ij}——第 j 个板形调节机构对第 i 个测量段的板形调节功效系数；

Δy_i——第 i 个测量段板形设定值与实际值之间的偏差。

使 J 最小时有

$$\partial J / \partial \Delta u_j = 0 \qquad (j = 1, 2, \cdots, n) \tag{7.60}$$

可得 n 个方程，求解方程组可得各板形调节机构的调节量 Δu_j。

上述算法就是最优控制算法的核心思想。控制系统获得了轧机各个板形调节机构的调控功效系数之后，按照接力的方式依次计算出各个板形调节机构的调节量。首先板形偏差计算出工作辊弯辊调节量，即

$$J_{\text{WRB}} = \sum_{i=1}^{n} \left[g_{i\text{WRB}} \left(\Delta y_i - \Delta u_{\text{WRB}} \cdot \text{eff}_{\text{WRB}} \right) \right]^2 \tag{7.61}$$

式中 J_{WRB}——用于求解工作辊弯辊调节量的评价函数；

g_{iWRB}——工作辊弯辊在板宽度方向上各个测量点的板形影响因子；

Δu_{WRB}——工作辊弯辊的最优调节量，kN；

eff_{WRB}——工作辊弯辊的板形调节功效系数；

Δy_i——第 i 个测量段板形预设定值与实际值的偏差，I。

使 J_{WRB} 最小时有

$$\partial J_{WRB}/\partial \Delta u_{WRB} = 0 \tag{7.62}$$

可得 n 个方程，求解方程组可得到工作辊弯辊的调节量 Δu_{WRB}。

计算出工作辊弯辊调节量需要经过变增益补偿环节、限幅输出处理，再输出给工作辊液压弯辊控制环。变增益补偿环节为：

$$\Delta u_{WRB\_gained} = \Delta u_{WRB} \cdot \frac{T}{T_{WRB} + T_{SHAPEMETER} + L/V} \cdot K_T \tag{7.63}$$

式中 Δu_{WRB_gained}——变增益补偿后的工作辊弯辊调节量，kN；

T——测量周期，s；

T_{WRB}——工作辊弯辊液压缸的时间常数；

$T_{SHAPEMETER}$——板形辊的时间常数；

L——板形辊到辊缝之间的距离，m；

V——轧制速度，m/s；

K_T——与板形偏差大小，材料系数相关的增益。

输出前的限幅处理主要是为了防止调节量超过执行机构的可调节范围而损坏设备。设完成限幅后工作辊调节量为 $\Delta u_{WRB\_gained\_lim}$，则从板形偏差中减去工作辊弯辊所调节的板形偏差，从剩余的板形偏差中计算中间辊弯辊调节量，即

$$\Delta y_i' = \Delta y_i - \Delta u_{WRB\_gained\_lim} \cdot \mathrm{eff}_{WRB} \tag{7.64}$$

式中 $\Delta y_i'$——工作辊弯辊完成调节后剩余的板形偏差，I。

同工作辊弯辊调节一样先建立中间辊弯辊调节量计算的评价函数，求解中间辊弯辊的调节量，然后按照同样的方法进行变增益补偿，限幅输出处理。依次类推，板形控制系统按照这种接力方式依次计算出轧辊倾斜量调节，中间辊横移量，最后的残余板形偏差由分段冷却消除。

7.6.3.3 多变量最优板形闭环控制算法的特点

传统的板形反馈控制算法以实测的板形信号为主要对象，在人为给定板形模式对的情况下，通过使用如最小二乘法、模糊分类方法和人工神经网络等方法对板形误差进行模式识别，从而得到各种板形模式所占分量大小，通过一定的转换后，以此作为板形调控机构的反馈修正量，然后输出给执行机构进行调节。其主要控制思想是假定板形测量信号是绝对精确可靠的，而把板形调控机构对板形的调控效果近似于某一函数形状，因此，其板形控制精度会受到所选择的板形模式、执行机构板形调控效果函数的准确程度以及板形模式识别精度的影响。基于模式识别的板形控制方法在求解模式系数时将人们引入到无限提高模式识别精度的歧途上去，而忽略了对执行机构板形控制效果的精确描述才是板形控制的根本，并且在目前的板形测量精度与板形控制技术水平上，进一步地提高板形模式识别的精度对提高板形控制精度和改善轧后带钢板形质量的作用已经是微乎其微了。基于多变量

最优的板形反馈控制算法与其相比，无论是控制思想还是控制方法都显得更为先进和优越，它具有以下的特点：

（1）以板形调控机构为主要研究对象，建立执行机构对有载辊缝压力分布的调控系数矩阵，从而更为准确地描述了执行机构的板形调控效果，切合板形控制实际。

（2）在板形误差分解中，采用了最优化技术，充分考虑了如设备和控制状态等约束条件，因此求解得到的是满足约束条件下的最优修正量，从而能够提高板形的控制精度。

（3）在控制过程中，充分利用了各个板形测量段上的板形信号，大大提高了板形控制的准确性。

（4）采用最优化的控制技术能很好地解决多个执行机构之间的相互影响问题，在充分发挥各个执行机构的板形调控作用时，避免了相互之间的耦合作用。

（5）由于使用了调控系数矩阵来描述每一种执行机构的板形调控效果，因而只要给出了调控系数矩阵，便可以方便地增加板形调控机构数，利于控制系统的移植。

（6）由于求解得到的是具体控制条件下的最优调节量，使得每个控制周期内各个板形调控机构的调节量变化更为合理，有利于保持板形控制的稳定性，同时也利于保护轧机设备和延长液压弯辊系统的寿命。

7.6.4 轧制力前馈控制模型的研究

带钢在轧制过程中，轧制力会受到许多因素的影响，如变形抗力、来料厚度、摩擦系数以及张力等出现较大范围的波动，因此为了保证轧后带钢的厚度精度，AGC（厚度自动控制系统）需要不断调整轧机的辊缝，但这也会导致轧制力的波动，这样就会影响轧辊的弹性挠曲进而影响辊缝形貌。如果这种辊缝形貌的变化不加以干预补偿，会使得带钢沿宽度方向上的纵条发生不一致的延伸变形，最终将会影响带钢板形。因此对于冷轧而言，轧制力的波动对板形有很大的影响。工作辊弯辊和中间辊弯辊对板形的控制作用归根到底是通过改变有载辊缝内压力分布来实现的，这与轧制力对板形的影响相似，因此板形调节机构上最有效的方法就是使弯辊力随轧制力的变化作出相应的补偿性调整，即轧制力-弯辊力补偿控制。实际生产中，轧制力的测量周期很短，轧制力变化造成的板形变化在板形检测仪上测量出之前就已经得到力相应的补偿控制，相对于板形的闭环反馈控制而言，轧制力-弯辊力补偿是一种超前控制，这就是板形前馈控制。

7.6.4.1 基于板形调控功效的轧制力前馈控制模型

轧制力前馈控制主要是用来补偿轧制力波动引起的辊缝形状的变化。和板形闭环反馈控制策略相同，轧制力前馈计算模型也是以板形调控功效为基础，基于最小二乘评价函数的板形控制策略。其评价函数为：

$$J' = \sum_{i=1}^{m} [(\Delta p \cdot \mathrm{eff}'_{ip} - \sum_{j=1}^{n} \Delta u_j \cdot \mathrm{eff}_{ij})]^2 \tag{7.65}$$

式中 Δp——轧制力变化量的平滑值，kN；

eff'_{ip}——轧制力在板宽方向上测量点 i 处的影响系数（等同于轧制力的板形调控功效系数）；

Δu_j——用于补偿轧制力波动对板形影响的板形调节机构调节量；

eff_{ij}——该板形调节机构在 i 处的调控功效系数。

使 J' 最小时有

$$\partial J'/\partial \Delta u_j = 0 \qquad (j = 1,2,\cdots,n) \tag{7.66}$$

可得 n 个方程，求解方程组可得用于补偿轧制力波动的各板形调节机构的调节量 Δu_j。

7.6.4.2 前馈调节比例系数的计算

在计算轧制力变化补偿量之前，先要对实际轧制力进行平滑，以减少轧制力的测量误差，避免在计算过程中出现过大的轧制力变化。当出现轧制力平滑值与基准轧制力之间差值大于规定值时，就需对其变化进行补偿。

首先计算轧制力变化对辊缝的影响系数 eff'_{ip} 和用于前馈控制的板形调控手段对辊缝的影响系数 eff_{ij}，通过在两者之间做最小二乘拟合，得到板形调控手段对轧制力变化的调节比例系数 α_F 为：

$$\alpha_F = \frac{\sum_{i=0}^{m} [\mathrm{eff}'_{ip} \cdot \mathrm{eff}_{ij}]}{\sum_{i=0}^{m} (\mathrm{eff}_{ij})^2} \tag{7.67}$$

该比例调节系数表示补偿单位轧制力变化所需的控制手段的调节量。在得到各控制手段调节比例系数后，就可以根据轧制力变化的大小计算各控制手段的前馈控制量。

7.6.4.3 前馈控制量计算

前馈控制量的计算模型为：

$$\Delta F = \alpha_F \times \Delta F_R \times g \tag{7.68}$$

式中 ΔF——前馈控制量；

ΔF_R——轧制力平滑变化量；

g——前馈增益。

UCM 轧机有多种板形调控手段，因此需要对不同板形调节手段的调节能力进行比较，来决定最佳的前馈控制手段。各板形调控手段补偿轧制力变化的能力，不仅与该调控手段的调节速度有关，而且与该调控手段的影响系数与轧制力变化系数之间的相似程度有关。因此，可通过计算各控制手段的调节剩余偏差并对其排序，可以得到各控制手段在补偿轧制力变化时的优先次序。

剩余偏差计算模型：

$$\mathrm{rdev} = \sum_{i=1}^{n} |\mathrm{eff}'_{ip} - \mathrm{eff}_{ij} \times \alpha_F \times \mathrm{step}| \tag{7.69}$$

式中 rdev——剩余偏差；

n——离散化的单元数量；

step——调节步长。

其中，调节步长为调节手段的调节速度与前馈控制执行周期的乘积。

根据上述算法，对 1450mm 轧机的各执行器的调节能力进行了计算，选取工作辊弯辊和中间辊弯辊。当工作辊弯辊达到极限时，再使用中间辊弯辊进行补偿。

7.6.4.4 板形前馈控制的实现

根据实测的轧制力计算得出每两个控制周期间的轧制力具体变化量，并对实际轧制力进行平滑处理，判断轧制力的变化量是否大于设定的最小板形前馈控制的基准轧制力变化量，如果没有超过，则板形前馈控制不投入，直接进入下一个控制周期。如果超过，则根据带钢宽度计算得轧制力在各个测量点的影响系数和弯辊板形调控功效系数，通过计算得出最优的工作辊弯辊力和中间辊弯辊力前馈调节来补偿。同时考虑到工作辊和中间辊弯辊对轧制力波动的补偿效率不同，对这两种调节机构设定了不同级别的优先级，调节快的，速度高的先调，并且保证工作辊弯辊力和中间辊弯辊力调节量都在允许的控制范围内，相应的有三种补偿调控策略：

（1）调节机构完全投入补偿。当计算得到的工作辊弯辊力和中间辊弯辊力都在允许的控制调节范围内时，将采用工作辊和中间辊弯辊对轧制力的变化量进行补偿。

（2）调节机构部分投入补偿。当计算得到的工作辊弯辊力和中间辊弯辊力调节量的任意一个处于允许的控制范围内，另一个调节量不在控制范围内，为了尽量减少轧制力变化对板形的影响，采用处于控制范围内的弯辊力调节量进行前馈控制，另一个不参与控制。

（3）调节机构完全不补偿。计算得到的工作辊弯辊力和中间辊弯辊力调节量都不在允许的控制范围内时，前馈控制不投入。

8 连轧时张力控制

张力是连轧特有的现象。连轧过程的张力来自前后机架中轧件出口和入口速度的不等。前后架轧件只要有一点速差，连轧就会产生张力拉拽。带张力稳定连轧的本质是张力反作用于轧件上，直接影响变形区的前滑和后滑，同时以张力力矩的形式影响电机转矩，两者共同改变轧件出入口速度，使之向一致靠近，这是连轧张力速度平衡理论，也称为张力的“自调整作用”。

凡影响速度的因素，都对平衡后的张力大小发生作用。连轧稳定后的轧件内张力，目前还只能用活套支撑器的压力传感器间接测量出来。张力使电机力矩改变的反应是电机电流的变化，因而常用电流记忆法来控制速度。

实际生产过程中，张力对轧件尺寸的影响十分明显。棒线材中轧机组通常配置多架活套，力求进入精轧机的轧件稳定在微张力上；板带轧制时张力使轧件厚度和宽度发生变化，一旦张力波动，产品尺寸也随之波动，所以张力的问题是连轧中的核心问题之一，而速度是影响张力的根本。

本章从张力的作用及理论计算开始，讲述连轧时机架间活套张力的控制原理，介绍了卷取时的张力控制方法，最后讨论了连轧时的微张力控制和无张力控制。

8.1 轧制过程的张力及其计算

8.1.1 张力的种类

在轧制过程中，作用于轧件上的张力一般分为前张力和后张力。与轧制方向一致的张力称为前张力，用T_F或σ_F表示，T_F为前总张力，σ_F为前张应力；与轧制方向相反的张力称为后张力，用T_B或σ_B表示，T_B为后总张力，σ_B为后张应力，如图8.1所示。张应力（σ_F或σ_B）又称为单位张力，单位张力与总张力之间的关系为：$T=A\sigma_T$。

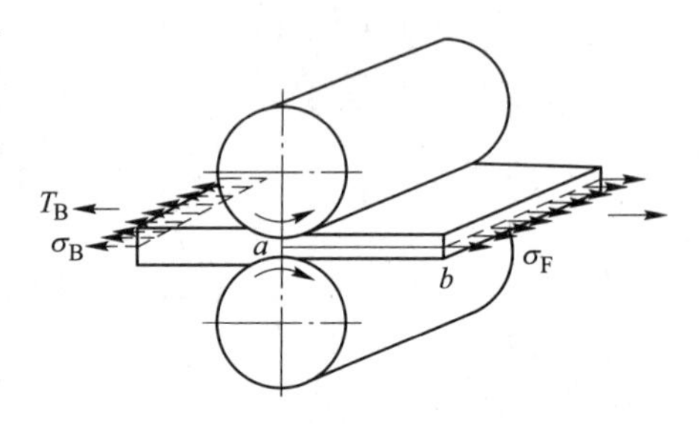

图 8.1 前张力与后张力

就热连轧轧机而言，张力主要作用于机架之间的轧件上；而冷连轧轧机，除机架之间的轧件上有张力作用之外，还有卷取机给轧件的机组入口张力和机组出口张力。

8.1.2 张力的作用

在连轧过程中，张力主要有以下五方面的作用：（1）防止轧件跑偏；（2）使所轧的带钢板形平直；（3）降低变形抗力和变形功；（4）适当调节主电动机的负荷；（5）适当地调节带钢厚度。

8.1.2.1 防止轧件跑偏

在实际生产过程中，即使是以绝对平行的轧件截面进入绝对平行的原始辊缝的轧辊中进行轧制，往往也会因喂钢未能很准确地对中，使得沿轧件宽度方向上压力分布不均衡，造成轧件跑偏。轧件在轧制过程中一旦发生跑偏，又不加以纠正的话，随着轧制过程的进行，跑偏现象便会成为恶性循环，愈演愈烈。

为了消除跑偏，当然可以采用凹形辊缝或用导板夹正，但是这两种方法都有一定的局限性和不足。在实际轧制过程中，凹形辊缝实质上主要起到轧件自动地对中的作用。实践表明，轧辊凹度过小时，防止轧件跑偏的作用不显著；而当轧辊凹度太大时，又轧不出横向厚度均匀一致的高精度的带钢。同时，用凹形辊缝纠正跑偏，还需要一定的时间（即轧件沿轧辊轴线横移需要一定的时间），也就是说这种防止跑偏的方法有时滞，因而不可避免地会使轧件产生一定程度的“蜿蜒蛇形”。用导板夹正，其原理就是在轧件内改变应力分布，来防止轧件跑偏。但是这种方法仅适用于较厚较硬的轧件，而对较薄较软的轧件，往往会因作用于轧件上的侧压力，导致带钢产生压折。另外，轧件与侧导板之间有一定的间隙，在控制过程中也有一定的时滞。

若采用张力轧制，当轧件进入轧辊时，可以在一定的张力作用下平稳地进入辊缝或走出辊缝。在控制过程中，张力反应很迅速，可以说是无时滞的，所以有利于轧出更高精度的产品，还可以简化操作。就连轧机而言，张力轧制是防止轧件跑偏的有效方法。但是也应注意，张力不宜过大，以防产生拉窄变形或断带事故。

8.1.2.2 使所轧带钢板形平直

板形是衡量板带钢质量的重要指标之一，所谓板形良好就是指板带钢的平直度好。轧制之后的板带钢之所以会出现如边浪、中浪、宽度方向反弯、长度方向反弯等不良的板形，其原因主要是变形不均，使轧件中的残余应力超过了稳定时所允许的压应力。如果在轧制过程中给轧件加上一定的单位张力，使得板带钢沿宽度方向上的压应力不超过所允许的压应力，便可以保证轧出板形平直的产品。

8.1.2.3 降低金属的变形抗力和变形功

在无张力作用下，金属在变形区中受三向压应力的作用。当有张力作用时，张力不仅可以使水平方向的压应力减小，而且也能使垂直方向上的压应力降低，因而也就能使轧制压力变小。并且，当前后张力足够大时，还可以使水平方向的应力由原来的压应力变为拉应力，使得垂直方向的压应力更小，轧制压力降低得更加明显。后张力与前张力相比，后张力对降低单位压力和轧制压力的效果更明显。由于张力的作用，促使轧制压力降低，自然金属变形时所需要的功耗就会变小。

8.1.2.4 能适当调节主电动机的负荷

假若带钢分别在 F_i 和 F_{i+1} 机架中进行无张力轧制时的力矩为 M_0，如图 8.2 所示，所需的功率分别为 $N_{0,i}$ 和 $N_{0,i+1}$。当带钢在张力 T 的作用下进行连轧时，F_{i+1} 机架便会通过带钢牵拉 F_i 机架，帮助 F_i 机架轧钢，因此，F_i 机架上主传动的负荷便由 M_0 减到 M_1；而 F_{i+1} 机架主传动的负荷便由 M_0 增至 M_2。轧机受张力作用之后，张力的功率可按下式计算：

$$N_r = \frac{Tv}{102} \tag{8.1}$$

式中 N_r——张力的功率，kW；

T——张力；

v——轧制速度。

则此时 F_i 和 F_{i+1} 机架在连轧时的功率分别为：

$$N_i = N_{0,i} - N_r \tag{8.2}$$

$$N_{i+1} = N_{0,i+1} + N_r \tag{8.3}$$

所以在实际的连轧过程中，可以通过选择不同的张力值，借助于张力功率的转移，来适当地调节各机架主电动机的负荷。

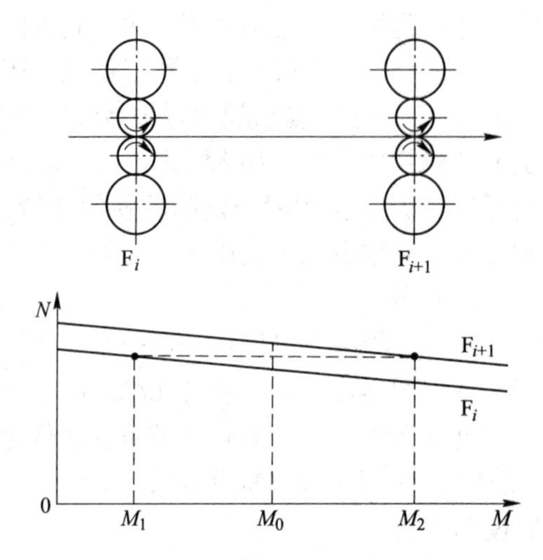

图 8.2　轧制张力对主电机负荷的影响

8.1.2.5　能适当地调节带钢的厚度

在连轧过程中，张力的作用是很明显的，可以用它来做厚度的微调。此部分内容，见第 6 章。

除上述作用之外，现结合冷轧的情况，进一步阐明张力的工艺作用，开卷机张力对于是否能保证顺利穿带起着重要的作用，如果开卷机张力过大，便无法穿带；若张力过小便会产生堆钢现象。并且开卷张力还不应大于前工序（如酸洗）卷取机的带钢张力，否则可能引起钢卷的层间窜动，造成表面擦伤。在考虑了上述因素作用情况下，为了保证稳定生产，应尽量提高开卷张力。

对卷取机来说，当张力过小时，会造成卷得不紧，钢卷从卷取机上卸下来之后，会因钢卷的自身质量而导致钢卷变成椭圆形，长时间堆放后甚至会产生严重的塌卷。卷得太松的钢卷，即使没有发生变形，而在平整机上也会出现开卷打滑的现象，即在钢卷内圈之间产生层间错动。如果卷取张力过高，则从卷取机上卸下钢卷的内圈常会产生扭折，在退火后也会由于表面压力高产生黏结而造成报废。

此外，当带钢在机架间断带，整个连轧机组停车时，为了防止由于钢卷层间窜动而造成表面擦伤，轧机与开卷机或卷取机之间应保持一定的静张力。

在轧制过程中，张力的作用直接影响到成品的厚度精度、板形和表面质量，为了使轧机能正常地轧制出质量良好的产品，必须对张力进行控制和利用。

8.1.3 张力的理论计算模型

由于张力变动影响电机负荷，因而可以从电机电流或扭矩测量结果间接分析出张力的变化，但电流曲线往往夹杂许多脉冲，难以识别，而且难以排除附加摩擦的影响，因而不够准确。

8.1.3.1 由轧件弹性变形计算张力

根据弹性体的胡克定律可知，金属弹性变形时，应力 σ 与弹性应变 ε 是成正比的关系，即

$$\sigma = E\varepsilon \tag{8.4}$$

式中 E——材料的弹性系数，钢的 $E=2.06\times10^3$ MPa。

由此可知，存在应力，必产生应变。

图 8.3 为带张力连轧分析示意图。现从轧机间轧件上取出任意两点 a 和 b 来分析，以此两点之间的距离作为标准距离，用 l_0 表示，a 点和 b 点的运动速度分别为 v_a 和 v_b，并且 $v_b>v_a$，轧件长度方向上的位移量为 Δl，则弹性应变（ε）可用下式表示：

$$\varepsilon = \frac{\Delta l}{l_0} \tag{8.5}$$

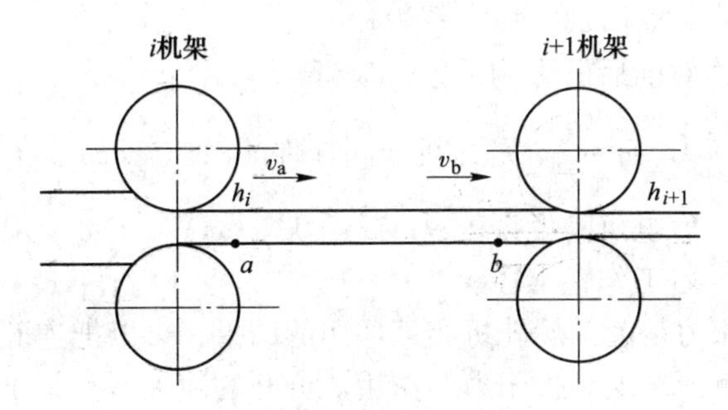

图 8.3 带张力连轧分析示意图

应力的产生及其大小取决于轧件长度方向上的应变，即取决于该两点的相对位移量。要使 a 与 b 两点有相对位移，只有 a 点与 b 点之间存在着运动速度差才有可能。对式（8.4）求微分：

$$\mathrm{d}\sigma = E\mathrm{d}\varepsilon = E\mathrm{d}\frac{\Delta l}{l_0} \tag{8.6}$$

$$\mathrm{d}\sigma = \frac{E}{l_0}\mathrm{d}(\Delta l) = \frac{E}{l_0}(v_b - v_a)\mathrm{d}t \tag{8.7}$$

所以张应力为：

$$\sigma_{0,T} = \frac{E}{l_0}\int(v_b - v_a)\mathrm{d}t \tag{8.8}$$

因此，当 a 点与 b 点之间有速度差时，则作用于轧件上的张力值（T_0）为：

$$T_0 = \frac{E}{l_0}\int(v_b - v_a)\mathrm{d}t \cdot F \tag{8.9}$$

式中 F——轧件断面积。

式（8.9）表示张力与速度差的积分关系。它表明任意时刻速差下，随时间延长，张力不断上升，张力产生的本质是速度差的存在。以上推导是1946年切克马廖夫作出的。但是，这一公式的推导，是建立在存在速度差的不稳定状态下，这时轧件出口速度 v_a 和入口速度 v_b 并不是一成不变，而是在张力的作用下，迅速相互靠近，直到最后 v_b 和 v_a 达到相等。因而，切克马廖夫公式是个动态方程。在实际应用中，该式存在热轧时弹性模量不易确定，出入口速度时刻在变化而难以计算的问题。

8.1.3.2 张力运动力学平衡的稳态方程

一般情况下，张力总要达到某一平衡数值，这取决于几个关键因素。从运动力学来分析，可以不考虑张力变化的过渡过程，直接用出入口速度相等的条件求出张力数值。张力一方面产生力矩作用，同时对前、后滑产生显著影响（在张力不很大时呈线性关系），于是轧件在前、后架轧机的出入口速度表示如下：

前滑区：
$$v_{1h} = v_{10}(1 + f_{h0} + aq) + Z_1TR_1 \tag{8.10}$$

后滑区：
$$v_{2H} = v_{20}(1 - f_{H0} - bq) - Z_2TR_2 \tag{8.11}$$

式中 v_{1h}，v_{2H}——带张力轧制时的前、后架轧件出入口速度（包含张力引起的前后滑和张力力矩）；

v_{10}，v_{20}——自由轧制时前、后轧机轧辊线速度；

f_{h0}，f_{H0}——自由轧制时前、后滑系数；

a，b——张力对前后滑影响系数，$1/(\text{N}\cdot\text{mm}^2)$；

q——张应力，$q=\dfrac{T}{F}$，F 为机架间轧件断面积，mm^2，T 为张力，N；

Z_1，Z_2——前、后电机刚度系数，$\text{m}/(\text{s}\cdot\text{kN}\cdot\text{m})$；

R_1，R_2——前、后工作辊半径。

既然稳定连轧的张力是前、后轧机相互作用的结果，可以把连轧机看成各自独立的机架在轧制，这样可以更清楚地分析张力的作用。分开的前提是前架出口速度与后架入口速度相等，出口前张力和后架入口后张力相等。如图8.4所示。

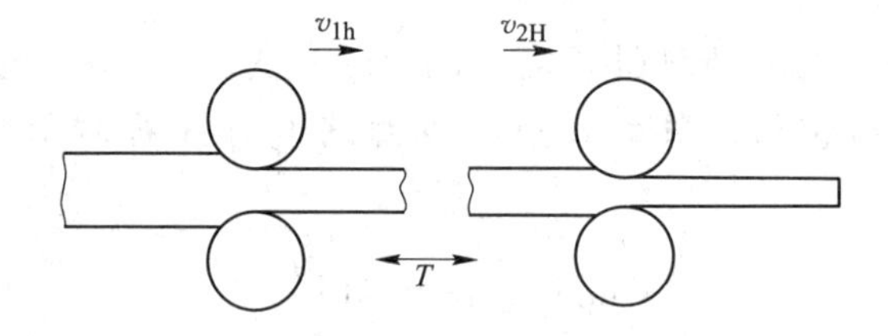

图8.4 连轧张力作用分析示意图

断开后，若仍要保持原来稳定的运动状态，轧件就必须满足运动力学条件，从而有

$$v_{1h} = v_{2H} \tag{8.12}$$

将式（8.10）、式（8.11）代入式（8.12），得到：

$$T = \frac{v_{20}(1 - f_{H0}) - v_{10}(1 + f_{h0})}{R_1Z_1 + R_2Z_2 + 1000(av_{10} + bv_{20})/F} \tag{8.13}$$

或

$$T = \frac{v_{2H0} - v_{1h0}}{R_1Z_1 + R_2Z_2 + 1000(av_{10} + bv_{20})/F} \tag{8.14}$$

式中 v_{1h0}，v_{2H0}——自由轧制时的前、后架轧件出入口速度。

式（8.14）表明，张力大小与设定轧件自由速度差呈正比，速差为零时，张力自然为零。电机刚度越大（Z 值小），张力变大，张力引起滑动的系数越大，轧件出入口速度差变小，张力下降，现代无静差调速电机的 Z 值极小，一般忽略不计。前后滑系数 a、b 可由试验确定。这几个常系数如能定准，张力也就能求出来。

以上两式就是在连轧时，经过张力上升的过渡过程后，轧机间稳定张力的计算模型。它是动平衡下的稳态方程。这一公式求出的张力如果接近屈服应力，说明连轧有拉断的可能，因而可直接判定轧辊速度差的极限。另外张力速度平衡公式还可用来在确定张力后，通过前后滑系数反算轧辊转速，计算连轧后的轧件平均速度，从而更精确地控制稳定轧制时张力大小。

8.1.3.3 通过速度变化改变张力的过程

张力连轧过程中，任何对轧件速度的影响都间接影响张力。改变工作辊转速，改变辊缝影响张力，甚至来料瞬间的尺寸变化或抗力变化都对张力有影响。

（1）转速变动调张力。连轧中间某一轧机工作辊设定转速加快，该架轧机轧件入口速度和出口速度趋向提高，于是后张力加大，前张力变小。速度变动对张力的影响可依据式（8.13）或式（8.14）计算得到。这只要将新设定的自由轧制的速度（转速）及必要参数代入式中即可。多架连轧计算时要注意轧机张力与速度符合运动力学平衡要求，稳定轧制后各机架间才符合秒流量相等原则。因而需要反复迭代计算，才能算出满足各方面要求的张力与速度。

（2）辊缝变动调张力。辊缝抬高，压下减少，轧制力下降。同时入口后滑与出口前滑下降，即入口速度变高，出口速度下降。轧制原理的模型公式依据压下量可以求出自由轧制时的前后滑，因而可以得到轧件自由轧制新速度，再用稳态张力公式迭代求出各机架前后新张力即可。

（3）来料抗力变动对张力影响。来料抗力变动主要影响轧制力，进而影响辊缝，导致轧件出入口速度改变，最终引起张力变化。

8.2 机架间张力控制

张力存在于运动中的轧件内，目前还没有成熟的非接触冷热材张力检测器，一般采用活套支撑器来完成张力检测和张力调节。恒定活套量和小张力轧制是现代热连轧精轧机组的一个基本特点。在带钢的实际轧制过程中，穿带时主传动系统总是存在动态速降，在稳定轧制阶段又总是存在着各种各样的带速扰动，因此不可能始终保持各个机架之间的速度匹配关系或秒流量平衡关系，导致机架间带钢长度不恒定，形成所谓“活套”。套量就是指机架间带钢（活套）长度与机架间距之差，在不受控的状态下，套量过大很易形成堆钢甚至出现叠轧断辊事故，套量为零又很易将带钢拉窄甚至拉断。因此，解决轧制过程中的套量控制问题，就成了保证连轧机组工艺稳定性的最迫切要求之一，而解决这一问题的关键就是活套支撑器的出现。

8.2.1 活套支撑器的作用及种类

最初设置活套支撑器的目的只是用它来起“活套挑”的作用，主要用于防止出现大套后造成叠轧或堆钢。但在现代热连轧机中，活套支撑器的作用则大大超出了单纯“活套挑”的意义而有了根本改进。现代活套机构设置的第一个目的是作为套量检测装置对机架之间的套量进行测量，并通过活套高度控制系统维持套量恒定，以避免出现堆钢、拉钢现象，保证连轧过程稳定进行。活套机构设置的第二个目的是作为执行机构实现带钢恒定小张力控制，以减小张力波动对各机架轧制变形区工艺参数的影响，尽可能消除各机架之间和各功能之间通过张力的耦合作用而产生的互扰，提高带钢宽度、厚度及板形的控制精度。

活套支撑器的种类有以下两种。

（1）电动活套。电动活套经历两个大阶段：20 世纪 60 年代以前的三十多年用电动恒力矩活套，以单纯支套为目的，开环运行，无调节张力的作用。采用“大张力”操作方式，手动调转速。20 世纪 60 年代开始研制成恒张力电动活套，其原理是带钢在支架摆角的不同位置，对活套辊有不同的压力，为保持恒张力，活套电机的力矩按 $M=F(\theta)$ 函数关系变化，从而保证张力基本不变。电动活套设备简单，但惯性大，调节响应慢，起套贴合冲力大，柔和性差，易出现厚度和宽度变化波动。

（2）气动或液压驱动活套。活套支撑器的支架用气动或液动平衡缸来支撑。其惯性小，调节速度快，能够柔和贴紧。其控制方式也有恒力矩和恒张力两种，但这两种活套设备配套复杂，维护难度大得多。

目前，大部分较早的热连轧机的活套机构仍由低惯量直流电动机驱动，而新建和改造的热连轧机则已越来越多地采用了液压活套。和电动活套相比，液压活套由于惯量小、动态响应快，其追套能力和恒张力性能有显著提高。另一方面，活套控制装置也已从 20 世纪 80 年代开始逐步实现了由模拟电路系统到数字计算机系统的转变。活套控制计算机化有利于控制参数的在线调整，有利于先进的、智能化的控制思想的实现，可以显著提高控制精度、增加控制功能、完善各种补偿措施以及提高活套控制系统的运行可靠性。

8.2.2 活套支撑器工作原理

活套支撑器由摆动杆、活套辊及恒转矩电机构成，它是能将机架间轧件托起并绷紧的机械装置。

8.2.2.1 活套与活套辊摆角的关系

图 8.5 是活套支撑器的活套辊工作原理图。活套辊的辊面在轧制线以下的位置称为活套辊的机械零位，用 θ_0 表示。工作前，活套支撑器置于机械零位，以便穿带。穿带后出现动态速降的堆钢活套时，活套支撑器立即抬起，与带钢柔和贴紧，达到一定高度。这时活套支撑器的角度即与带钢中的张力呈单一关系。活套辊工作时的摆角一般为 30°~35°；而把活套高度调节器投入工作时的摆角称为活套辊的工作零位，一般为 20°~25°。活套辊摆角的具体数值是随活套支撑器的结构和工艺而定的。临近轧件尾部，需要逐渐放下支撑器以减少张力，防止轧件从前架轧出时应力突然消失，产生甩尾叠钢。活套支撑器的工作过程总结起来就是：支套、恒张、纠偏缓冲及产生纠偏指令。

根据动态速降所形成活套量（Δl_d）的大小不同，则活套辊为了绷紧带钢所需的旋转角度也不同。若以活套辊升至工作零位角所能吸收的活套量（用 Δl_0 表示，例如 1700mm 热连轧机的 Δl_0 为 18~20mm）为界，可以把它分为两种情况进行分析：

（1）当 $\Delta l_d<\Delta l_0$ 时，这说明作用于带钢上的张力太大，活套辊在还没有升至工作零位

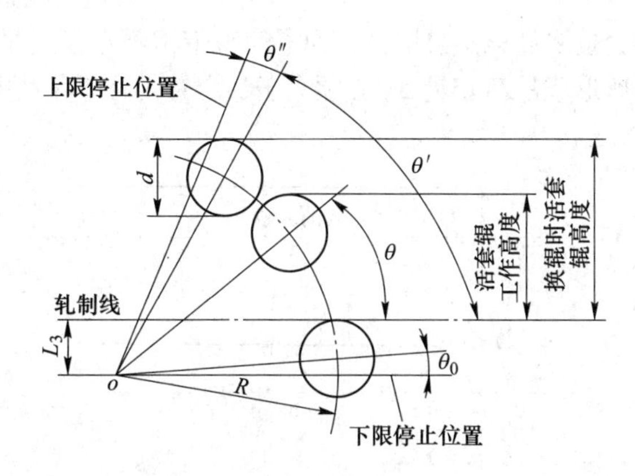

图 8.5 活套支撑器的工作原理

R—活套辊臂长；d—活套辊直径；θ_0—机械零位角；θ—活套辊工作角；θ'—换辊时活套辊摆角；

θ''—活套辊最大高度至上限位置的角度；L_3—活套支撑器转动中心至轧制线距离

角时，就被带钢压住了抬不起来。由于此时活套高度调节器尚未接通（因为规定以活套辊处于工作零位时它才接通），因此活套调节器不能起着调节和控制带钢活套的作用。所以此种工作状态是不希望的。

（2）当 $\Delta l_d>\Delta l_0$ 时，即活套辊摆角（θ）被升至略超过正常工作零位之后才绷紧带钢。由于活套支撑器与主传动闭环的活套调节器，只有当活套辊的摆角超过工作零位角时才投入工作，所以把活套辊摆角略超过正常工作零位角的状态称为正常工作状态。

当活套辊摆角略超过工作零位角时，一方面活套辊继续升起绷紧带钢；另一方面由于此活套调节器投入工作，使得随后的机架（即第 $i+1$ 机架）主电动机稍微升速，收缩带钢长度，一直将活套辊压向接近工作零位角。

活套支撑器的升起和下降都是自动地进行，其控制用的脉冲信号一般是由装设在相邻机架（如 i 与 $i+1$ 机架）间隔处的光电继电器，或由检测轧制压力的压力计（如压头）而获得。

8.2.2.2 活套支撑器的工作参数状态

图 8.6 是带钢在精轧机组中进行连轧时的压力 p、电流 I、转速 n、摆角 θ 和张力 T 的变化规律示意图，它们之间的关系如下：

（1）从压头发出压力信号起，到活套辊升至工作零位角为止，约需 0.5s，一直到活套辊绷紧带钢并建立给定的小张力，总共约需时间 1s。

（2）带钢头部被 $i+1$ 机架咬入之后的 0.5s 时间内，主电动机的负荷（电流或力矩）已恢复稳定运行，如图 8.6b 所示。

（3）在带钢头部被 $i+1$ 机架咬入之后的 0.3~0.5s 时间内，$i+1$ 机架的动态速降得到了恢复，而在此时间内 i 和 $i+1$ 机架之间便积累了一个固定的活套量 Δl_d，如图 8.6c 所示。

（4）带钢头部被 $i+1$ 机架咬入之后的 0.5s 时间内，由于 $i+1$ 机架产生了一定的动态速降，则此时带钢处于松弛状态，而活套辊正处于升起阶段，如图 8.6d 所示。

（5）带钢头部被 $i+1$ 机架咬入之后 1s 左右，活套辊将带钢绷紧，在带钢上产生给定的小张力，则此时连轧机便进入了小张力连轧阶段，如图 8.6e 所示。

从以上分析可知，在给定的轧制条件下，咬入阶段由于动态速降所形成的活套量是一个固定值，一旦形成此活套量之后就不再增长。为了使得带钢不至于过早压住活套辊而抬不起来。因此，由动态速降所形成的活套量 Δl_d 必须大于活套辊工作零位所贮的活套量 Δl_0。

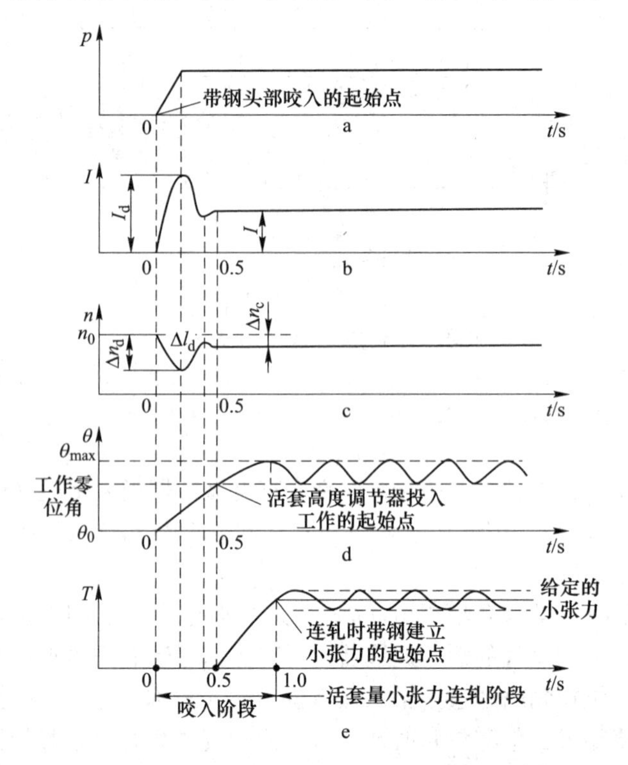

图 8.6 连轧时的压力（p）、电流（I）、转速（n）、摆角（θ）、张力（T）的变化规律

a—F_{i+1} 机架轧制力；b—F_{i+1} 机架主电动机电流的变化；c—F_{i+1} 机架主电动机速度的变化；
d—F_i 与 F_{i+1} 机架间活套辊摆角的变化；e—F_i 与 F_{i+1} 机架间带钢张力的变化

在咬入阶段由于活套高度调节器是大约经过 0.5s 之后才能投入工作，故调节器在 0.5s 以前对咬入活套的高度没有调节作用，因此在此时间内，由主电动机的速度设定和压下辊缝设定误差所引起的金属秒流量变化，必然会造成机架之间带钢长度（即活套大小）发生波动。假若其长度被缩短，就迫使机架之间的带钢会被绷得很紧，即引起较大的张力，并压住活套辊抬不起来，这是不希望的。假若其长度增长，即活套量增加，有可能使活套辊升至最高位置仍绷不紧带钢，结果延迟了进入小张力连轧的时间。为了保证在连轧过程中能按微套量小张力进行连轧，所以对于电动机的速度设定和压下辊缝的设定，应尽量准确，一般希望其设定误差小于1%或0.5%为宜。

小张力连轧阶段是指带钢被轧辊完全咬入之后，并在机架之间已建立起小张力，而已处于稳定连续轧制的阶段，也就是图 8.6e 中所示的 1s 以后的阶段。该阶段所占的时间，约为整个连轧时间的95%以上。此阶段活套辊的摆角（θ）在活套高度调节器的作用下，便在所规定的工作零位角与最大工作角之间进行波动。作用于带钢上的张力围绕着给定的张力值，也作相应的微量波动调节。

8.2.3 活套高度控制

活套高度控制是以轧机主速度为内环、以活套高度（套量、角度）为外环的闭环控制系统。在活套高度控制系统中，活套支持器用作套量检测装置以实现套量反馈。该反馈值与设定值的偏差信号输入给高度调节器，按照控制算法（如常规 PID 算法）进行运算，得出该活套上游机架主传动速度控制系统的附加给定量，并通过上游机架速度的调整，使带钢活套量向设定值趋近。这种通过调节上游机架速度来使套量恒定的方法通常称为“逆调”，即所谓“赶套”方向与带材前进方向相反。

在活套高度控制中，活套量的检测是一个非常重要的问题。实际上目前还没有一个检测活套量的直接方法，而通常都是通过活套支撑器角度的测量利用数学模型间接计算套量。以套量作为被调量而不直接以角度作为被调量（更不是以所谓“活套高度”作为被调量）的原因在于，套量调节系统是一线性系统，角度或高度调节系统则具有非线性。而目前称之为高度控制，仅只是一种惯例。

套量计算的准确性与角度检测的准确性有直接依赖关系，同样也与套量和角度之间的非线性函数关系亦即套量计算模型的正确建立密切相关。为了建立活套系统的数学模型，我们首先需对套量与机械设备几何参数之间的关系进行分析。图 8.7 给出了活套装置的基本几何结构。

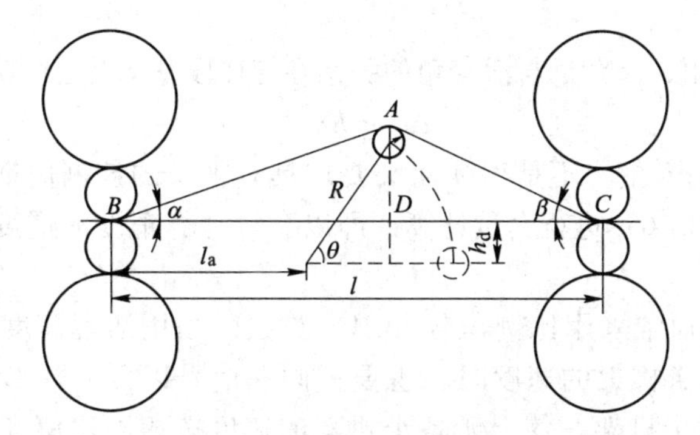

图 8.7　活套支撑器的几何结构

l—相邻机架的中心距；l_a—活套支撑器支点与上游机架的距离；

h_d——活套支撑器支点到轧制线的高度

由图 8.7 可得机架间存储的套量为：

$$\Delta l = (AB + AC) - l \tag{8.15}$$

式中　$AB = \sqrt{BD^2 + AD^2}$；

$AC = \sqrt{DC^2 + AD^2}$；

$BD = l_a + R\cos\theta$；

$AD = R\sin\theta - h_d + r$；

$DC = l - l_a - R\cos\theta$。

将有关变量代入式（8.15）并整理，得到：

$$\Delta l = \sqrt{(l_a + R\cos\theta)^2 + (R\sin\theta - h_d + r)^2} + \sqrt{(l - l_a - R\cos\theta)^2 + (R\sin\theta - h_d + r)^2} - l \tag{8.16}$$

式中　r——活套辊半径。

由于上式右边仅以活套角 θ 为自变量，其余均为不变的设备几何参数，因此套量是活

套支撑器摆动角 θ 的一元函数，即 $\Delta l=f(\theta)$。当 θ 从 0°~90°变化时，$\Delta l=f(\theta)$ 的函数曲线如图 8.8 中实线所示，而图中虚线则为用于对比的二次曲线。

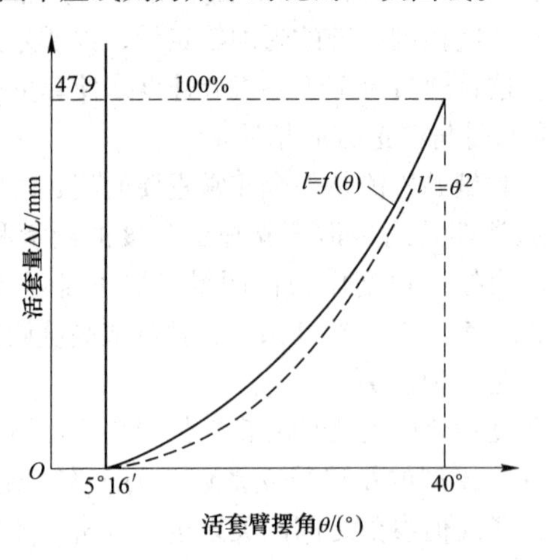

图 8.8 套量与活套角的关系曲线

通过对比可以看出，活套量与活套角的关系在工作段基本符合二次曲线方程：

$$\Delta l \approx K\theta^2 \tag{8.17}$$

因此，在控制器计算能力不是很强而又要求具有很小的控制周期的情况下，可以用式（8.17）代替式（8.16）进行套量计算，即以套量计算精度的适度牺牲换取控制实时性的增强。

活套高度调节器通常采用比例积分（PI）算法。当用活套高度调节器输出的控制信号去校正该活套上游机架的速度时，也要把同一信号以百分数形式（亦即相对值形式）送给上游其他各个机架，使上游各个机架的速度按相同比例变化，以保持上游各活套的套量恒定，使其不受下游机架速度调整的影响。同理，本机架也要接受从下游各个机架送来的活套高度逐移控制信号。当一个机架下游有 N 个机架时，该机架所接受的逐移信号为 $N-1$ 个，而总的速度调节信号为所有 $N-1$ 个逐移信号之和。我们称这种控制功能为自动逐移，自动逐移实质上是一种前馈补偿控制。与自动逐移相对应的还有手动逐移，即当操作人员利用操作手柄人工调节某个活套的高度时，相应的调节信号将按照和自动逐移相同的方式送往上游各机架主速度控制系统以进行速度补偿，避免引起上游活套的波动。

现代带钢热连轧机轧制速度很高，当带钢尾部即将离开上一机架时，活套机构应能快速落下，以防止带钢尾部在被活套辊顶起的状态下高速甩出，发生烂尾、叠轧、划伤轧辊、损坏轧机入口设备等不利情况。为此在上游机架抛钢前应预先将活套辊自工作角降至小套位置（11°~14°），而后在带尾甩出之前再降至底部，以实现从有张有套轧制状态到无张无套状态的平稳过渡。

8.2.4 活套张力控制

活套张力控制用于实现机架间带钢的恒定小张力控制。虽然从保持连轧关系、实现工艺稳定的角度来看，活套高度控制起着主要的作用，但从质量控制的观点，机架间带钢张力恒定的重要性则远比套量恒定要大，因为对轧件和轧制变形区的参数产生直接影响的是张力而不是活套高度。

由于在带钢热连轧机中对机架间带钢普遍不设张力检测装置，因此目前都是采用开环方法进行张力控制。一般，当采用电动活套时，活套张力控制是以活套电机电流（力矩）反馈控制回路为内环的机架间带钢张力开环控制系统完成的；而当采用液压活套时，活套张力控制是以液压缸推力反馈控制回路为内环的机架间带钢张力开环控制系统完成的。虽然开环系统的稳定性通常优于闭环系统，但张力控制精度明显低于由闭环控制所保障的高度控制精度是不争的事实。

在给定机架间带钢张力时，为实现张力开环控制必须首先知道不同活套角下活套支撑器所应承受的张力矩以及活套机构和带钢的重力矩，因为只有据此求出负载合力矩，才能准确地计算出用以产生平衡力矩的活套电机电流（力矩）或液压缸推力的给定值，进而对它们实行闭环控制，以达到张力间接控制的目的。

在稳定轧制状态下，活套支撑器承受的负载力矩主要包括两部分：一是机架间带钢张力对活套支撑器所形成的张力矩；二是带钢质量和活套支撑器自重形成的重力矩。张力矩和重力矩之和构成活套装置所承受的总负载力矩。对力矩平衡方程中的各有关项推导如下。

8.2.4.1　张力力矩

图 8.9 是带钢连轧过程中作用于活套上力的相互关系图。控制活套所需的张力力矩为：

$$M_T = aF_T \tag{8.18}$$

式中　M_T——张力力矩；

F_T——合成张力；

a——力臂。

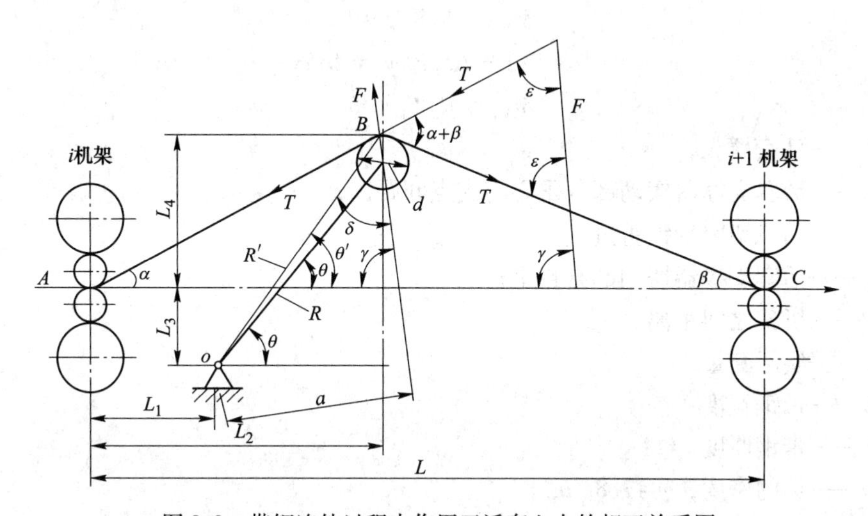

图 8.9　带钢连轧过程中作用于活套上力的相互关系图

式（8.18）中 F_T、a 均为活套角 θ 的函数，即

$$F_T = 2T\sin\frac{\alpha+\beta}{2} \tag{8.19}$$

$$a = R'\sin\left(90° - \theta' + \frac{\alpha-\beta}{2}\right) = R'\cos\left(\theta' - \frac{\alpha-\beta}{2}\right) \tag{8.20}$$

式中 T——带钢张力；

α，β——带钢与轧制线的夹角；

R'——有效臂长；

θ'——有效臂侧摆角。

将式（8.19）、式（8.20）代入式（8.18），得

$$M_T = R'\cos\left(\theta' - \frac{\alpha-\beta}{2}\right)\cdot 2T\sin\frac{\alpha+\beta}{2} = R'T[\sin(\theta'+\beta) - \sin(\theta'-\alpha)] \tag{8.21}$$

其中

$$\theta' = \arctan\frac{R\sin\theta + r}{R\cos\theta}$$

$$R' = \sqrt{R^2 + \frac{Rr\sin\theta}{2} + r^2}$$

$$\alpha = \arctan\frac{R\sin\theta - h_d + r}{l_a + R\cos\theta}$$

$$\beta = \arctan\frac{R\sin\theta - h_d + r}{(l - l_a) - R\cos\theta}$$

8.2.4.2 重力矩 M_W

重力矩 M_W是带钢重力矩 M_{W1}与活套支撑器自身重力矩 M_{W2}之和，即

$$M_W = M_{W1} + M_{W2} \tag{8.22}$$

其中

$$M_{W1} = R_1 W_S\cos\theta \tag{8.23}$$

$$W_S = (l + \Delta l)Bh\gamma \approx lBh\gamma \tag{8.24}$$

$$M_{W2} = R_2 W_L\cos\theta \tag{8.25}$$

式中 R_1——活套臂长；

R_2——活套支撑器摆动部分重心与支点间距离；

W_S——两机架间带钢重量；

W_L——活套支撑器摆动部分自重；

l——机架之间距离；

Δl——实际套量；

B——带钢宽度；

h——带钢厚度；

γ——钢的密度，$\gamma = 7.8\text{t/m}^3$。

8.2.4.3 总负载力矩

总负载力矩为张力力矩与重力矩之和，即

$$M = M_T + M_W = M_T + M_{W1} + M_{W2} \tag{8.26}$$

式（8.21）~式（8.26）给出了活套支持器所承受的静态负载力矩的计算公式，从中可以看出负载力矩与活套角的复杂函数关系，以及活套角的准确检测对于张力控制的重要性。

上述公式是静态条件下活套支撑器负载力矩的理论计算公式，而热轧生产过程中对精轧机组的带钢张力通常并不能实际进行检测，因此式（8.26）并不能用于实际的负载力矩计算，也不能据此实现带钢张力的反馈控制。根据力矩平衡原理，在静态时活套电机（或液压缸）输出的、折算到活套支撑器轴上的驱动力矩应与式（8.26）中的 M 相等。因此，如果用张力给定值 T_R 替换式（8.21）中的实际张力 T，就可以通过上述公式计算出活套电机（或液压缸）为产生给定的带钢张力 T_R 而应输出的力矩大小，即活套电机（或液压缸）的力矩给定值。进一步将力矩给定值转换成活套电机电流给定值（或液压缸推力给定值），再通过对电机电流（或液压缸推力）进行闭环控制，就可以实现带钢静态张力的间接开环控制，使带钢张力与给定值在静态下相符。此即为活套张力控制的基本思想。既然是开环控制，其张力控制精度就必然依赖于张力模型的准确度。

必须指出，在活套高度变化亦即活套机构动作过程中，活套电机（或液压缸）的输出力矩中还将包括一个动态力矩，其大小与活套机构的转动惯量及角加速度成正比。如上所述，通常的活套张力控制算法并没有考虑动力矩补偿问题，因此，如果活套高度处于快速变化过程中，则按照上述方法实现张力控制将不可避免地因动态张力的存在而产生较大的控制误差，从这个角度说，平稳的活套高度控制对张力的稳定是非常有利的，此时按照静态力矩平衡关系所导出的张力开环控制算法通常可以获得较好的动态张力控制效果。换句话说，在活套支撑器的正常摆动区间内，活套高度控制不应过分追求快速性，以避免在很大的角加速度和很大的转动惯量的共同作用下产生大幅值的动态张力，从而破坏张力稳定，严重干扰厚度控制，甚至将带钢宽度拉窄。一种可以考虑的更积极的张力控制方法是实现动态力矩补偿，而此时不仅要求知道活套装置的转动惯量，同时还要实时测量其角加速度，而这正是问题的关键和难点所在。液压活套恰恰由于其惯量较电动活套小得多，因此即使没有动力矩补偿，其恒张效果也要明显优于电动活套，因此，液压活套取代电动活套也就将成为一种必然。

8.2.5 活套高度控制与张力控制的关系

活套高度系统与活套张力系统之间存在着密切的相互依存关系，即彼此都不能脱离对方而独立正常运行。这是因为当利用活套支撑器的输出力矩来维持机架间带钢张力的存在时，必须保证活套支撑器始终处于其有限的工作行程（角度）内，而只有正常运行的活套高度系统才能够为活套张力系统提供一个有效、合适的工作点，因此是后者正常工作的必要条件。反之，只有当活套支撑器的驱动机构持续输出用以形成带钢张力的适度力矩时活套高度系统才能正常运行。力矩过大则尽管理论上仍然可以实现高度控制，但却可能因张力过大超出带钢屈服极限而造成宽度拉窄。力矩过小则或者因不足以平衡带钢和活套支持器的重力矩及摩擦阻力矩而使其不具有最基本的活套挑作用；或者因在套量快速波动时给不出足够的动态力矩而造成活套辊和带钢脱离接触，使活套支撑器因追套能力低下而失去套量检测功能，导致活套高度失控。因此，张力控制系统的有效存在也是高度控制系统正常工作的必要条件。

活套高度的波动是活套张力恒定控制的主要干扰源；而张力的波动除了引起带钢弹性伸长的变化外，借助于对轧制变形区的影响还会改变轧机的入、出口带速，从而也可对活套高度形成扰动。由于这两个控制系统之间不仅存在着相互依存关系，而且还存在着密切的耦合关系，因此构成了一个典型的双输入双输出多变量系统。按照多变量系统解耦控制的思想来构建活套高度——张力综合控制系统，是当前活套控制理论与实践的一个主要研究方向。

8.3　卷取张力控制

轧制到卷取张力的控制方法一般可分为直接法和间接法两种，绝大多数是采用间接法进行张力控制。

8.3.1　间接法控制张力的基本原理

图 8.10 是卷取机传动机构示意图。电动机的转矩为：

$$M_{\mathrm{D}} = C_{\mathrm{m}}\Phi I_{\mathrm{a}} = \frac{TD}{2i} + M_0 \pm M_{\mathrm{d}} \tag{8.27}$$

式中　M_{D}——电动机的转矩，kg · m；

M_0——空载转矩，kg · m；

M_{d}——加减速时所需的动态转矩，kg · m；

T——张力，kg；

D——带卷的直径，m；

i——减速比；

Φ——电动机的磁通，Wb；

I_{a}——电动机电枢电流，A；

C_{m}——电动机的结构常数。

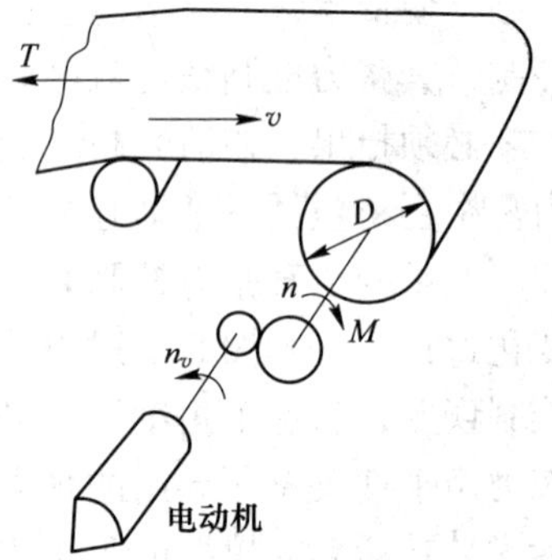

图 8.10　卷取机传动机构示意图

$$T = 2C_{\mathrm{m}}i\frac{\Phi I_{\mathrm{a}}}{D} = K_{\mathrm{m}}\frac{\Phi I_{\mathrm{a}}}{D} \tag{8.28}$$

由式（8.28）知，要维持张力 T 恒定有两种方法：一是维持 I_{a} = 常数和 Φ/D = 常数；二是使 I_{a} 正比 Φ/D 而变化。

8.3.2　直接法控制张力的基本原理

直接法控制张力一般有两种：一是利用双辊张力计测量实际的张力，并将它作为张力反馈信号，使张力达到恒定；二是利用活套建立张力，由活套位置发送器给出信号，改变卷取机的速度，维持活套大小不变，从而控制张力恒定。

直接法控制张力，它的优点是控制系统简单，避免了卷径变化、速度变化和空载转矩等对张力的影响，控制精度高。其缺点是不易稳定，特别是用张力计反馈的系统，在建立张力的过程中，有时容易出现“反弹”现象，例如当加上张力给定之后，开始时带钢还处于松弛状态，没有张力作用，当卷取电动机加速，待带钢一拉紧，张力反馈突然投入，便迫使电动机减速，于是带钢又松开，张力反馈又消失，电动机又加速，如此反复，结果带钢一紧一松来回弹。

所以一般采用直接法张力控制系统都要设法先建立张力，待建立稳定的张力之后，再将张力闭环系统投入工作。除了单独采用间接法和直接法控制张力之外，也有采用直接法和间接法混合控制张力的系统，即在简单的间接张力控制系统的基础上，再加入直接张力控制系统作为张力的细调。

8.4 型材连轧时的微张力控制

微张力控制与无张力控制在张力范围上并没有严格的界限，只是人为地将型钢连轧时的小张力控制称为微张力控制，其张力微调范围约为±3%。在本节主要阐明钢坯连轧时微张力控制的基本原理。

图 8.11 是某厂轧制圆钢的连轧机组，V_1、V_3 和 V_5 为立辊机架，H_2、H_4和 H_6为水平辊机架。由于缺乏连轧方坯和圆坯的自动调节的经验，目前一般是通过仪表采用人工调节的方法来实现微张力的控制。在连轧机操纵室中每个机架都设有记录式电流表；可以通过轧制中的电流变化，检测作用于钢坯上的张力情况。现以 V_1 机架为例，钢坯由 V_1 机架进入 H_2 机架，在 V_1 与 H_2 机架之间进行连轧时，假若没有外界干扰的影响，V_1 与 H_2 机架中的金属秒流量应是完全相等的，则 V_1 机架出口侧钢坯的速度 $v_{1出}$，就等于 H_2 机架入口侧钢坯的速度 $v_{2入}$，即 $v_{1出}=v_{2入}$，这是连轧的必然结果。这还不能表示在 V_1 与 H_2 机架之间的钢坯上没有张力。连轧后有无张力还要看稳定连轧后，电机电流有无变化。

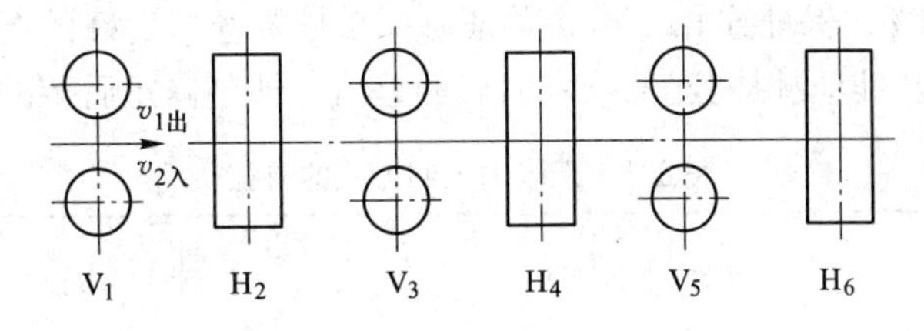

图 8.11 平立交替连轧机组

设 V_1 机架的电流为 I_{10}，当 V_1 机架速度受到外界干扰作用而有所降低时，必然会引起 $v_{1出}<v_{2入}$，结果机架之间的钢坯会受到一定张力的作用，产生一定的拉钢现象，H_2 机架便会通过钢坯牵拉 V_1 机架，因此会使 V_1 机架的负荷降低，即使 I_{10}减小。若 $v_{1出}>v_{2入}$，在 V_1 与 H_2 机架之间便会产生堆钢，V_1 就没有 H_2 机架对它的牵拉作用。所以钢坯连轧的微张力控制就是由人工操作微张力调节器，调节 V_1 机架的速度，使钢坯在微张力作用下进行轧制。从工艺特点的要求来考虑，上游机架应具有能自动按下游机架速度设定值正比地升降速度的功能，因此只能调上游机架的速度，而不调下游机架的速度。

8.5 热连轧时的无活套控制

无活套轧制是现代化各种连续式热轧机控制技术中比较先进的技术。就连轧而言，一般一根轧件是在好几架轧机中同时进行轧制。但是在轧制过程中，由于各个机架的压下量和轧制速度设定值不太合适，轧件头部被轧辊咬入时的冲击会引起一定的速度降，沿轧件长度方向上其厚度和宽度有波动，沿轧件长度方向上有水冷黑印和头尾温度差，轧件头部温度降低，轧辊热膨胀、轧辊磨损和轴承中油膜厚度的变化以及加减速时的过渡速度响应性差等原因，都会在轧件上产生一定张力（或压力）的作用。

冷轧时我们是积极地利用张力来进行轧制，但是热轧与冷轧不同，热轧时张力却会引起轧件宽度、厚度和尺寸形状等产生波动。而作用于轧件上的压力又会出现异常活套和打折，成为轧废的原因。以前在线材、棒材轧机上，对断面尺寸小的轧件采用自由活套控制，而在热轧带钢精轧机和一部分型钢轧机上，则用机械式活套控制器来控制活套量。活套支撑器的调节精度与本身惯性大小有关，过于庞大的活套支撑器响应速度低，跟不上调节要求。

因此，对一些形成活套困难的热轧带钢的粗轧连轧机、大中型型钢轧机、棒线材的粗轧和中间轧机，提出了将张力自动地控制为零或在一定的最小张力值范围内进行轧制的思想，这就是无张力自动控制的基本出发点。

无张力控制方法广泛采用的是电流记忆方式（简称为 AMTC）；力矩记忆方式；轧制力矩-轧制压力记忆方式（简称为 CFTC）。其中，电流记忆方式比较老，力矩记忆方式是后来的改进型，轧制力矩-轧制压力记忆方式是东京芝浦电气电机技术研究所开发的，它是利用所谓无张力时的轧制力矩与轧制压力之比几乎恒定的原理而建立的，是最为广泛采用的一种方法。无张力自动控制方法的主要类别、控制框图、控制梗概及优缺点见表 8.1。

实现无活套轧制的关键有两点，一是准确设定轧件出入口速度，使前架出口速度比后架入口速度低 2%~3%，保证连轧后建立微张力；二是要选择良好的滤波算法对波纹极大的电流信号即时处理，以便得到连轧咬入前后的差值，即刻修正后架的速度。

表 8.1 无张力控制方式的特征

序号	控制方式	框图及控制概要	优点	缺点
1	电流记忆	速度设定 ASR M TG I_a FTC 通过轧钢电动机 M 的电流值I_a的变化测出张力的大小，从而控制轧制速度的方式。从 n 机架咬入轧件到达 $n+1$ 机架为止，测定 n 机架电流并加以记忆，在 $n+1$ 机架咬入后，为使 n 机架电流和记忆值相等，可调整 n 机架或 $n+1$ 机架的速度，随着轧件的通过依次反复进行这一控制	（1）控制方式简单； （2）如只用于轧件的前端控制，就多机架而言，因为它可以切换使用，控制较经济	（1）轧钢电动机常具有弱磁范围，激磁电流改变时电流记忆值与电动机力矩失去比例关系，会降低无张力控制精度； （2）轧件延长方向温度变化等因素导致变形阻力的改变，即使控制电流一定，机架间的轧件也未必是无张力的，所以对轧件的全长进行控制效果也差

续表 8.1

序号	控制方式	框图及控制概要	优点	缺点
2	力矩记忆	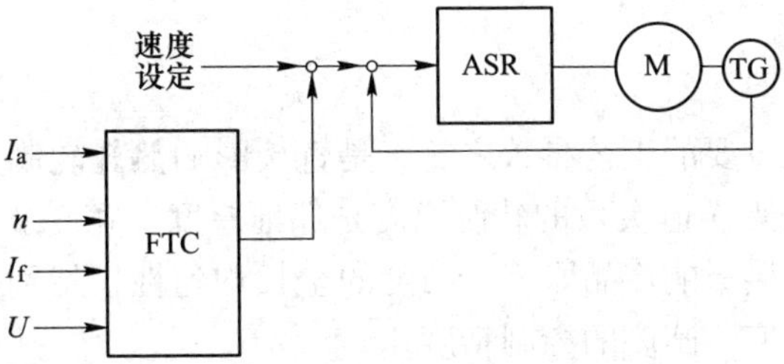 速度设定 ASR M TG I_a n I_f U FTC 电动机力矩 $= K \cdot \Phi \cdot I_a = K \cdot f(I_f) \cdot I_a$ 或 $\frac{U - I_a \cdot R}{n} \cdot I_a$ 通过轧钢电动机 M 的力矩值参数 K、Φ、I_a 的变化测出张力的大小，来控制轧制速度的方式。从 n 机架咬入轧件到 $n+1$ 机架为止，测定 n 机架的力矩并作记忆，在 $n+1$ 机架咬入后，为使 n 机架力矩与记忆值相等而调整 n 机架或 $n+1$ 机架速度，随着轧件的通过依次反复这一控制	（1）控制方式较简单； （2）如只用于轧件的前端，即使是多机架，由于可以切换使用，控制也是经济的； （3）因是力矩记忆，即使电动机激磁变化力矩控制也不变，故它较电流记忆方式的无张力控制精度高	用任何方法也补偿不了轧件延长方向由温度变化等原因引起变形阻力的改变，即使控制电动机力矩一定，机架间的轧件也未必是无张力的，所以虽然对轧件全长进行控制其效果也较差
3	力矩-轧制压力记忆	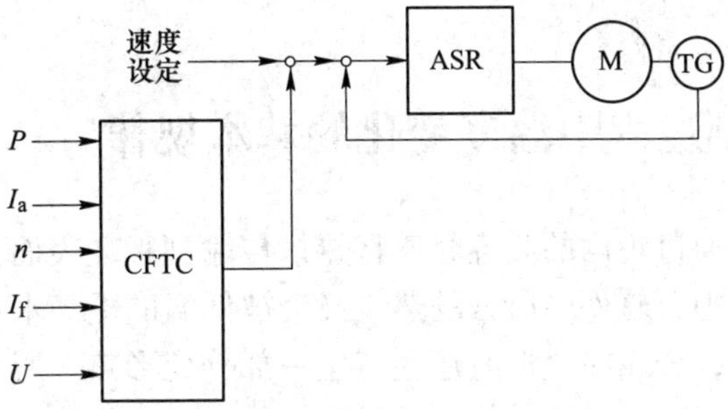 速度设定 ASR M TG P I_a n I_f U CFTC 电动机力矩 $= K \cdot \Phi \cdot I_a = K \cdot f(I_f) \cdot I_a$ 或 $\frac{U - I_a \cdot R}{n} \cdot I_a$ 它是通过电动机的力矩值参数 K、Φ、I_a 的变化和轧制压力值 P 的变化测出张力的值，来控制轧制速度的方式。从 n 机架咬入轧件到达 $n+1$ 机架为止，测定 n 机架轧制力矩和轧制压力 P 记忆值，在 $n+1$ 机架咬入后，为使轧制力矩和轧制压力比与记忆的力矩和轧制压力比相等，而调整 n 机架或 $n+1$ 机架的速度，随着轧件的通过依次反复进行这一控制	（1）记忆力矩-轧制压力，并将这一比值进行控制，所以它不仅对轧件中的前端可以进行控制，而且也适用于其全长的控制； （2）无张力控制的精度比力矩记忆方式更高	对小容量、多机架的轧钢机，其设备费高

注：M—直流电动机；TG—测速发电机；ASR—自动速度控制；FTC—无张力控制；CFTC—连续无张力控制；U—电动机电压；I_a—电动机电流。

9 温度模型与温度控制

温度是热连轧生产过程中最重要的工艺参数之一，是直接影响热轧轧制力设定的重要因素，因此精确预测精轧机各机架（道次）的轧制温度是保证厚度、宽度及凸度命中率的关键。板带材全长温度分布将直接影响产品厚度、凸度的全长均匀性，特别是黑头、黑尾及中间水印的消除将大为改善厚度、凸度的控制精度。

轧线上的温降模型是热轧板带的关键模型。目前所有温降模型都是以粗轧出口点实际温度作为依据，由此来反推出炉温度，计算精轧各机架（道次）轧制温度以及预报终轧温度的。板带材成品全长的温度控制所依靠的信息为精轧出口及冷却后测温点信号，这些点的测量值不仅用于终轧温度控制和冷却控制，还将用于温度设定模型的自学习。

温度控制和温度模型是热连轧几个主要质量控制功能之一，终轧温度以及随后的冷却控制将直接影响产品内部组织结构及其机械性能，因此，终轧温度控制与卷取温度控制是两项十分重要的质量控制功能。现以热连轧带钢轧制过程为例，来阐明轧制过程中温度变化的基本规律、热连轧过程中的温降方程、热轧带钢终轧温度控制以及卷取温度控制等问题。

9.1 轧制过程中温度变化的基本规律

板坯在加热炉中加热时，是通过炉内的高温介质将热量传输到板坯表面，然后再由表面往中心传导的。而在轧制过程中，轧件中所含的热量又会被低温的冷却水和空气以及与热轧件接触的轧辊所带走。此外，金属在变形时还会产生一部分变形热。所以在轧制过程中温度的变化是一个很复杂的过程，既有辐射传热和对流传热，又有热传导传热。为了建立温降方程，便于计算机对温度进行自动控制，必须了解轧件在轧制各个环节中热量散失和热量增加的变化规律。

9.1.1 轧制过程中的辐射传热

板坯出加热炉所含的热量，在输送过程中通过轧件的表面以辐射的形式向外散失，随着轧件在室温环境中逗留时间的增加，不断地通过辐射形式散失热量而降温。根据斯蒂芬-玻耳兹曼定理，轧件在单位时间内散热面积为 $2F$（其中，F 为轧件的散热面积，并忽略轧件侧表面）时，其辐射的热能 E(kJ/h) 与轧件的绝对温度的四次方成正比，即

$$E = \varepsilon\sigma\left(\frac{T}{100}\right)^4 2F = \varepsilon\sigma\left(\frac{t+273}{100}\right)^4 2F \tag{9.1}$$

式中 ε——轧件的热辐射系数（或称为黑度），$\varepsilon<1$，对于热轧轧件而言，要视其表面上氧化铁皮的程度不同而取值也不同，当表面氧化铁皮较多时取为 0.8，而刚轧出的平滑表面取为 0.55~0.65，具体值需要根据实验来确定；

σ——斯蒂芬-玻耳兹曼系数，$\sigma=5.67\text{W}/(\text{m}^2\cdot\text{K}^4)$；

T——轧件的绝对温度，$T=t+273$，K；

t——轧件的表面温度,℃；

F——轧件的散热面积，m^2，$F=BL$，其中，B 为轧件的宽度，L 为轧件的长度。

轧件在输送过程中，温度为 t_0 的周围介质也在辐射热能。设轧件所处的空间可以看成是无限大的空间，其面积为 F'。此面积辐射热能的一部分（$2F/F'$）又被轧件所吸收。假定轧件的吸收系数与辐射系数相等，则轧件从周围介质中所吸收的热能 E'为：

$$E'=\varepsilon\sigma\left(\frac{t_0+273}{100}\right)^4F'\frac{2F}{F'}$$

$$=\varepsilon\sigma\left(\frac{t_0+273}{100}\right)^4 2F \tag{9.2}$$

因此，轧件实际散失的热能是 E 与 E'之差，因此在时间 τ 内轧件散失的热量 Q 便为：

$$Q=-(E-E')\tau=-\varepsilon\sigma\left[\left(\frac{t+273}{100}\right)^4-\left(\frac{t_0+273}{100}\right)^4\right]2F\tau \tag{9.3}$$

式中　Q——轧件辐射散失的热量；

E——轧件散失到周围介质中去的热能；

E'——轧件从周围介质中吸收的热能；

τ——时间；

t_0——周围介质的温度,℃。

由于 $t_0\ll t$，其四次方的差别就更小。因此，一般可以忽略周围介质的温度。采用微分形式，可将式（9.3）表示为：

$$\mathrm{d}Q=-\varepsilon\sigma\left(\frac{t+273}{100}\right)^4 2F\mathrm{d}\tau \tag{9.4}$$

从另一方面看，随着热量的散失，轧件的温度将会下降，当它的温降为 $\mathrm{d}t$ 时，则轧件热含量的变化为：

$$\mathrm{d}Q=Gc_p\mathrm{d}t=c_p\gamma hF\mathrm{d}t \tag{9.5}$$

式中　c_p——热容量；

G——质量；

γ——密度；

h——轧件的厚度。

由于轧件散失的热量应等于热含量的变化，故

$$c_p\gamma Fh\mathrm{d}t=-\varepsilon\sigma\left(\frac{t+273}{100}\right)^4 2F\mathrm{d}\tau \tag{9.6}$$

因此轧件辐射温降公式为：

$$\mathrm{d}t=-\frac{2\varepsilon\sigma}{c_p\gamma h}\left(\frac{t+273}{100}\right)^4\mathrm{d}\tau \tag{9.7}$$

9.1.2　轧制过程中的对流传热

对流传热是物体表面热交换的另一种形式。轧件在运输和轧制过程中要与低温的流体

介质（如冷却水或润滑剂）相接触，低温流体会从轧件表面将热量带走，使轧件温度降低。这种传热方式称为对流传热。

对流传热的强度不但与物体的传热特性有关，而且更主要的是取决于流体介质的物理性质和运动特性，所以对流传热是一个极其复杂的过程，要从理论上精确计算它是很困难的，为了便于分析问题和进行计算，一般采用下列简单形式来计算对流传热时散失的热量：

$$dQ = -\alpha(t - t_0)2Fd\tau \tag{9.8}$$

式中 t——轧件的温度；

t_0——冷却介质的温度；

$2F$——轧件与冷却介质相接触的面积（忽略轧件的侧表面）；

τ——热交换的时间；

α——强迫对流热系数。

与辐射传热的情况相同，随着热量的散失，轧件的温度会下降。当轧件的温降为 dt 时，则轧件的热含量变化为：

$$dQ = c_p\gamma Fh dt \tag{9.9}$$

因此，轧件的对流温降公式为：

$$dt = -\frac{2\alpha}{c_p\gamma h}(t - t_0)d\tau \tag{9.10}$$

9.1.3 轧制过程中的传导传热

轧制过程中的传导传热主要包括高温轧件以热传导的方式将一部分热量通过接触表面传递给低温的轧辊以及轧件内部的过程。下面就分别进行说明。

9.1.3.1 轧件与轧辊间的传导传热

高温轧件通过接触表面的氧化铁皮将热量传递给低温的轧辊。设传导系数为 λ，则轧件单位时间散失的热量：

$$Q = \lambda 2F\frac{t - t_0}{S} \tag{9.11}$$

式中 t——轧件的温度；

t_0——轧辊的温度；

S——氧化铁皮厚度；

F——接触面积，$F=bl$；

l——变形区的长度；

b——变形区的宽度。

随着热量的散失，轧件的温度会下降，设下降的温度为 Δt_e，则轧件在单位时间内热含量的变化为：

$$Q = c_p\gamma h_m bv\Delta t_e \tag{9.12}$$

式中 h_m——轧件在变形区中的平均高度；

v——轧件的轧制速度。

由于轧件散失的热量等于其热含量的变化，因此，可以得到：

$$\Delta t_{e} = \frac{2\lambda}{c_{p}\gamma S}\frac{l}{vh_{m}}(t - t_{0}) \tag{9.13}$$

式（9.13）中的氧化铁皮厚度 S 和热传导系数 λ，一般难以确定，为了便于计算，一般把它们结合在一起进行考虑，用系数 $K=\lambda/S$ 表示，K 值用实测数据来确定。因此上式可写成：

$$\Delta t_{e} = \frac{2K}{c_{p}\gamma}\frac{l}{vh_{m}}(t - t_{0}) \tag{9.14}$$

9.1.3.2 轧件内部的热传导

前面在研究轧件的温度变化时，都是把轧件看成薄材，计算散热面积时将侧表面忽略不计，因此就热轧板带钢来说这样处理是完全可以的。但是，当轧件很厚而热传导系数 λ 又很小时，轧件表面层对介质的散热很快，因而轧件表面的热量损失就有可能来不及从内部得到补充，结果在轧件内部各点会产生一定的温度差，导致热量的流动。所以对厚轧件必须考虑热量在轧件内部的传导传热以及由此所导致的轧件各点温度随时间的变化。

9.2 热轧生产过程的温降模型

热轧生产过程中每个阶段的温降需要利用传热学的基本公式——辐射、对流、传导，从热平衡出发来推导公式。生产过程中表面温度的变化可用一些“基本热交换环节”来描述，对于厚坯或厚度较大的板材则还需计算轧件内部的温度场，主要是沿厚度方向的温度变化，并由此算出轧件的平均温度。

热轧温降过程可归纳为以下 4 种基本环节：

（1）板带（钢坯、板坯、带坯）在辊道上或机架间传送时在空气中的辐射温降；

（2）高压水除鳞时的对流温降；

（3）轧机前后（机架间）喷水或层流冷却时的对流温降；

（4）轧制时变形区内带钢温度的变化。

9.2.1 板带（钢坯）传送时的温降

轧件传送时的温降主要是辐射造成的热量损失，同时也存在自然对流冷却（空气）。对流的热量损失 ΔQ_{α} 与温度的一次方成正比，而辐射的热量损失与温度的四次方成正比，因此在高温时辐射损失远远超过了自然对流损失。当轧件温度在 1000℃左右时自然对流热量损失只占总热量损失的 5%左右，因此可以只考虑辐射损失，而把其他影响都包含在根据实测数据确定的辐射率 ε 中。

由式（9.7）可知，带钢因辐射引起的温降是与（t+273）呈四次方的关系，这就说明随着温降的进行，带钢的温度将不断地迅速降低。由此可知带钢在短距离运输辊道和在长距离运输辊道上辐射降温的时间是不完全相同的，因此就分两种情况进行论述。

（1）轧件在短运输辊道上运送时，辐射温降公式为：

$$\Delta t = -\frac{\varepsilon\sigma}{c_{p}\gamma}\cdot\frac{F}{Bhl}\left(\frac{t + 273}{100}\right)^{4}\Delta\tau \tag{9.15}$$

当 $F=2Bl$ 时：

$$\Delta t=-\frac{2\varepsilon\sigma}{c_p\gamma}\left(\frac{t+273}{100}\right)^4\frac{\Delta\tau}{h}$$

式中　c_p——比热容，J/(kg·K)，不同温度下比热容不同；

γ——密度，kg/m³；

h——坯厚，m；

$\Delta\tau$——轧件运送的时间，$\Delta\tau=\frac{\Delta L}{v}$，s；

ΔL——距离，m；

v——轧件运送速度，m/s。

此式没有考虑随着温降轧件的温度将不断降低，使（t+273）^{4} 迅速降低。因此此式只适用于短距离传送（假设温降不大，因而在整个过程仍用同一个 t 来计算）。

（2）对于中间辊道及输出辊道长达百米，运送时间较长时，则需采用：

$$\mathrm{d}Q_\varepsilon=\varepsilon\sigma\left(\frac{t+273}{100}\right)^4F\mathrm{d}\tau$$

$$\mathrm{d}Q=-Bhl\gamma c_p\mathrm{d}t$$

$$\mathrm{d}Q_\varepsilon=\mathrm{d}Q$$

$$2\varepsilon\sigma\left(\frac{t+273}{100}\right)^4\mathrm{d}\tau=-h\gamma c_p\mathrm{d}t$$

$$\frac{\mathrm{d}t}{(t+273)^4}=-\frac{2\varepsilon\sigma}{h\gamma c_p\times10^8}\mathrm{d}\tau$$

等式两边积分（假设各热物理参数 c、γ 和 ε 取平均值后可认为与温度无关）得：

$$\int_{T_{\mathrm{RC}}}^{T_{\mathrm{F0}}}\frac{\mathrm{d}T}{T^4}=\int_0^\tau\frac{2\varepsilon\sigma}{\gamma c_p h\times10^8}\mathrm{d}\tau$$

积分后得粗轧出口到精轧入口的温度变化：

$$T_{\mathrm{F0}}=100\left[\frac{6\varepsilon\sigma}{100\gamma c_p h}\tau+\left(\frac{T_{\mathrm{RC}}}{100}\right)^{-3}\right]^{-\frac{1}{3}}\tag{9.16}$$

式中　T——绝对温度，$T=t+273$，K；

T_{F0}——精轧入口温度，K；

T_{RC}——粗轧出口温度，K。

中厚板轧机传送的轧件厚度较大时，板坯温度计算需考虑到板坯内厚度方向上（对宽度大的板坯）的温度分布，亦即不仅要计算板坯表面与周围环境的辐射对流热交换，还需要计算板坯内温度场随时间的变化，根据板坯内表面与中心层间存在的温度梯度计算板坯内的热传导以最终确定板坯的平均温度。

9.2.2　高压水除鳞的温降

利用高压水流（压力为 1500MPa 左右）冲击钢坯（带坯）表面来清除一次（或二次）氧化铁皮是目前采用的主要方法。由于大量高压水流和钢坯（带坯）表面接触将使轧件产生温降，这种热量损失属于强迫对流形式。强迫对流的热交换过程比较复杂，它不但和钢坯温度、介质温度以及钢的热物理性能有关，还和流体的流动状态（流速，水压等）有关，因此要从理论上写出各种因素的影响是比较困难的，目前一般都采用牛顿公式来计算对流传热时的散失热量：

$$\Delta Q_{r} = \alpha_{H}(t - t_{w})F\Delta\tau \tag{9.17}$$

其中，α_{H} 为高压除鳞强迫对流热交换系数 W/(m^2 · ℃)，其物理含义为当温差为 1℃ 时单位时间单位面积的换热量，把各种因素的复杂影响都归结于 α_{H} 系数中，可根据热量平衡求得。

$$\alpha_{H}(t - t_{w})F\Delta\tau = - V\gamma c_{p}\Delta t$$

式中　V——体积，m^3；

γ——密度，kg/m^3；

c_{p}——比热容，J/(kg · ℃)；

F——面积，m^2；

t——轧件温度，℃；

t_{w}——水温，℃；

$\Delta\tau$——轧件（一点）接触高压水流的时间，s。

如高压水段长度为 $l_{H}(m)$，轧件速度为 v(m/s 或 m/h)，则 $\Delta\tau = \dfrac{l_{H}}{v}$。由此得高压水造成的温降为：

$$\Delta t = - \frac{\alpha_{H}}{\gamma c_{p}} \cdot \frac{Fl_{H}}{Vv}(t - t_{w}) = - \frac{2\alpha_{H}}{\gamma c_{p}} \cdot \frac{l_{H}}{hv}(t - t_{w}) \tag{9.18}$$

9.2.3　低压喷水冷却的温降

低压喷水冷却实质主要指带钢精轧机组之后的层流冷却和机架间的喷水冷却。由于低压喷水冷却也是一种强迫对流，计算公式与除鳞公式类似，但 α 值不同，需根据轧机前后（机架间）喷水冷却还是输出辊道上层流冷却分别确定。如轧机前后（机架间）喷水的对流热交换系数为 α_{L}，则此时温降为：

$$\Delta t = - \frac{2\alpha_{L}l_{F}}{\gamma c_{p}hv}(t - t_{w}) \tag{9.19}$$

式中　l_{F}——机架间距离，m；

h——上游机架出口厚度，m；

v——上游机架出口速度，m/s。

对于热连轧精轧机组，由于机架间距离为固定值，hv（流量）各机架都相同，因此不同机架间的喷水冷却造成的温降仅决定于 α_{L} 及轧件温度 t（α_{L} 需通过实测来确定，而比热容 c_{p} 为温度 t 的函数）。

9.2.4　轧制变形区内的温降

金属在塑性变形过程中，轧辊传递给轧件的机械能，在使轧件产生形状改变的同时，还会使金属产生加工硬化，在随后的回复及再结晶过程中，加工硬化组织中累积的机械能又会以热能的形式释放出来，使轧件的温度升高。金属的塑性变形区内存在两个互相矛盾的热过程，一是轧制时轧件塑性变形所产生的热量 Q_H，因而造成一个温升 Δt_H；另一是轧制时高温轧件和低温轧辊接触时所损失的热量 Q_C，以及所造成的温降 Δt_C。则变形区内轧件的温度变化 Δt_r 为：

$$\Delta t_r = \Delta t_H - \Delta t_C$$

由轧制原理可知，金属的塑性变形功为：

$$W = \sigma_m V \ln \frac{H}{h} \tag{9.20}$$

式中 W——金属的塑性变形功，N·m；

σ_m——平均变形抗力，Pa；

V——轧件的体积，m^3；

H——变形前轧件的厚度，m；

h——变形后轧件的厚度，m。

在轧制过程中，只有一部分塑性变形功转变为热能Q_H：

$$Q_H = A\eta\sigma_m V \ln \frac{H}{h} \tag{9.21}$$

式中 A——热功当量；

η——吸收效率，即变形热转为轧件发热的部分占总变形热的百分比。一般 η 为 50%~95%，前几个机架 η 大，后几个机架 η 小。

因此，金属塑性变形热使轧件温度升高 Δt_H 为：

$$\Delta t_H = \frac{Q_H}{c_p \gamma V} = \frac{A\eta\sigma_m \ln \frac{H}{h}}{c_p \gamma} \tag{9.22}$$

同时，接触传导造成的温降为：

$$\Delta t_C = 4\beta \frac{l'_c}{h_c} \sqrt{\frac{K_S}{\pi l'_c v_0}} \cdot (t_S - t_R) \tag{9.23}$$

式中 t_S，t_R——轧件和轧制温度，℃；

l'_c——考虑压扁后的变形区接触弧长，m；

h_c——平均厚度，m；

v_0——轧辊线速度，m/s；

β——轧件与轧辊热传导效率，一般为 0.48~0.55；

K_S——$K_S = \frac{\lambda}{\gamma c_p}$，$\lambda$——接触热传导系数，W/(m·℃)；

γ——密度，kg/m^3；

c_p——比热容，J/(kg·℃)。

由于实测得到的结果将是塑性变形与轧件、轧辊接触传导的综合结果，需积累相当数量的数据才能将这几个公式中有关未知系数确定下来。

采用逐项计算除鳞水、变形区发热及接触传导温降、机架间喷水、空气辐射等各项可充分考虑各种因素的影响，提高温度计算精度。但由于公式多，特别是公式中包含的一批物理量系数，如取值不当反而有可能降低计算精度。因此在实际应用过程中应在试验数据基础上将上述公式做适当的修正。

以带钢热连轧为例计算各机架（道次）轧制温度方法如下所述：

(1) 首先根据实测的粗轧出口温度 T_{RC}及其他参数用长距离辐射温降公式计算 T_{F0}（F_1 前）。

(2) 用高压水除鳞温降公式及短距离辐射温降公式由 T_{F0}计算 T_{F1}。

(3) 根据 F_1 及 F_2 机架间是否喷水，用下式计算机架间温降：

$$\Delta t_{12} = \Delta t_{H1} - \Delta t_{C1} - \Delta t_A \text{或} \quad \Delta t_{12} = \Delta t_{H1} - \Delta t_{C1} - \Delta t_S - \Delta t_A$$

由此可得

$$T_{F2} = T_{F1} - \Delta t_{12}$$

式中 Δt_{H1}，Δt_{C1}——F_1 机架变形区发热及摩擦发热造成的温升及温降量；

Δt_A——机架间由于辐射造成的温降（可用短距离辐射温降公式）；

Δt_S——机架间喷水时由强迫对流冷却造成的温降，由于喷水时温降大，温度变化大，应采用积分后的强迫对流公式。

(4) 用相同方法根据 T_{F2}计算 T_{F3}，由 T_{F3}计算 T_{F4}，……，并由 T_{F7}计算 T_{FC}以用于自学习。

精轧机组总的温降主要是由高压水除鳞及机架间喷水来产生，因此各公式中仅对机架间水冷却及辐射冷却公式进行自学习（用同一学习系数）。

9.3 终轧温度控制

依据钢的内部组织，对不同的钢种、不同的性能要求下有不同的轧制温度范围，其中，最重要的是保证终轧温度及轧后冷却速度。终轧温度对带钢质量有直接影响。终轧温度的高低，在很大程度上决定了轧后钢材内部的金相组织和力学性能。为了得到细小而均匀的铁素体晶粒，终轧温度应略高于 A_{r3}相变点。此时钢的晶粒为单相奥氏体，组织均匀，轧后带钢具有良好的力学性能。若终轧温度在 A_{r3}相变点以下，不仅在两相（奥氏体和铁素体）区中金属塑性不好，还会产生带状组织。并且由于卷取后的退火作用，会使得完成相变部分的晶粒因承受压力加工而粗大，结果会得到不均匀的混合晶粒组织；在力学性能方面使屈服极限降低，伸长率减小，深冲性能急剧恶化，加工性变坏。但终轧温度过高，也会因为轧后的奥氏体得到充分再结晶，甚至长大，相变后得到粗大的铁素体，从而降低了钢材的力学性能。此外，终轧温度过高，又可能使带钢表面产生氧化铁皮，影响成品带钢的表面质量。因此，将终轧温度控制在由钢的内部金相组织所需的范围内，是带钢质量控制的关键之一。

对热轧来说，从板坯出炉到轧制结束，中间要经过运输和轧制两大环节。轧件的终轧温度取决于加热温度、板坯的厚度、运输时间、压下制度、速度制度以及冷却水的数量等一系列因素。其中，板坯厚度、运输时间和压下制度等，在原料与成品规格确定的条件下，是一些不便变动的因素，而加热温度、冷却水的数量以及速度制度等，则可以作为对终轧温度进行控制的手段。但在实际生产中，用加热温度（板坯出炉温度）来控制终轧温度存在热能消耗加大、加热炉能力降低及钢坯过烧等不利因素，而速度制度亦受到机电设备能力和其他工艺因素的限制。换句话说，不论是板坯加热温度，还是速度制度，都不是唯一受目标终轧温度制约的。因此，改进及充分利用轧机前后（机架间）冷却水来加强对终轧温度的调控能力，以及中厚板必要的“待温”是近年来受到很大关注的终轧温度控制方案。

为了实现终轧温度控制，需建立相应的温度控制数学模型。一般，终轧温度 T_{FC} 为以下各变量的函数：

$$T_{FC}=f(T_{F0},H_0,h_n,v_n,q) \tag{9.24}$$

式中 T_{F0}——轧机入口处的带钢温度,℃；

H_0——轧机入口坯料的厚度，mm；

h_n——成品出口厚度，mm；

v_n——末机架（道次）的出口速度，m/s；

q——喷水水量，m^3/min。

由于不同钢种的热物理性能不同，函数中有关系数取决于钢种。模型一般倾向于采用简化的理论公式，也可采用统计经验公式。

精轧机组的终轧温度控制，包括带钢头部终轧温度设定和带钢全长终轧温度控制两个部分。现分别对其数学模型及控制方法进行介绍。

9.3.1 带钢头部终轧温度设定

利用 9.2 节中所述的高压水除鳞及机架间低压冷却水、变形区各项温降（温升）公式，可以由进入精轧机时板坯/带坯的温度逐步计算出成品的终轧温度。但这样的“开环”计算过程不一定能得到所需的终轧温度，为此需要对轧制速度设定值进行修正，以使计算（预报）的终轧温度达到所要求的值。由于改变速度设定值将影响多项温降公式的计算结果，头部终轧温度设定需要进行“迭代计算”，在已定轧制速度后从头开始计算传送。当计算的终轧温度与设定要求的值有差时应改变速度并重新计算可能得到的头部终轧温度，为了加快迭代收敛，应先通过离线分析求出不同轧制规程下轧制速度对轧制温度的影响系数 K_V^{TC}。

由于 $\Delta T_C=K_V^{TC}\Delta v$，因此当预报的终轧温度 T_C 与目标值 $\hat{T}_C$ 不同，可先求出 ΔT_C。$\Delta T_C=T_C-\hat{T}_C$，然后确定应修改的轧制速度设定值 Δv，$\Delta v=\Delta T_C/K_V^{TC}$。不同轧机及不同轧制条件时 K_V^{TC} 值将不同。

9.3.2 带钢全长终轧温度控制

板带材除头部应达到规定的终轧温度范围外，还要求全长温度都在此范围，即要求板带材头尾（全长）温度均匀，以保证物理性能一致。由于板带头部和尾部在空气中停留时间不同（尾部时间长），因而引起尾部的终轧温度低于头部。轧件越长，精轧入口速度越低，则头部与尾部进入精轧机的时间差越大，它们的终轧温度差值越大。

带钢全长终轧温度控制可以采取前馈和反馈相结合的方式，也可以只用反馈控制方式。根据采用的控制手段的不同，可有以下两种控制方案：

(1) 固定喷水量（即为设定时的喷水量），通过改变轧制速度来控制终轧温度。采用这种方案的依据是，通过适当的加速度，使轧机速度不断改变（提高），既可以使带钢中部、尾部在中间辊道上的停留时间减少，从而减少辐射热损失，又可以使高温轧件与轧辊的接触时间缩短，减少传导热损失。同时，加速轧制造成的塑性变形热与摩擦热的增加也会引起轧件升温，从而就有可能将全长终轧温度偏差控制在允许范围之内（±15℃）。

图 9.1 表示了轧制速度变化时轧件终轧温度在全长的分布情况。图 9.1a 是没有加速时的情况，图 9.1b 是采用合适的小加速时的情况，图 9.1c 是为了提高轧机产量采用大加速轧制的情况。

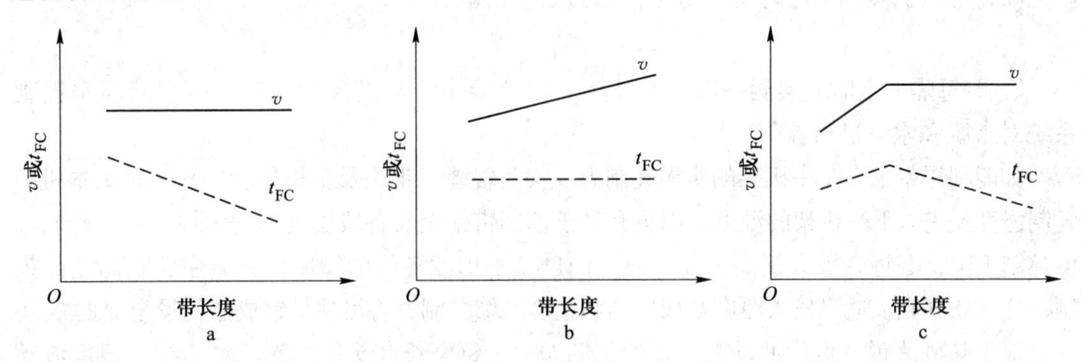

图 9.1 带钢终轧温度在全长的分布
a—不加速；b—小加速；c—大加速

采用加速度来控制终轧温度时，当从精轧机组出口处的测量仪检测到的终轧温度在允许范围内时，轧机便以预先规定的加速度进行升速轧制，借此来保持终轧温度恒定。若实测的终轧温度低于允许范围下限时，将使信号反馈给轧机的速度控制系统，使机组同步加速以高一档的加速度进行轧制。若实测的终轧温度高于允许范围下限时，则令加速度为零，保持当时的速度进行轧制。

这种方案存在的问题是，终轧温度通常不是选择加速度的唯一依据。从提高轧机生产能力的角度看，大加速轧制有利，此时可将加速度控制在 0.5~1.0m/s^2 以上，但这就与终轧温度控制发生矛盾。实践表明，为了控制终轧温度，轧机的加速度只能限制在 0.05~0.2m/s^2 范围之内，否则，带钢的终轧温度将沿长度从头部至尾部逐渐升高。为克服这一缺点，近年来采用下述控制方案。

（2）利用喷水装置的水压和水量控制终轧温度。利用轧机前后（机架间）喷水装置的水压和水量来控制带钢全长终轧温度的均匀性，可以通过改变水压机阀的开度（连续调节）来实现。

采用喷水装置控制方案，可以按大加速轧制，以最短的时间达到最高轧速，在加速过程及到达最高轧速后的稳速过程中，均利用轧机前后（机架间）喷水装置来控制带钢终轧温度，并借此来解决提高轧机生产力与带钢终轧温度控制之间的矛盾。

由于喷水对终轧温度的影响（水压 p 和水量 q 的影响）不易用理论公式来表示，可采用如下形式的经验公式：

$$T_{FC} = a + bT_{F0} + ch_n + dv_n + e\lambda_{\Sigma} + f\frac{1}{p} + g\frac{1}{q} + \Delta$$

或 $$\lg T_{FC} = a' + b'\lg T_{F0} + c'\lg h_n + d'\lg v_n + e'\lg\lambda_{\Sigma} + f\lg p + g\lg q + \Delta$$

其中，系数 a，b，…，g 或 a'，b'，…，g' 需根据实际数据来求得；Δ 为反馈修正项。

利用上述公式，在实测到 T_{F0} 和 H_0（坯料厚度）后，根据目标成品厚度 h_n（可算出精轧机组伸长率 $\lambda_{\Sigma}=H_0/h_n$），并根据确定的水压 p、水量 q，即可设定合适的穿带速度值。

而对于带钢全长，则应在实测 T_{F0}、H_0，以及实测 h_n 和 v_n 的基础上，确定水压 p 和水量 q，以保证 T_{FC} 达到目标值。p 和 q 之间可预先规定调节的优先度和比例关系。Δ 为反馈修正项，可根据实测的终轧温度值 T_{FC}^* 进行反馈控制。

$$\Delta = k(T_{FC} - T_{FC}^*)$$

T_{FC}^* 应每隔一定时间实测一次，并计算一次 Δ 及 p 和 q 的新值，通过机架间喷水控制系统对水压和水量进行控制。

如能利用带钢在每一机架的实测轧制力及实测辊缝（带头及全长各段）来估算出本机架轧制温度及进入下一机架的温度，则更有利于控制带钢全长各段温度的均匀性。一旦轧制温度控制正确，必将会极大提高成品厚度、凸度、平坦度各值的精度，先抓住轧制温度的控制，并在此基础上适当投入厚度及板形的前馈和反馈控制，将可使带钢成品质量全面提高。

对于热轧来说，温度波动是主要的扰动源，带钢全长（头尾黑端、水印等）温度波动是造成厚度波动、凸度波动的主要原因。目前质量控制采取的是各自独立控制的方法，即终轧温度控制、自动厚度控制、自动板形控制功能各自独立进行。我们认为采用以各机架轧制温度（全长）恒定功能为主，自动厚度、板形等控制为辅的策略既保证了终轧温度恒定又将可获得更好的厚度、凸度等质量控制效果。

对于轧机前后设有测温仪的中厚板可逆轧机，可利用对轧件全长温度的测量以及增设喷水装置进行喷水压力/流量的前馈控制以使每个道次，特别是最后几个道次，轧件全长温度均匀化。这种方案存在的问题是目前的喷水控制粒度太粗，机架间喷水控制粒度约7~8℃。为了提高控制精度需对机架间（或可逆轧机前后）喷水装置进行改进，除进行分段细化（增加控制阀）外还应对总管实现流量调节，以使控制粒度能小于2~3℃。

热轧成品终轧温度需通过（层流）冷却控制温降，以使其进一步满足精整处理的要求（热带钢冷却后卷成钢卷，因此冷却控制亦称为卷取温度控制）。冷却控制目的不仅是降低成品温度以进行卷取，还可通过对冷却开始温度、冷却速度及冷却终了温度的控制，对成品强度、韧性以及深冲、焊接性等性能进行控制。因此现代冷却装置还需考虑冷却速度的调节，对于中厚板由于冷却时轧件已脱离轧机，可通过调节层流（加密层流）水量以及辊道速度来控制冷却速度，对于热带钢则只能从层流冷却装置能力上保证能实现带钢冷却速度的控制。

9.4 轧后冷却技术

板带材轧后控制冷却技术随着轧制技术的发展其本身也在不断改进和发展，总的来看可分为三个阶段，即20世纪60年代前的压力喷射冷却技术及20世纪60年代后发展起来的层流冷却技术；20世纪70年代开发的水幕冷却技术；20世纪80年代后各研究单位开发的具有高冷却速度和高冷却均匀性的快速冷却装置以及各种复合冷却技术等。轧后冷却方式主要有喷射冷却、水幕冷却和层流冷却等。同时，雾化冷却、喷淋冷却、板湍流冷却、水气喷雾法加速冷却、直接淬火等几种冷却方式也有实际应用。各种冷却方式的特点见表9.1。

表 9.1 各种冷却方式的特点

冷却方式	优 点	缺 点	适用范围
压力喷射冷却	水流为连续的，没有间断现象，呈紊流状态喷到钢板表面；可喷射到需要冷却的部位；轧件上下表面冷却差别显著	比冷却特性很低；冷却效率不高；水消耗量大，水飞溅严重，冷却不均匀；对水质的要求较高，喷嘴容易堵塞，水的利用率较低	适用于一般冷却使用或因其穿透性好而适用于水汽膜较厚的环境
层流冷却	比冷却特性较高；水流保持层流状态，可获得很强的冷却能力；上下表面、纵向冷却均匀	冷却区距离较长	要求强冷时，如热轧板出口处
水幕冷却	比冷却特性最高；水流保持层流状态，冷却速度快，冷却区距离短，对水质的要求不高。冷却速度通常为 12～30℃/s，有时高达 80℃/s	轧件上下表面、整个冷却区冷却不均匀；可调节的冷却速度范围较小	不仅应用于板带钢输出辊道上的冷却，也有用在热连轧机架间的冷却，正在研究应用在棒材及连铸坯的冷却上
雾化冷却	用加压的空气使水流成雾状来冷却钢板，冷却均匀，冷却速度调节范围大，可实现单独风冷、弱水冷和强水冷	需要供风和供水两套系统，设备的线路复杂，噪声较大；对空气和水要求严格；车间的雾气较大，设备容易受腐蚀	适用于从空冷到强水冷极宽的冷却能力范围，尤其适用连铸的二次冷却
喷淋冷却	水为破断式，形成液滴群冲击被冷却的钢板，比压力喷射冷却均匀，冷却能力较强	需要较高的压力，调节冷却能力范围小，对水质的要求较高	目前应用较少
板湍流冷却	制后的钢板直接进入水中进行淬火或快速冷却，冷却速度可达到 30℃/s	冷却速度的调节范围小，水量较大	目前应用较少
水-气喷雾法快速冷却	可严格控制冷却速率和温降；可对板材的较冷边部进行补偿，节省冷却成本	需要供风供水系统，设备庞杂	适用于极厚板或低抗拉强度（低于 600MPa），含有铁素体及珠光体/贝氏体显微组织
直接淬火	冷却速度快，冷却能力范围大；添加少量合金元素就可以达到同样的强度；可降低碳当量，改善可焊性能；确保钢板低温韧性	适用钢种有限；冷却不均	适用于高抗拉强度（高于 600MPa），含有贝氏体加马氏体显微组织

层流冷却由于具有处理产品范围宽、流量范畴调节宽、冷却均匀性好、冷却水回收率高和设备维修量较小等优点，因而在现代热连轧生产中应用最为广泛。层流冷却设备安装在精轧机出口机架至卷取机之间，将数个层流集管安装在精轧机输出辊道的上方，组成一条冷却带，钢板（带）热轧后通过冷却带进行加速冷却。在过程自动化系统和基础自动化系统的控制之下，根据带钢精轧出口的带钢温度、速度等数据和其他工艺设备参数，经过模型运算（包括预设定计算、修正设定计算、自学习计算），控制层流冷却区的冷却设备的集管组态，采用层状水流对热轧钢板或带钢进行轧后在线控制冷却。实现对带钢的冷却模式、卷取温度和冷却速率的控制，将热轧带钢按预定路径冷却到工艺要求的卷取温度，使其力学性能和金相组织结构达到预定的质量要求。

9.5　卷取温度控制

卷取温度控制（CTC）和终轧温度控制（FTC）一样，对带钢的金相组织影响很大，是决定成品带钢加工性能、力学性能、物理性能的重要工艺参数之一。卷取温度控制本质上是热轧带钢生产中的轧后控制冷却。轧后控制冷却影响产品质量的主要因素是：冷却开始和终了的温度（冷却开始温度基本就是终轧温度）、冷却速度及冷却的均匀程度。

卷取温度大约在600~650℃范围内。在此温度段内，带钢的金相组织已定型，可以缓慢冷却，而缓慢冷却对于减小带钢的内应力也是有利的。过高的卷取温度，将会因卷取后的再结晶和缓慢冷却而产生粗晶组织及碳化物的积聚，导致力学性能变坏，以及产生坚硬的氧化铁皮，使酸洗困难。但如果卷取温度过低，一方面使卷取困难，且有残余应力存在，容易松卷，影响成品带卷的质量；另一方面，卷取后也没有足够的温度使过饱和的碳氧化合物析出，影响轧材性能。因此，将带钢卷取温度控制在由钢的内部金相组织所确定的范围内，是提高带钢质量的又一关键控制措施。

不同品种、规格的带钢，在精轧机组中的终轧温度一般约为800~900℃，而取向硅钢的终轧温度约为980℃，带钢在100多米长的输出辊道上的运行时间仅为5~15s。为了在这么短的时间内使带钢温度降低200~350℃，仅靠带钢在输出辊道上的辐射散热和向辊道传热等自然冷却是不可能的，必须在输出辊道的很长一段距离（70~80m）上，设置高冷却效率的喷水装置，对带钢上下表面喷水，进行强制冷却，并对喷水量进行准确控制，以满足卷取温度的要求。

卷取温度控制的目的，就是通过层流冷却水段长度的动态调节，将不同情况（温度、厚度、速度）的带钢从比较高的终轧温度迅速冷却到所要求的卷取温度，使带钢获得良好的组织结构和力学性能。

9.5.1　卷取温度控制的基本问题

以某厂1700mm带钢热连轧为例。该层流冷却系统由上、下冷却喷嘴系统及侧喷嘴系统三部分组成。上部和下部冷却喷嘴系统各分成60个冷却控制段，每段由一个阀进行冷却水的开关控制。上部每2根集管为一段，共120根集管，每根集管设有多个鹅颈喷水管。下部每4根集管为一段，共240根集管，每根集管上有11或12个喷嘴。侧喷嘴系统分布在输出辊道两侧，交叉布置，共有9个侧喷嘴（其中2个为高压气喷，以吹散雾气，防止对轧线控制仪表的干预）。不同产线布置的喷嘴系统不同。

在上述工艺设备条件下，提高卷取温度控制的精度并不容易。其难度可归纳如下：

（1）影响卷取温度的因素多而复杂，包括带材的材质、厚度、速度，冷却水的水量、水压、水温及水流运动形态，终轧温度，热传导、对流、辐射的条件，层流冷却装置的设备状况等等。这些因素的影响机理复杂，其中有一些则更具有很强的时变性，因此很难在在线控制数学模型中全部精确描述。

（2）层流冷却装置分布在80多米长的输出辊道上、下方，带材任一点通过层流冷却区需要5~15s时间。而由于加速轧制技术的采用，带材各点通过层流冷却区的时间差异也很大。因此，控制冷却实际上是在很大空间范围内对处于变速及高速运动中的带材沿长度方向逐点施行控制，这使得卷取温度控制在本质上是一个十分复杂的分布控制问题。

（3）卷取温度测温仪 CT 通常安装在层冷区外 10m 甚至更远的位置，相对控制点检测滞后性大，严重制约了常规反馈控制方式的使用（由于时间滞后太大，易产生振荡现象）。此外，控制阀的开闭及冷却水从出水溅落到钢板表面，都存在较大滞后效应（秒级），给动态控制带来了不利影响。

（4）冷却水量的调节是非连续的，其控制“粒度”由一个阀所控制的水量决定。卷取温度控制精度本质上受此“粒度”大小的制约。

从控制的角度来讲，卷取温度控制问题及其面临的困难可描述如下：带材任一段从精轧末机架运行到卷取温度测温仪时，该段及其后相当长一段带钢的受控冷却过程实际已经结束，而在冷却过程中又不便或不可能对该段温度进行实测，但是又要求带材各段到达 CT 时温度处于精度范围之内。换句话说，“卷取温度控制”这样的物料全长质量控制，要求在控制施行过程中不对受控物体的状态进行观测的条件下，保证物料各段到达控制终点时被测量值满足精度要求。这就必然导致对设定控制的依赖。但设定控制的精度，不仅受到在线控制模型结构简化所带来的本质上不精确的限制，也由于随机时变因素的影响而受到内外环境不确定性的制约。

为了满足工艺上对卷取温度越来越高的要求，在卷取温度控制的实践中，已经在带钢全长反馈控制和头部设定自学习方面取得了良好进展。但要进一步提高控制精度，不仅仅是满足对终点温度的要求，还要满足控制冷却对冷却速度的要求，以及对带钢温度在长度方向上的分布规律的要求，因此需要在卷取温度控制中引入设定的中、长期在线自学习及冷却速度控制功能。

9.5.2 卷取温度控制功能简介

层流冷却控制系统设计以准确预测为主、适量调整为辅，由计算冷却水阀门开启数量的预设定功能、调整冷却水阀门数的前馈控制功能、精冷区的反馈控制功能和自学习控制功能等功能模块组成。

（1）预设定。预设定是基于有限差分的温度计算模型，计算带钢各样品段在辊道各区间段的温度变化，根据目标卷取温度、冷却策略等输入数据计算出冷却水阀门开启总数。

（2）前馈控制。预设定已经计算出冷却水阀门的个数及其开启的位置和开闭的时间等，前馈控制根据精轧出口高温计的实测温度对预设定的喷水量进行调整。卷取设定和前馈控制的基本计算是相似的，但是时序不同。

（3）动态控制。在带钢段进入输出辊道之后，卷取动态控制根据终轧高温计和动态控制位置之间增加的一些变化提供修正喷水模式的方法。当速度和其他变量在预测和实际之间有偏差时，动态控制对阀门进行修正以达到目标卷取温度。注意：动态控制用于标准冷却，不用在分段冷却。

（4）反馈控制。当每一段带钢样品到达卷取机入口温度计处时，反馈控制启动。高温计测出实际温度，将实测温度与目标卷取温度的差，对温度进行再计算，调整精冷段冷却水阀门的开闭，以使还未进入精冷段的剩余带钢卷取温度更接近目标温度，从而提高卷取温度的精度和均匀性。

（5）自学习。生产工况不会一直维持在一个稳定的状况，可能因为设备、冷却水质量等种种原因给卷取温度计算带来不可预知的影响，而这种影响的因素又难以精确查找和描述。所以计算上的误差需要通过自学习对一些温度计算参数进行修正，自学习功能计算下一块带钢温度补偿值。带钢头尾部分在目标卷取温度的基础上分别增加了附加温度补偿和斜率补偿，其中，附加补偿抵消卷取机建张前和失张后的温度控制偏差影响，斜率补偿抵消加速和减速对设定偏差的影响。

（6）分段冷却的前馈与反馈控制概述。

为了满足工艺性能的要求，有时带钢需进行分段冷却。分段冷却时前馈与反馈的控制方式如下。

1）分段冷却前馈控制。分段冷却下，前馈控制是为了实现每个带钢段的目标中间温度和目标卷取温度。前馈控制首先计算整体阀门模式来实现目标中间温度和卷取温度，冷却速率等。中间高温计测量带钢温度后，中间温度前馈在后面部分修正阀门模式。

2）分段冷却中间温度反馈控制。通过在中间高温计测量的温度，激活并且计算适用于精轧出口高温计前馈控制目标温度的偏移量。照这样，中间高温计的反馈控制器反馈到前半冷却区域，以产生所必需的冷却水流量的变化用来对中间高温计的温度的偏差进行修正。偏移量的计算通过对中间高温计的采样测量偏差进行过滤并且限制在最大最小的限值范围之内。

3）分段冷却中间温度前馈控制。通过中间高温计测量的温度触发此控制，并计算后半段冷却区域的冷却水流量的变化从而保证卷取机入口高温计的温度。通过已经确定的阀门模式用实测中间温度计算卷取温度。如果计算的 CT 温度超出了所允许的范围，阀门模式会通过前馈控制使用相同的算法被重新预估。

4）分段冷却反馈控制。分段冷却的卷取温度反馈由测量的卷取温度激活，计算用于中间温度前馈的偏移量。照这样，中间高温计反馈控制器反馈到后半段冷却区使冷却水产生变化来修正卷取温度高温计的温度偏差。偏移量的计算通过对卷取温度卷取高温计的采样测量偏差进行过滤并且限制在最大最小的限值范围之内。

9.5.3　卷取温度控制模型

从带钢离开精轧末机架到达卷取机前测温计，带钢交替处于水冷区和空冷区。

9.5.3.1　空冷区温度控制模型

在空冷区，带钢主要是以辐射的形式散热，而在水冷区，主要是以对流的形式散热。辐射段的温降可按下式进行计算：

$$t_2 = 100\left[\left(\frac{t_1 + 273}{100}\right)^{-3} + \frac{6\varepsilon\sigma}{100c_p\gamma}\cdot\frac{l_1}{hv}\right]^{\frac{1}{3}} - 273 \tag{9.25}$$

式中　t_2——带钢离开辐射段时的温度，℃；

t_1——带钢进入辐射段时的温度，℃；

l_1——辐射段长度，m；

v——轧件的轧制速度，m/s；

h——轧件的厚度，m；

ε，σ，c_p，γ 含义同前。

9.5.3.2 水冷区温度控制模型

层流冷却段的强迫对流散热可按下面所述的式子进行计算。对于输出辊道的冷却系统，水阀工作状态一般为开关量，冷却能力是通过所开的阀数多少来调节的，因此常采用冷却能力系数 K 来表示冷却能力。此时由于冷却水段长度较大，可用：

$$dt = \frac{\alpha F}{\gamma c_p v}(t - t_w)dt$$

$$\int_{t_S}^{t_M} \frac{dt}{t - t_w} = \int_0^{\tau} - \frac{\alpha_r F}{\gamma c_p v} d\tau \tag{9.26}$$

$$\ln \frac{t_M - t_w}{t_S - t_w} = - \frac{\alpha_r F}{\gamma c_p v}\tau$$

式中　τ——总时间，如冷却水段长 l_r，轧件速度 v，则 $\tau = \frac{l_r}{v}$；

t_S——冷却前的轧件温度，℃；

t_M——冷却结束后的轧件温度，℃；

t_w——水温，℃。

由于输出辊道上轧件较薄，

$$\frac{F}{v} = \frac{2Bl}{Blh} = \frac{2}{h}$$

所以：

$$\ln \frac{t_M - t_w}{t_S - t_w} = \frac{2\alpha_r l_r}{\gamma c_p} \frac{1}{hv}$$

设 $\frac{2\alpha_r l_r}{\gamma c_p} = K$

$$hv \ln \frac{t_M - t_w}{t_S - t_w} = K$$

式中　K——冷却能力系数。

考虑到冷却水段是由 n 组喷头组成的，一个水阀控制一组喷头，因此 K 值可写为：

$$K = \sum_{j=1}^{n} \delta_j K'_j$$

式中　K'_j——第 j 组喷头的冷却能力，需通过试验来确定；

δ_j——开关变量，当它为 1 时表示第 j 组阀门开，当为 0 时表示此组阀门关。

理论上，对各段水冷区和空冷区，按上述各式分别列出方程，联立求解，即可以确定冷却水段的长度，并进而确定冷却水段的数目 N。但由于上述方程都是代数超越方程，求解十分费时，很难用于在线实时控制。因此，实际控制中采用逼近法来求解，即先假设各冷却水段的长度代入方程组，逐步计算出各冷却段的温降，如算得的离开最后辐射段时带钢的温度 T'_c 和目标卷取温度 T_c 不符，则修改水冷区的长度，直到满足下列条件为止：

$$\delta = |T'_c - T_c| < \varepsilon_1 \tag{9.27}$$

式中　ε_1——允许误差。

上述计算中的关键参数是对流散热系数值。它与冷却水的温度、水量、带钢的温度、带钢的运行速度、带钢尺寸等一系列因素有关。为了使理论计算更接近于生产实际，必须对输出辊道上的冷却情况进行大量的数据统计，以便确定对流散热系数的变化规律。

确切地说，水冷区冷却水段数的计算公式只能认为是一种理想情况下的静态数学模型。由于带钢在穿越层流冷却区时通常是变速前进，而在影响带钢冷却强度的诸因素中，带钢速度又最为活跃，冷却水段喷头数 N 的计算只能是针对带钢上某一点的，于是必须对带钢进行跟踪，适时开闭水阀。这样对该点来说，是在 N 个水冷段的作用下穿越层流冷却区的，而对其他点来说，由于变速运动导致通过层流冷却区所用时间不同，对应的冷却水段就可能不是 N。为了在实际的复杂工况条件下准确控制带钢各点的卷取温度，必须解决动态设定计算、动态跟踪和动态控制的问题。在这里不进一步进行阐述，只以此引起读者的注意，充分认识到卷取温度控制的复杂性及困难程度。

前述冷却水段 N 的计算比较复杂，使得理论模型的准确度大受影响。因此，在实际的控制过程中，往往将带钢厚度细分成若干个规格范围，对各个规格范围分别用统计的方法来确定一组系数，并用一个线性方程来表征冷却水段数 N 与有关工艺参数之间的关系，即

$$N = f(h, v, T_{FC}, T_{CA}) \tag{9.28}$$

下面给出一个在实际运用中效果较好的统计模型，该模型方程为：

$$N = \left\{P_i + R_i(v - v_s) + [a_1(T_{FC} - T_{FS}) - (T_{CA} - T_{CAS})]\frac{hv}{Q}\right\}a_2 \tag{9.29}$$

式中 N——冷却喷水段数目；

P_i——标准条件（$v = v_s$，$T_{FC} = T_{FS}$，$T_{CA} = T_{CAS}$）下对给定带钢厚度的预设定喷水段数；

R_i——带钢速度影响系数；

v——带钢速度，m/s；

v_s——对给定厚度的轧制基准速度，m/s；

a_1——终轧温度变化对卷取温度的影响系数；

T_{FC}——实测带钢终轧温度，℃；

T_{FS}——对给定厚度的带钢终轧温度标准值，℃；

T_{CA}——带钢卷取目标温度，℃；

T_{CAS}——对给定厚度的带钢卷取目标温度标准值，℃；

Q——综合传热系数；

h——带材实测厚度；

a_2——水温补偿系数。

由上述基本模型可直接推导出下述三个实际使用的控制模型：

（1）前馈控制模型。

$$N_{FF} = \left\{P_i + R_i(v - v_s) + [a_1(T_{FA} - T_{FS}) - (T_{CA} + \Delta T - T_{CAS})]\frac{hv}{Q}\right\}a_2 \tag{9.30}$$

式中 N_{FF}——前馈控制冷却水段数；

T_{FA}——终轧温度目标值，℃；

ΔT——转移控制所要求的温度修正值，℃。

（2）终轧温度补偿控制模型。

$$N_{FFT}=a_1a_2(T_F-T_{FA}) \tag{9.31}$$

式中 a_1，a_2——系数。

（3）转移控制模型。

$$N_T=\Delta T\frac{hv}{Q}a_2 \tag{9.32}$$

这里所谓的转移控制，是考虑在卷取温度控制中引入反馈控制方式后，为尽可能减小控制滞后，而将反馈调节集中在下游处进行，为此上游冷却段数不能过多，因此在卷取温度目标值中预加 ΔT，并在下游处增加水冷段数，等效于将上游冷却段数的一小部分转移到下游处，为反馈控制留出余地，实际经验表明，ΔT 取 30~50℃为宜。

不难证明，上述三个控制模型实际上是由总模型分解得到的，使用这些模型时的控制效果仅仅反映了设定计算的精度，而由于问题本身的复杂性，单靠设定控制是不能保证卷取温度控制精度的，必须辅以人工微调或采用反馈控制及增加自学习功能。

9.5.4 卷取温度控制策略

带钢热连轧卷取温度控制的基本方式有前段冷却、后段冷却、带钢头尾不冷却等。

9.5.4.1 带钢前段冷却控制方式

带钢前段冷却控制方式（见图9.2）实质上是以前馈控制为主体，而补偿控制和反馈控制为辅的一种冷却控制方式。

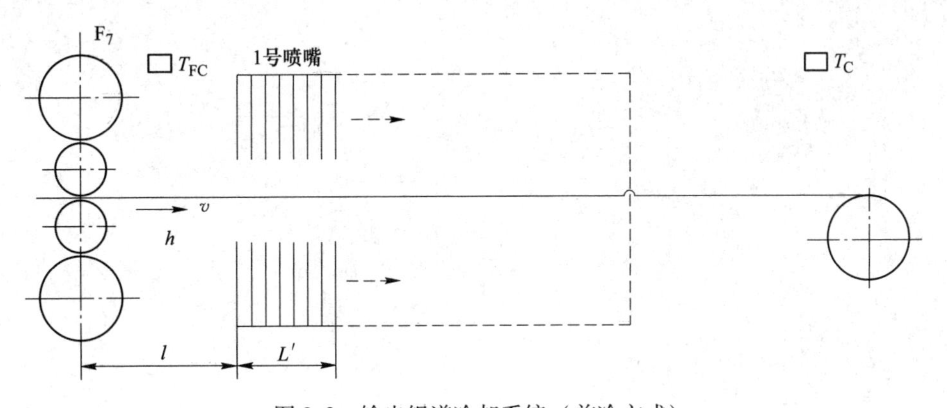

图9.2 输出辊道冷却系统（前冷方式）

如前所述，“前馈”控制就是根据精轧机组终轧温度的预设定值和卷取温度目标值，馈送控制信号接通前段冷却水集管，对带钢进行冷却。前段冷却用于带钢厚度在1.7mm以上的普通碳素钢或有急冷要求的高级硅钢的冷却。

9.5.4.2 带钢后段冷却控制方式

带钢的后段冷却控制方式（见图9.3）是在层流冷却装置的后段（即靠近卷取机的那一侧），将前馈控制、补偿控制和反馈控制作为一个整体，用上部喷水集管从卷取机侧向带钢逆流的方向增减喷水集管的方法，即冷却水从上部喷出，下部不喷水，喷水量是 N_{FF}、N_{FFT}、N_{FB} 的总和。

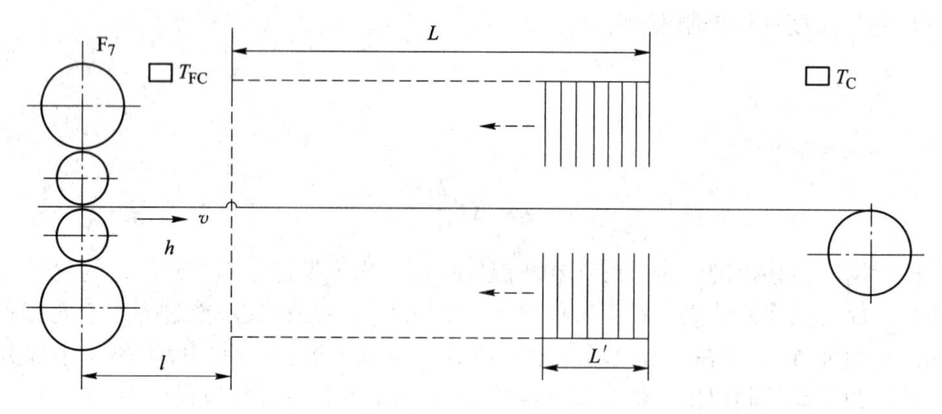

图 9.3 输出辊道冷却系统（后冷方式）

后段冷却用于带钢厚度小于 1.7mm 的碳素钢和低级硅钢的冷却。

9.5.4.3 带钢头尾不冷却（或弱冷）控制方式

带钢头尾不冷（或弱冷）的控制方式是不断跟踪带钢头部和尾部在输出辊道上的位置（每隔 0.5s 计算一次），一般在头尾部约 10m 的长度上不喷水。此控制分为带钢头部不喷水、带钢尾部不喷水及带钢头尾均不喷水三种方式。

该控制方案是使硬质带钢及厚带钢（约 8mm 以上）的头部和尾部在卷取机上便于卷取而采用的。

参考文献

[1] 张勇军，何安瑞，郭强．冶金工业轧制自动化主要技术现状与发展方向［J］．冶金自动化，2015，39（3）：1-9.

[2] 童朝南，孙一康，陈百红，等．热连轧综合 AGC 系统的智能化控制［J］．北京科技大学学报，2002，24（5）：553-555.

[3] 张飞，裴红平，凌智，等．相对 AGC 锁定方式的探讨［J］．中国冶金，2010，20（9）：11-13.

[4] 李静，翟海龙，叶利峰，等．基于自抗扰控制的秒流量 AGC 研究［J］．武汉科技大学学报，2013，36（2）：88-93.

[5] 栗中庆，王京，王伟．二十辊单机架可逆冷轧机 AGC 系统的研究与应用［J］．内蒙古科技大学学报，2012，30（3）：244-248.

[6] 张浩宇，张殿华，孙杰，等．冷连轧末机架厚度控制策略的优化［J］．轧钢，2013，30（6）：50-55.

[7] 王晓晨，杨荃，孙友昭．冷连轧设定控制系统综合优化研究［J］．机械工程学报，2014（6）：39-47.

[8] 陈超超，何安瑞，邵健，等．高强度低合金钢热轧板形综合控制技术［J］．钢铁，2014，49（4）：47-53.

[9] 陈雨来，张栋斌，余伟，等．超快冷工艺对 X70 管线钢组织的影响［J］．北京科技大学学报，2013，35（2）：184-188.

[10] 唐获，赵爱民，武会宾，等．板带钢轧制新技术及品种研发进展［J］．钢铁，2012，47（11）：1-8.

[11] 米振莉，陈美芳，李志超，等．控轧控冷 TRIP 钢的微观相组成及其与力学性能的关系［J］．北京科技大学学报，2012，34（9）：1023-1027.

[12] 宋勇，苏岚，荆丰伟，等．热轧带钢轧制力模型自学习算法优化［J］．北京科技大学学报，2010，32（6）：802-806.

[13] 王国栋，刘相华，刘振宇．钢材热轧过程中组织-性能预测技术的发展现状和趋势［J］．钢铁，2007（10）：1-5.

[14] 吕志民，隋筱玥．基于多输入层遗传神经网络的热轧产品性能预测［J］．数据采集与处理，2012（5）：625-629.

[15] 陈志，高莉．物联网技术在冶金企业应用中的探索与实践［J］．冶金自动化，2011，35（1）：6-9.

[16] 彭艳．冶金轧制设备技术数字化智能化发展综述［J］．燕山大学学报，2020，44（3）：218-237.

[17] 黎景全．轧制工艺参数测试技术［M］.3 版．北京：冶金工业出版社，2010.

[18] 张志君，于海晨，宋彤．现代检测与控制技术［M］．北京：化学工业出版社，2007.

[19] 杭争翔．材料成形检测与控制［M］．北京：机械工业出版社，2010.

[20] 刘玉长，黄学章．自动检测和过程控制［M］．北京：冶金工业出版社，2010.

[21] 胡寿松．自动控制原理［M］.7 版．北京：科学出版社，2019.

[22] 赵忠，刘慧英，袁冬莉，等．自动控制原理［M］．北京：清华大学出版社，2013.

[23] 刘玠，孙一康，王京．冶金过程自动化基础［M］．北京：冶金工业出版社，2006.

[24] 张大志，杜丰梅，蔡恒君，等．鞍钢冷轧厂 Q195 钢变形抗力的实验测定及应用［J］．钢铁研究，2001（6）：31-32.

[25] 任勇．轧制过程数学模型［M］．北京：冶金工业出版社，2010.

[26] 王浩．蓄热式步进梁加热炉控制系统设计［D］．重庆：重庆大学，2017.

[27] 郑申白，曾庆亮，李子林．轧制过程自动化基础［M］．北京：冶金工业出版社，2005.

[28] 刘玠，杨卫东，刘文仲. 热轧生产自动化技术 [M]. 北京：冶金工业出版社，2006.
[29] 丁修堃. 轧制过程自动化 [M]. 3 版. 北京：冶金工业出版社，2009.
[30] 张殿华. 1450mm 酸洗冷连轧机组自动化控制系统研究与应用 [M]. 北京：冶金工业出版社，2014.
[31] 王鹏飞. 冷轧带钢板形控制技术的研究与应用 [D]. 沈阳：东北大学，2011.
[32] 王青龙. 带材轧制过程数值模拟与板形控制理论模型研究 [D]. 沈阳：东北大学，2020.
[33] 王国栋. 板形控制和板形理论 [M]. 北京：冶金工业出版社，1986.
[34] 王军生，白金兰，刘相华. 带钢冷连轧原理与过程控制 [M]. 北京：科学出版社，2009.
[35] 张殿华，陈树宗，李旭，等. 板带冷连轧自动化系统的现状与展望 [J]. 轧钢，2015，32 (3)：9-15.
[36] 刘相华，胡贤磊，杜林秀. 轧制参数计算模型及其应用 [M]. 北京：化学工业出版社，2007.
[37] 徐乐江. 板带冷轧机板形控制与机型选择 [M]. 北京：冶金工业出版社，2007.
[38] 孙一康. 冷热轧板带轧机的模型与控制 [M]. 北京：冶金工业出版社，2010.
[39] 周剑飞. 热轧带钢层流冷却控制模型研究 [D]. 沈阳：东北大学，2012.
[40] 刘恩洋. 板带钢热连轧高精度轧后冷却控制的研究与应用 [D]. 沈阳：东北大学，2012.
[41] 王旌鉴. 热轧带钢层流冷却控制系统设计与应用 [D]. 大连：大连理工大学，2018.
[42] 王立辉. 热轧带钢层流冷却过程控制方法的应用研究 [J]. 山西冶金，2017，40 (3)：87-90.
[43] 刘细芬. 热轧板带材轧后的控制冷却技术 [J]. 四川冶金，2017，39 (4)：56-60.
[44] 胡寿松. 自动控制原理 [M]. 5 版，北京：科学出版社，2007.
[45] 王国栋. 板形与板凸度控制 [M]. 北京：化学工业出版社，2015.
[46] 于海生，丁军航，潘松峰，等. 微型计算机控制技术 [M]. 3 版. 北京：清华大学出版社，2017.
[47] 赵刚，杨永立. 轧制过程的计算机控制系统 [M]. 北京：冶金工业出版社，2002.